"十二五"职业教育国家规划教材
经全国职业教育教材审定委员会审定

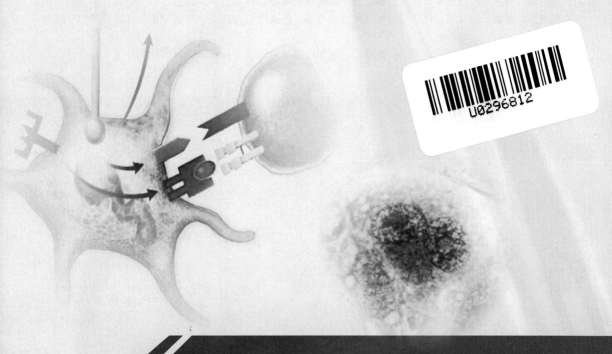

免疫技术

（第二版）

王晓杰　张虎成　主编

化学工业出版社
·北京·

本教材按理实一体化架建内容体系，共设计了 9 个项目，31 个工作任务，包括项目一免疫技术基础技能训练、项目二大肠杆菌 E.coli 抗原的制备、项目三免疫血清的制备、项目四抗原抗体反应的临床检验、项目五血清中补体的检测、项目六免疫标记技术检测植物病毒、项目七鸡胚流感疫苗的制备、项目八人体免疫球蛋白的制备、项目九金标免疫诊断试剂盒的制备。附录为相关药品管理法律法规。教材配套有网络课程资源。

本教材适合职业院校生物技术、生物制药、医学检验等专业师生使用，也可供相关技术人员参考，或作为行业培训教材使用。

图书在版编目（CIP）数据

免疫技术/王晓杰，张虎成主编. —2 版. —北京：
化学工业出版社，2018.1
"十二五"职业教育国家规划教材
ISBN 978-7-122-31097-2

Ⅰ. ①免… Ⅱ. ①王…②张… Ⅲ. ①免疫技术-职业教育-教材 Ⅳ. ①Q939.91

中国版本图书馆 CIP 数据核字（2017）第 292292 号

责任编辑：李植峰 迟 蕾 张春娥　　　　　　　　　　　装帧设计：张 辉
责任校对：王 静

出版发行：化学工业出版社（北京市东城区青年湖南街 13 号　邮政编码 100011）
印　　刷：北京京华铭诚工贸有限公司
装　　订：北京瑞隆泰达装订有限公司
787mm×1092mm　1/16　印张 15　字数 375 千字　2018 年 8 月北京第 2 版第 1 次印刷

购书咨询：010-64518888（传真：010-64519686）　　售后服务：010-64518899
网　　址：http://www.cip.com.cn
凡购买本书，如有缺损质量问题，本社销售中心负责调换。

定　价：39.80 元

《免疫技术》第二版编写人员

主　　编　王晓杰　张虎成

副 主 编　李存法　李明刚

参编人员　（按姓名汉语拼音排列）

党卫红（漯河职业技术学院）

金丽华（北京电子科技职业学院）

李存法（河南牧业经济学院）

李明刚（北京庄笛浩禾生物医学科技有限公司）

沈永才（北京天坛生物制品股份有限公司）

王晓杰（北京电子科技职业学院）

杨春花（北京赛百泰生物技术有限公司）

杨　军（北京电子科技职业学院）

张冬青（广东轻工职业技术学院）

张虎成（北京电子科技职业学院）

前　言

免疫技术作为现代生命科学研究的三大前沿技术之一，广泛应用在生物学研究、临床医学检验、生物制品等各个领域，是生物技术应用专业、生物工程专业和临床医学专业学生必修的一门专业课程，也是学生从业后应用的主要技术之一。生物技术的飞速发展带动了对生物及相关专业高职高专层次学生的需求，从而形成了对高品质免疫技术教材的需求。但是，目前关于免疫的书籍大部分是介绍免疫学基础知识的，从免疫技术相关岗位出发、综合讲解免疫技术的教材还较少，且大都是针对本科层次编写的。本教材第一版出版后受到广大师生的欢迎，根据用书师生反馈和行业、专业发展要求，编者们开展了对《免疫技术》第一版教材的修订编写工作。

修订工作依据免疫产品生产和免疫检验相关岗位对免疫技术知识和技能的要求，结合高职高专基于工作过程的课程体系改革的实践，从实际产品和技术出发，构建了"适度、够用"的系统理论知识和技能体系。修订工作的重点集中在以下几方面：

其一，以企业人才岗位需求为依托，保证教材的"行业性和先进性"，调整教学项目和项目载体。

修订教材共九个项目，对原有教材的教学项目和项目载体进行了调整，如：将项目四——凝集反应检测 ABO 血型和项目五——沉淀反应检测血清效价合并为项目四——抗原抗体反应的临床检验；根据临床检验的发展，增加项目五——血清中补体的检测；将项目六——酶联免疫吸附试验检测植物病毒和项目七——荧光免疫检测猪瘟病毒合并为项目六——免疫标记技术检测植物病毒。这样更有利于学生对免疫技术整体知识体系的构建，为学生今后从事免疫技术相关工作夯实理论基础，培养良好的职业素养、职业意识和使命感。

其二，调整项目内容中编排顺序，既兼顾了学生知识体系构建，又兼顾了基于工作过程的学生认知规律。原有教材编写顺序为"项目实施→项目思考→必备和拓展知识"，在实施过程中查找必备和拓展知识，掌握知识点比较凌乱。为遵循学生的认知规律，修订版本编写顺序调整为"项目介绍→学习指南→以分解任务形式实施项目→在项目实施中穿插理论知识→在项目实施后进行项目思考和答疑→项目准备（知识＋技能准备）→项目完成后的理论知识拓展→要点解读中重构项目，形成理实一体化架构体系"，该教材编写模式与"教学做一体"的教学模式相辅相成。

其三，配套的《免疫技术》北京市精品课程网站作为数字化平台支撑，便于学生课下自主学习。为方便学生在线学习，拓展学生专业学习路径，加强师生交流，《免疫技术》建设了内容丰富的网络课程，该课程获评为 2008 年北京市精品课程。

其四，从学生出发，以学生为中心，提升教材的可阅读性，增加了细节处理。修订版本中增加了细节内容，如：学习目标中增加了介绍学习方法；增加了要点解读，提示学生难点和重点，帮助学生理解；增加了"知识体系构建"形成的知识体系图和专业词汇中英文对照。这些细节处理，能帮助学生更好地理解和掌握所学知识。

修订版教材由北京电子科技职业学院王晓杰和张虎成任主编，全书分为 9 个项目，按照由简单到复杂、由单项到综合的层次排布，包括项目一免疫技术基础技能训练、项目二大肠杆菌 *E.coli* 抗原的制备、项目三免疫血清的制备、项目四抗原抗体反应的临床检验、项目五血清中补体的检测、项目六免疫标记技术检测植物病毒、项目七鸡胚流感疫苗的制备、项目八人体免疫球蛋白的制备、项目九金标免疫诊断试剂盒的制备。附录为相关药品管理法律法规，将针对正文部分的相关法规提供给读者参考，使读者更好地理解正文部分的内容。

本书在修订过程中，得到了化学工业出版社的大力支持和热情帮助。同时，得到了河南牧业经济学院李存法、漯河职业技术学院党卫红、广东轻工职业技术学院张冬青、北京电子科技职业学院金丽华和杨军、北京赛百泰生物技术有限公司杨春花、北京庄笛浩禾生物医学科技有限公司李明刚、北京天坛生物制品股份有限公司沈永才等各位参编老师们的大力支持配合，使得教材编写工作完成得愉快、严谨和有序。

由于编者的知识和能力有限，在教材编写中还存在不足之处，敬请同行专家、使用本教材的师生和广大读者批评指正。

编者

2018 年 3 月

第一版前言

免疫技术作为现代生命科学研究的三大前沿领地之一，广泛应用在生物学研究、临床医学检验、生物制品等多个领域，是生物技术应用专业和生物工程专业学生必修的一门专业课程和从业后应用的主要技术之一。生物技术飞速发展带动了对生物技术类专业高职高专层次学生的需求，从而形成了对高品质高职高专免疫技术教材的需求。但是，目前关于免疫的书籍大部分是介绍免疫学基础知识的，综合性的、系统性的、专门讲解免疫技术的教材非常少，且教材大都是针对本科高等教育编写的，本教材就是在这种情况下组织编写的。

本教材依据免疫产品生产和免疫检验相关岗位对免疫技术技能的要求，结合高职高专基于工作过程的课程体系改革的实践，从实际产品和技术出发，形成"适度、够用"的系统理论知识。

本教材由北京电子科技职业学院教师王晓杰和张虎成共同主编，全书分为十个项目，按照由简单到复杂、由单项到综合的层次排布，并分为三个平台。第一个平台为基础研究平台，包括项目一免疫技术基础技能训练、项目二大肠杆菌 $E.coli$ 抗原的制备、项目三免疫血清的制备，三个项目集中讲解免疫技术必备的基础知识和基础技能。第二个平台为免疫检测平台，包括项目四凝集反应检测 ABO 血型、项目五沉淀反应检测血清效价、项目六酶联免疫吸附试验检测植物病毒、项目七荧光免疫检测猪瘟病毒、四个项目集中讲解免疫检验技术。第三个平台为免疫技术产品平台，包括项目八鸡胚流感疫苗的制备、项目九人体免疫球蛋白的制备、项目十金标免疫诊断试剂盒的制备，三个项目集中讲解免疫技术产品的制备。

本书在编写过程中，得到了化学工业出版社的大力支持和热情帮助。同时，得到了北京科技职业学院杨春花、漯河职业技术学院党卫红、广东轻工职业技术学院张冬青、北京吉利大学董志刚、北京电子科技职业学院李双石、北京庄笛浩禾生物医学科技有限公司李明刚、北京天坛生物制品股份有限公司沈永才、黑龙江农垦职业学院王义军、郑州职业技术学院张玲丽、中国科学院微生物研究所胡坤等各位参编老师的积极配合，使得教材编写工作完成得愉快、严谨和有序，在此，对化学工业出版社和参与编写与评审的各位老师致以诚挚的感谢。

由于编者的知识和能力有限，在教材编写中难免存在不足之处，敬请广大同行专家、使用本教材的师生和其他读者批评指正。

王晓杰 张虎成
2010 年 5 月

目　录

项目一　免疫技术基础技能训练 ………… 1
　项目介绍 ………………………………… 1
　学习指南 ………………………………… 1
　一、项目准备…………………………… 1
　　（一）知识准备 ……………………… 1
　　（二）技能准备 ……………………… 11
　二、项目实施…………………………… 18
　　任务一　识别人体免疫器官和免疫细胞
　　　　　　发育过程 ………………… 18
　　任务二　动物注射和采集血液 ……… 18
　　任务三　分离 T 淋巴细胞、B 淋巴细胞 … 23
　三、项目拓展…………………………… 24
　要点解读 ……………………………… 26
　项目思考 ……………………………… 27
项目二　大肠杆菌 *E.coli* 抗原的制备 … 28
　项目介绍 ……………………………… 28
　学习指南 ……………………………… 28
　一、项目准备…………………………… 28
　　（一）知识准备 ……………………… 28
　　（二）技能准备 ……………………… 36
　二、项目实施…………………………… 39
　　任务一　大肠杆菌 *E.coli* 外膜蛋白 OMP
　　　　　　抗原的制备 ………………… 39
　　任务二　大肠杆菌 *E.coli* 脂多糖 LPS 的
　　　　　　制备 ………………………… 40
　三、项目拓展…………………………… 42
　　（一）细胞性免疫原的制备 ………… 42
　　（二）佐剂的使用方法 ……………… 42
　要点解读 ……………………………… 43
　项目思考 ……………………………… 45
项目三　免疫血清的制备 ……………… 46
　项目介绍 ……………………………… 46
　学习指南 ……………………………… 46
　一、项目准备…………………………… 46
　　（一）知识准备 ……………………… 46
　　（二）技能准备 ……………………… 55
　二、项目实施…………………………… 58
　　任务一　抗伤寒杆菌血清的制备 …… 58
　　任务二　抗绵羊红细胞血清的制备

　　　　　　（溶血素的制备）………… 60
　　任务三　抗人血清抗体的制备 ……… 61
　三、项目拓展…………………………… 61
　　（一）免疫球蛋白基因的结构和抗体
　　　　　　多样性 ……………………… 61
　　（二）人类免疫球蛋白的主要理化性质
　　　　　　和生物学特性比较 ………… 64
　　（三）免疫应答 ……………………… 65
　　（四）免疫耐受 ……………………… 69
　要点解读 ……………………………… 70
　项目思考 ……………………………… 71
项目四　抗原抗体反应的临床检验 …… 73
　项目介绍 ……………………………… 73
　学习指南 ……………………………… 73
　一、项目准备…………………………… 74
　　（一）知识准备 ……………………… 74
　　（二）技能准备 ……………………… 81
　二、项目实施…………………………… 89
　　任务一　ABO 血型鉴定 …………… 89
　　任务二　玻片凝集反应检测未知细菌 … 90
　　任务三　布氏杆菌病平板凝集反应 … 91
　　任务四　环状沉淀反应测定血清效价 … 92
　　任务五　单向琼脂扩散检测人血清中的
　　　　　　免疫球蛋白 ………………… 93
　　任务六　双向琼脂扩散试验检测未知
　　　　　　细菌 ………………………… 94
　　任务七　免疫电泳实验检测抗原 …… 96
　　任务八　对流免疫电泳检测人血清 … 97
　　任务九　火箭电泳试验检验血清中抗原
　　　　　　的含量 …………………… 98
　三、项目拓展…………………………… 99
　　（一）血型的概念 …………………… 99
　　（二）血型的种类 …………………… 99
　　（三）ABO 血型系统的遗传 ……… 101
　　（四）相容的血型 …………………… 101
　要点解读 ……………………………… 102
　项目思考 ……………………………… 103
项目五　血清中补体的检测 …………… 105
　项目介绍 ……………………………… 105

学习指南 …………………………………… 105
一、项目准备 ……………………………… 105
　　（一）知识准备 …………………………… 105
　　（二）技能准备 …………………………… 116
二、项目实施 ……………………………… 118
　　任务一　观察溶血反应 ………………… 118
　　任务二　补体结合实验 ………………… 119
　　任务三　血清总补体溶血活性（CH$_{50}$）
　　　　　　测定 …………………………… 121
　　任务四　透射比浊法测定血清 C3
　　　　　　含量 …………………………… 122
三、项目拓展 ……………………………… 123
　　（一）补体 C4 溶血活性的测定
　　　　　（试管法）……………………… 123
　　（二）补体介导的细胞毒试验 ………… 123
要点解读 …………………………………… 125
项目思考 …………………………………… 125

项目六　免疫标记技术检测植物病毒 … 127
项目介绍 …………………………………… 127
学习指南 …………………………………… 127
一、项目准备 ……………………………… 127
　　（一）知识准备 …………………………… 127
　　（二）技能准备 …………………………… 134
二、项目实施 ……………………………… 135
　　任务一　酶标抗体（抗原）的制备 … 135
　　任务二　双抗体夹心法诊断植物病毒 … 137
　　任务三　直接免疫荧光法测抗原 …… 139
　　任务四　间接免疫荧光法测抗体 …… 140
三、项目拓展 ……………………………… 141
　　（一）过氧化物酶-抗过氧化物酶复合物制
　　　　　备技术 …………………………… 141
　　（二）McAb-PAP 制备技术 …………… 141
　　（三）碱性磷酸酶标记抗体制备技术 …… 142
　　（四）碱性磷酸酶-抗碱性磷酸酶复合物
　　　　　制备技术 ……………………… 142
　　（五）荧光免疫检测补体结合法 ……… 142
　　（六）荧光免疫检测双标记法 ………… 143
　　（七）荧光免疫标记技术应用 ………… 143
　　（八）化学发光免疫标记技术 ………… 143
要点解读 …………………………………… 145
项目思考 …………………………………… 146

项目七　鸡胚流感疫苗的制备 ………… 147
项目介绍 …………………………………… 147
学习指南 …………………………………… 147
一、项目准备 ……………………………… 147

　　（一）知识准备 …………………………… 147
　　（二）技能准备 …………………………… 151
二、项目实施 ……………………………… 153
　　任务　鸡胚流感疫苗的制备 ………… 153
　　（一）鸡胚流感疫苗简介 ……………… 153
　　（二）鸡胚流感疫苗制备 ……………… 154
三、项目拓展 ……………………………… 155
　　（一）其他流感灭活疫苗 ……………… 155
　　（二）人工主动免疫 …………………… 156
　　（三）细菌类疫苗 ……………………… 157
要点解读 …………………………………… 160
项目思考 …………………………………… 162

项目八　人体免疫球蛋白的制备 ……… 163
项目介绍 …………………………………… 163
学习指南 …………………………………… 163
一、项目准备 ……………………………… 163
　　（一）知识准备 …………………………… 163
　　（二）技能准备 …………………………… 165
二、项目实施 ……………………………… 168
　　任务一　Cohn 法制备人体免疫球
　　　　　　蛋白 …………………………… 168
　　（一）Cohn 法制备人体免疫球蛋白
　　　　　简介 …………………………… 168
　　（二）人体免疫球蛋白制备 …………… 168
　　任务二　牛血清免疫球蛋白的制备 … 170
三、项目拓展 ……………………………… 172
　　（一）蛋白质纯化方法 ………………… 172
　　（二）透析袋的处理方法 ……………… 173
要点解读 …………………………………… 173
项目思考 …………………………………… 174

项目九　金标免疫诊断试剂盒的制备 … 175
项目介绍 …………………………………… 175
学习指南 …………………………………… 175
一、项目准备 ……………………………… 175
　　（一）知识准备 …………………………… 175
　　（二）技能准备 …………………………… 176
二、项目实施 ……………………………… 178
　　任务一　胶体金的制备 ……………… 178
　　任务二　胶体金标记蛋白的制备 …… 181
　　任务三　胶体金诊断试剂盒的制备 … 182
三、项目拓展 ……………………………… 183
　　（一）诊断试剂 ………………………… 183
　　（二）酶联免疫吸附诊断试剂盒生
　　　　　产工艺 ………………………… 183
　　（三）PCR 诊断试剂生产工艺 ……… 183

　　要点解读 ……………………… 184
　　项目思考 ……………………… 184
附录　相关药品管理法律法规 ……… 186
　　一、冻干静注人免疫球蛋白（pH4） ……… 186
　　二、A 群脑膜炎球菌多糖疫苗 ………… 189
　　三、皮内注射用卡介苗 ………… 193
　　四、冻干人用狂犬病疫苗（Vero 细胞） … 197
　　五、重组乙型肝炎疫苗（酿酒酵母） ……… 201
　　六、流感全病毒灭活疫苗 …………… 205
　　七、脊髓灰质炎减毒活疫苗糖丸（人二倍

体细胞） …………………… 209
　　八、冻干肉毒抗毒素 …………… 214
　　九、抗眼镜蛇毒血清 …………… 217
　　十、抗人 T 细胞兔免疫球蛋白 ……… 220
　　十一、乙型肝炎病毒表面抗原诊断试剂盒
　　　　　（酶联免疫法） …………… 224
　　十二、人类免疫缺陷病毒抗体诊断试剂盒
　　　　　（酶联免疫法） …………… 226
参考文献 …………………………… 229

项目一 免疫技术基础技能训练

项目介绍

1. 项目背景

某临床诊断试剂盒生产企业要生产某一特定抗原所对应的抗体，需要技术开发人员和一线操作人员理解免疫学基础知识、熟悉人体免疫系统、掌握实验动物注射的必备方法和采集血样的方法，并能从血样中分离出 T 淋巴细胞、B 淋巴细胞。

2. 项目任务描述

任务一　识别人体免疫器官和免疫细胞发育过程

任务二　动物注射和采集血液

任务三　分离 T 淋巴细胞、B 淋巴细胞

学习指南

【学习目标】

1. 能正确注射实验动物并完成血液采集（主要是兔子和小鼠）。

2. 能正确识别人体免疫器官，并了解其相应的生物学功能。

3. 理解免疫的概念，了解免疫学的历史和发展趋势。

4. 能正确分离 T、B 淋巴细胞。

5. 通过注射、采血和免疫系统的识别初步理解免疫技术学习的方法。

【学习方法】

1. 通过网络课程开展预习和复习。

2. 任务实施之前，学生通过教师示范和视频观看来了解实验步骤及具体的实验方法。

3. 任务实施过程中应注意抓取动物、注射、采血等关键的操作。

4. 任务完成后，学生通过撰写实验报告来总结实验结果。

一、项目准备

（一）知识准备

1. 免疫技术简介

在日常生活中，人们会遇到很多与免疫相关的技术应用，例如大多数人都接种过的疫苗。由于疫苗的使用，人类至少减少了 1/2 的死亡率，疫苗就是人们通过学习免疫学的知识，利用免疫技术生产出来的。另外，医院诊断疾病时常用到的诊断试剂盒也是用免疫技术生产得来的。免疫技术的应用非常广泛，可以应用于生物制品生产、临床检验、临床疾病治疗等多个领域。通过免疫技术的学习，可以理解人体对外来异物所产生的一系列从识别到抵抗最后消灭异物的免疫过程，也能利用所掌握的免疫知识开发各种预防、诊断和治疗疾病的

免疫技术产品。

2. 免疫学和免疫

免疫学是研究宿主免疫系统识别并消除有害生物及其成分的应答过程及机制的科学。"免疫（immunity）"一词源于拉丁文"immunitas"，原意是免除赋税和差役。免疫是机体识别和排斥抗原性异物或被诱导对这种抗原性异物呈不应答状态（称为免疫耐受）以维持正常生命内环境的一种生物学功能。免疫是人体的一种生理功能，人体依靠这种功能识别"自己"和"非己"成分，从而破坏和排斥进入人体的抗原物质或人体本身所产生的损伤细胞和肿瘤细胞等，以维持人体的健康。免疫也是抵抗或防止微生物或寄生物的感染或其他所不希望的生物侵入的状态。免疫涉及特异性成分和非特异性成分。非特异性成分不需要事先暴露，可以立刻响应，可以有效地防止各种病原体的入侵。特异性免疫是在主体的寿命期内发展起来的，是专门针对某个病原体的免疫。运用免疫学理论和方法对相关疾病进行预防、诊断和治疗的研究是当代免疫学研究中的重要课题。

（1）免疫的生物学功能

免疫是机体识别和排斥大分子异物的一种生理功能，能识别并清除从外环境中入侵的病原体以及其产生的毒素和内环境中因基因突变产生的肿瘤细胞，实现免疫防卫功能，保持机体内环境稳定，主要分为以下三种功能。

① 免疫防御（immunologic defense） 指机体排斥外源性异物分子的能力。这是动物不受外来物质干扰和保持物种纯洁的生理机制。如果免疫应答表现过于强烈，则在清除抗原的同时，也会造成组织损伤，即发生超敏反应（变态反应）。而如免疫应答过低，则可发生免疫缺陷病。

② 免疫监视（immunologic surveillance） 专指集体杀伤和清除异常突变的细胞以监视和抑制恶性肿瘤在体内生长。免疫监视是免疫系统最基本的功能之一。免疫监视功能过低会形成肿瘤。

③ 免疫自稳（immunologic homeostasis） 指机体识别和清除自身衰老残损的组织细胞的能力，这是机体借以维持正常内环境稳定的重要生理机制。人体组织细胞时刻不停地新陈代谢，随时有大量新生细胞代替衰老和受损伤的细胞。免疫系统能及时地把衰老和死亡的细胞识别出来，并把它们从体内清除出去，从而保持人体的稳定。该功能失调时，可发生生理功能紊乱或自身免疫性疾病。

（2）免疫分类

机体内有两种免疫应答类型，一种是固有性免疫应答（innate immune response），一种是适应性免疫应答（adaptive immune response）。

① 固有性免疫应答 也称为非特异性免疫应答，指机体对异物的无选择性阻挡、排斥和清除。执行固有免疫功能的有皮肤、黏膜的物理阻挡作用及其分泌抑菌、杀菌物质的化学作用，也有吞噬细胞的吞噬病原体作用，还有自然杀伤细胞（natural killer，NK）对病毒感染靶细胞的杀伤作用，及血液和体液中存在的抗菌分子，如补体（complement）。固有免疫在感染早期（数分钟至96h内）执行防卫功能。

② 适应性免疫应答 也称为特异性免疫，指高等的免疫系统可以准确地识别对自身稳定构成威胁的异物信息，并根据这一信息对进入机体的异物有选择地识别和清除。T细胞及B细胞识别病原体成分后被活化，但并不立刻表现防卫功能，而是经过免疫应答过程（4~5天）才产生效应细胞，对已被识别的病原体施加杀伤清除作用。适应性免疫应答是继固有性免疫应答之后发挥效应的，最终清除病原体，促进疾病治愈，以及防止再次感染。

（3）免疫学发展简史

免疫学经历了四个迅速发展的阶段。

1876年后，多种病原菌被发现，用已灭活及减毒的病原体制成疫苗，预防多种传染病，使疫苗得以广泛发展和使用。

1900年前后，抗原与抗体的发现，揭示出"抗原诱导特异抗体产生"这一免疫学的根本问题，促进了免疫化学的发展及抗体的临床应用。

1957年后，随着细胞免疫学的兴起，人类理解到特异免疫是T淋巴细胞及B淋巴细胞对抗原刺激所进行的主动免疫应答过程的结果，理解到细胞免疫和体液免疫的不同效应与协同功能。

1977年后，由于分子免疫学的发展，人类得以从基因活化的分子水平，理解抗原刺激与淋巴细胞应答类型的内在联系与机制。

① 经验免疫学时期　对人体免疫功能的认识首先从抗感染免疫开始。我国医学家在对天花病长期临床实践的过程中，对天花的预防积累了丰富的经验，并创造性地发明了用人痘苗预防天花的方法。这在天花病毒发现之前，在医学科学尚未发展之时，实是一项伟大贡献，也是认识机体免疫性的开端。在清代，即公元17世纪，人痘苗预防天花已在我国推广应用。我国古代医师在医治天花的长期临床实践中，大胆创用了将天花痂粉吹入正常人的鼻孔的方法，让健康人感染一次轻症天花，从而达到预防天花的目的。

在17世纪，不但我国使用人痘苗预防天花，而且也引起了邻国的注意，并很快地传入了俄国、朝鲜、日本、土耳其和英国等国家。无疑，人痘法为以后（18世纪末）英国乡村医生Jenner发明牛痘苗和法国免疫学家Pasteur发明减毒疫苗都提供了宝贵经验（图1-1、图1-2）。在这个时期，人类从各种现象及经历中获得的一些免疫学方法，但尚未进行科学试验，也没有提升到理论水平。

图 1-1　Edward Jenner（1749—1823年）　　图 1-2　Louis Pasteur（1822—1895年）

② 实验免疫学时期　免疫学作为一个独立的学科被人们所承认。

a. 1880年，法国微生物学家Louis Pasteur创制炭疽杆菌减毒疫苗和狂犬病疫苗。这为实验免疫学奠定了基础。

进入19世纪后，微生物学在法国免疫学家Pasteur和德国细菌学家Koch等的努力下得到了迅速发展；在方法学上创造性地解决了细菌的分离培养，从而能获得纯种细菌，为人工菌苗的制备创造了条件；Pasteur 更有意识地研究了获得减毒菌株的方法，通过系统的科学实验，终于发现了应用物理、化学以及生物学方法可获得减毒菌株。

b. 1883 年，俄国动物学家 E. Metchnikoff 提出了细胞免疫学说。

c. 1890 年，德国医师 E. von Behring 和日本学者北里发现了白喉抗毒素。

德国学者 Behring 和日本学者北里于 1890 年在 Koch 研究所应用白喉外毒素给动物免疫，发现在其血清中有一种能中和外毒素的物质，称为抗毒素。将这种免疫血清转移给正常动物也有中和外毒素的作用。这种被动免疫法很快应用于临床治疗。Behring 于 1891 年应用来自动物的免疫血清成功地治疗了一个白喉患者，这是第一个被动免疫治疗的病例。为此他于 1902 年获得了诺贝尔医学奖。

d. 1894 年，比利时血清学家 J. Bordet 发现了补体。这些相关发现支持了体液免疫学说。

19 世纪末，继抗毒素之后，又很快发现了免疫溶菌现象。Pfeiffer（1894）用新鲜免疫血清在豚鼠体内观察到对霍乱弧菌的溶菌现象。Bordet 发现如将新鲜免疫血清加热到 60℃，30min 可丧失溶菌能力。他认为在新鲜免疫血清内存在两种不同的物质与溶菌作用有关，一种是对热稳定的物质称为溶菌素，即抗体，有特异性；另一种是对热不稳定的物质，可存在于正常血清中，为非特异性成分，称之为补体，它具有溶菌或溶细胞作用，但这种作用必须有抗体存在才能实现。

e. 血清学方法的建立。在抗毒素发现以后的 10 年中，相继在免疫血清中发现有溶菌素、凝集素、沉淀素等特异性组分，并能与其相应细胞或细菌发生反应。其后，将多种不同的特异性反应物质统称为抗体，将能引起抗体产生的物质统称为抗原。自此，建立了抗原、抗体的概念。在此期间，也建立了各种体外检测抗原、抗体反应的血清学技术，如沉淀反应、凝集反应、补体结合反应等方法，为病原菌的鉴定和血清抗体的检查提供了可靠的方法。血清学方法的建立，大大有助于传染病的诊断学和流行病学调查，而动物免疫血清的制备又开创了被动血清疗法。

f. 免疫化学的研究。抗体的发现一方面对临床医学的诊断、治疗和预防起到了巨大的推动作用；另一方面抗原、抗体的理化性质，抗原和抗体反应特异性的化学基础等问题引起了人们的极大兴趣，逐渐形成了免疫化学的研究领域。

免疫化学研究初期首先是从 Landsteiner（1910）等应用偶氮蛋白的人工结合抗原，研究抗原-抗体反应特异性的化学基础开始的。Heidelberger 等用肺炎球菌荚膜多糖抗原进行了抗原和抗体反应的定量研究。Tiselius 和 Kabat（1938）建立了血清蛋白电泳技术，从而证明了抗体活性存在于血清丙种球蛋白部分，其后建立了分离纯化抗体球蛋白的方法，这为抗体理化性质的进一步研究建立了基础。在 20 世纪 40 年代，还建立了蛋白质抗原性分析的新方法，如 Elek、Oudin 及 Ouchterlony 等建立的凝胶扩散法。Grubar（1953）等建立的免疫电泳技术促进了对蛋白质抗原性的免疫化学分析，从而发现了抗体分子的不均一性。

g. 抗体生成理论的提出。Ehrlich 首先在 1897 年提出了抗体生成的侧链学说，他也是受体学说的首创者。他认为，抗毒素分子存在于细胞表面上，当外毒素进入体内后与之特异结合，并刺激细胞产生更多的抗毒素分子，这些分子自细胞表面脱落入血即是抗毒素。他的学说在当时未能得到大多数免疫学家的支持，并遭到一些学者的责难，致使他的学说长期被埋没。

在 20 世纪 30 年代，Haurowitz 等认为，抗体分子的结构是在抗原直接影响下形成的，并提出了抗体生成的模板学说。在分子遗传学的影响下，Pauling 等又进一步对模板学说进行了修正，认为抗原是通过干扰胞核 DNA 而间接影响抗体分子的构型，从而提出了抗体生成的模板学说。

③ 科学免疫学时期　Glick（1957）发现，早期摘除鸡的腔上囊组织可影响抗体的产生，首先证明了腔上囊组织的免疫功能。20世纪60年代初，Miller和Good分别在哺乳类动物体内进行早期胸腺摘除，证明了胸腺的免疫功能。Gowan（1965）首先证明了淋巴细胞的免疫功能。Claman、Mitchell等（1969）提出了T细胞亚群和B细胞亚群的概念。进入70年代，Pernis等用免疫荧光法证明了淋巴细胞膜Ig受体存在，并认为是B细胞的特征。Feldman等用半抗原载体效应证明了T细胞和B细胞在抗体产生中的协同作用。Unanue等证明了巨噬细胞在免疫应答中的作用，它是参与机体免疫应答的第三类细胞。这些发现充分证明了机体免疫应答的发生是由多细胞相互作用的结果，并初步揭示了B细胞的识别、活化、分化和效应机制，使免疫学的研究进入细胞生物学和分子生物学的领域。

现在，对免疫学的研究已经达到细胞水平和分子水平，人们正在努力探讨生物的基本生理规律——免疫的自身稳定机制。免疫学以分子、细胞、器官及整体调节为基础，成为生命科学的前沿学科，有力地推动了医学和生命科学的发展。20世纪80年代以来，众多的细胞因子相继被发现，希望在分子水平上揭示免疫现象，有人称之为"分子免疫学时期"，把免疫学研究推向一个新水平。从而可以推断，医学中的许多重要问题，如自身免疫、超敏反应、肿瘤免疫、移植免疫、免疫遗传等，必将得到更好的解决。

（4）免疫系统

① 免疫系统定义　随着现代免疫学的发展，已证明在高等动物和人体内存在一组复杂的免疫系统。它的生理功能主要是识别区分"自己"与"非己"成分，并能破坏和排斥"非己"成分，而对"自己"成分则能形成免疫耐受，不发生排斥反应，以维持机体的自身免疫稳定。免疫系统是机体产生免疫功能的物质基础，是由具有免疫功能的器官、组织、细胞和分子组成的解剖和生理网络。免疫系统有一系列的内部调节机制，但不是完全独立运行的，而是与其他系统相互协调，尤其是受神经体液调节，又可通过反馈影响免疫系统，共同维持机体的生理平衡。

人体免疫系统共有三道防线。第一道防线是由皮肤和黏膜构成的，它们不仅能够阻挡病原体侵入人体，而且它们的分泌物（如乳酸、脂肪酸、胃酸和酶等）还有杀菌的作用。第二道防线是体液中的杀菌物质和吞噬细胞。这两道防线是人类在进化过程中逐渐建立起来的天然防御功能，其特点是人人生来就有，不针对某一种特定的病原体，对多种病原体都有防御作用，因此叫做非特异性免疫（又称先天性免疫）。第三道防线主要由免疫器官（胸腺、淋巴结和脾脏等）和免疫细胞（淋巴细胞）组成，是人体在出生以后逐渐建立起来的后天防御功能，其特点是出生后才产生的，只针对某一特定的病原体或异物起作用，因而叫做特异性免疫（又称后天性免疫）。

② 免疫器官　免疫器官是指实现免疫功能的器官或组织。根据发生的时间顺序和功能差异，可分为中枢免疫器官和外周免疫器官两部分（图1-3）。

a. 中枢免疫器官。中枢免疫器官包括骨髓、胸腺，是免疫活性细胞产生、增殖和分化成熟的场所，对外周淋巴器官发育和全身免疫功能起调节作用。禽类的法氏囊（腔上囊）、哺乳类动物和人的胸腺和骨髓属于中枢免疫器官。

ⅰ. 骨髓：是成年人和动物所有血细胞产生的场所，各种免疫细胞也都是从骨髓的多能干细胞发育而来。骨髓的主要功能是产生血细胞，还可直接驯化B细胞成熟。法氏囊是禽类B细胞发育分化的器官。

ⅱ. 胸腺：胸腺位于前纵隔、胸骨后、心脏上方。胸腺的主要功能有驯化T细胞、分泌胸

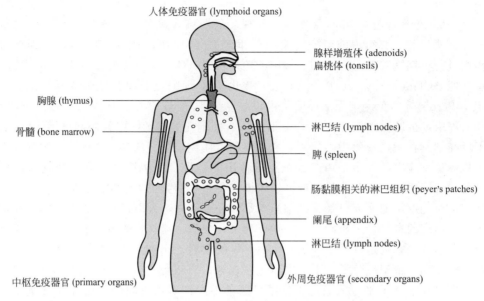

人体免疫器官 (lymphoid organs)

腺样增殖体 (adenoids)
扁桃体 (tonsils)

胸腺 (thymus)

骨髓 (bone marrow)

淋巴结 (lymph nodes)

脾 (spleen)

肠黏膜相关的淋巴组织 (peyer's patches)

阑尾 (appendix)

淋巴结 (lymph nodes)

中枢免疫器官 (primary organs)

外周免疫器官 (secondary organs)

图 1-3　人体免疫器官示意图

腺素、促进肥大细胞发育、调节机体的免疫平衡、维持自身的免疫稳定性等。胸腺是 T 细胞发育分化的器官。脾和全身淋巴结是周围免疫器官，它们是成熟 T 和 B 细胞定居的部位，也是发生免疫应答的场所。此外，黏膜免疫系统和皮肤免疫系统也是重要的局部免疫组织。

　　b. 外周免疫器官。外周免疫器官包括淋巴结、脾和黏膜相关淋巴组织等，是免疫细胞聚集和免疫应答发生的场所。

　　ⅰ. 淋巴结：为近乎圆形的网状组织结构，略凹陷处为门，有输出淋巴和血管出入。淋巴结的功能包括：滤过和净化作用、免疫应答场所、淋巴细胞再循环。

　　ⅱ. 脾：体内形体最大的淋巴器官，结构类似淋巴结。脾的功能包括：在胚胎期是重要的造血器官，出生后是血细胞尤其是淋巴细胞在循环池的最大储存库和强有力的过滤器，也是免疫应答的重要基地。

　　ⅲ. 黏膜相关淋巴组织：指在各种腔道黏膜下有大量聚集的淋巴组织，也称黏膜免疫系统，主要有肠道黏膜相关淋巴组织和呼吸道黏膜相关淋巴组织。

　　③ 免疫细胞　免疫细胞是指能识别抗原并参与免疫应答的各类细胞，主要有两大类：一类是在免疫应答过程中起核心作用的免疫活性细胞，另一类是在免疫应答过程中起辅佐作用的细胞。淋巴细胞是免疫系统的基本成分，在体内分布很广泛，主要是 T 淋巴细胞、B 淋巴细胞受抗原刺激而被活化（activation）、分裂增殖、发生特异性免疫应答。除 T 淋巴细胞和 B 淋巴细胞外，还有 K 淋巴细胞和 NK 淋巴细胞，共四种类型。T 淋巴细胞是一个多功能的细胞群。除淋巴细胞外，参与免疫应答的细胞还有浆细胞、粒细胞、肥大细胞、抗原呈递细胞及单核吞噬细胞系统的细胞。

　　a. 造血干细胞　是存在于造血组织中的一群原始造血细胞，它不是组织固定细胞，可存在于造血组织及血液中。造血干细胞在人胚胎 2 周时可出现于卵黄囊，妊娠 5 个月后，骨髓开始造血，出生后骨髓成为干细胞的主要来源。在造血组织中，造血干细胞所占比例甚少，如在小鼠骨髓中 10^5 有核细胞中只有 10 个，在脾中 10^5 有核细胞中只有 0.2 个。造血干细胞在骨髓移植和疾病治疗方面有重要作用。

　　干细胞是一种嗜碱性独核细胞，其大小约为 $8\mu m$，呈圆形，胞核为圆形或肾形，胞核较大，具有 2 个核仁，染色质颗粒细而分散，胞浆呈浅蓝色不带颗粒，在形态上与小淋巴细胞极其相似，但淋巴细胞体积较小，染色质浓染，核仁不明显且有细胞器。因此很难用形态学识别干细胞，并与其他独核细胞相区别。

造血干细胞包括三级分化水平，即多能干细胞、定向干细胞及其成熟的子代细胞（图 1-4）。

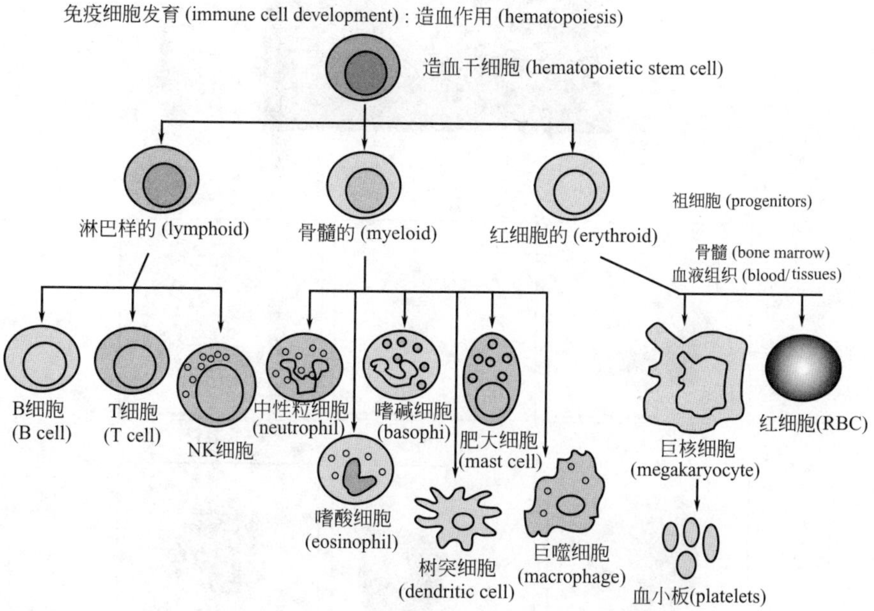

图 1-4 造血干细胞发育示意图

b. 单核-吞噬细胞系统 单核-吞噬细胞系统又称单核-巨噬细胞系统，是高等动物体内由单核细胞及由单核细胞演变而来的具有强烈吞噬能力的巨噬细胞，及其前身细胞所组成的一个细胞系统，是机体防御结构的重要组成部分。该系统在体内分布广，细胞数量多，主要分布于疏松结缔组织、肝、脾、淋巴结、骨髓、脑、肺以及腹膜等处，并依其所在组织的不同而有不同的名称。

ⅰ. 巨噬细胞：细胞质内含丰富的溶酶体、线粒体及粗糙内质网，细胞表面形成小突起和胞膜皱褶。静止时称固着巨噬细胞，有趋化因子时便成为游走巨噬细胞，能进行变形运动及吞噬活动。人的巨噬细胞能生活数月至数年。许多疾病能引起单核-吞噬细胞系统大量增生，表现为肝、脾、淋巴结肿大。功能为吞噬清除体内病菌异物及衰老伤亡细胞；活化 T、B 淋巴细胞免疫反应。

ⅱ. 单核细胞：发生于骨髓的多能干细胞，循环于血液中，穿透血管内皮进入组织内，转变为巨噬细胞。

单核-吞噬细胞系统的细胞有很强的吞噬能力，能吞噬异物、细菌、衰老和突变的细胞等（图 1-5、图 1-6）。此外，也吞噬抗原抗体复合物，并参与脂质与胆固醇代谢，可吞噬和蓄积脂质。吞噬的生理意义在于消除体内不需要的物质，其中巨噬细胞与淋巴细胞、粒细胞、肥大细胞在功能上有互相促进和互相抑制的作用。当单核-吞噬细胞系的生理功能失调时，可引起多种疾病。

c. 淋巴细胞 淋巴细胞是免疫系统的主要细胞，承担机体的细胞免疫和体液免疫功能。按其形态大小可分为大（11～18μm）、中（7～11μm）、小（4～7μm）三类；按其性质和功能可分为 T 细胞、B 细胞和 NK 细胞。

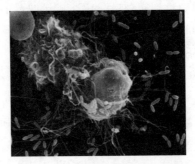

图 1-5　巨噬细胞吞噬大肠杆菌

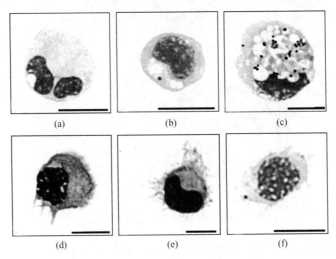

图 1-6　吞噬细胞吞噬分解异物过程图

(a) 吞噬细胞吞噬异物；(b) 形成吞噬体；(c) 形成初级溶酶体；

(d) 形成吞噬溶酶体；(e) 异物被消除；(f) 异物消化分解

ⅰ. T 淋巴细胞：来源于骨髓的多能干细胞（胚胎期则来源于卵黄囊和肝）。目前认为，在人体胚胎期和初生期，骨髓中的一部分多能干细胞或前 T 细胞迁移到胸腺内，在胸腺激素的诱导下分化成熟，成为具有免疫活性的 T 细胞。因其是在胸腺中驯化成熟的细胞，故称胸腺依赖性淋巴细胞，简称 T 淋巴细胞或 T 细胞。成熟的 T 细胞经血流分布至外周免疫器官的胸腺依赖区定居，并可经淋巴管、外周血和组织液等进行再循环，发挥细胞免疫及免疫调节等功能。T 细胞的再循环有利于广泛接触进入体内的抗原物质，加强免疫应答，较长期保持免疫记忆。T 细胞的细胞膜上有许多不同的标志，主要是表面抗原和表面受体。这些表面标志都是结合在细胞膜上的巨蛋白分子。

T 细胞是淋巴细胞的主要组分，至少有四种功能，即辅助功能（辅助 B 细胞产生抗体）、抑制功能（抑制 B 细胞产生抗体）、杀伤功能（直接杀伤靶细胞）、参与迟发型变态反应（产生细胞因子等），是身体抵御疾病感染、肿瘤形成的英勇斗士。T 细胞产生的免疫应答是细胞免疫，细胞免疫的效应形式主要有两种：一种是与靶细胞特异性结合，破坏靶细胞膜，直接杀伤靶细胞；另一种是释放淋巴因子，最终使免疫效应扩大和增强。

ⅱ. B 淋巴细胞：来源于骨髓的多能干细胞，是在鸟类法氏囊或其同功能器官（骨髓）内发育成熟的细胞，因此称之为法氏囊或骨髓依赖的淋巴细胞（bursa dependent lymphocyte），简称 B 淋巴细胞或 B 细胞，又称骨髓依赖性淋巴细胞。与 T 淋巴细胞相比，它的体积略大。B细胞受到抗原刺激后可分化为产生抗体的浆细胞。哺乳类动物B细胞，在胚胎早期系在胚肝，晚期至出生后则在骨髓内分化成熟。成熟B细胞可定居于周围淋巴组织，如淋巴结的皮质区和脾的红髓及白髓的淋巴小结内。从骨髓来的干细胞或前B细胞，在迁入法氏囊或类囊器官后，逐步分化为有免疫潜能的B细胞。成熟的B细胞经外周血迁出，进入脾脏、淋巴结，主要分布于脾小结、脾索及淋巴小结、淋巴索及消化道黏膜下的淋巴小结中。受抗原刺激后，分化增殖为浆细胞，合成抗体，发挥体液免疫的功能。B细胞在骨髓和集合淋巴结中的数量较T细胞多，在血液和淋巴结中的数量比T细胞少，在胸导管中则更少，仅少数参加再循环。B细胞的细胞膜上有许多不同的标志，主要是表面抗原及表面受体。这些表面标志都是结合在细胞膜上的巨蛋白分子。

B1细胞为T细胞非依赖性细胞，B2细胞为T细胞依赖性细胞。B细胞在体内存活的时间较短，仅为数天至数周，但其记忆细胞在体内可长期存在。B细胞是体内唯一能产生抗体（免疫球蛋白分子）的细胞。体内含有识别抗原特异性不同的抗体分子，其多样性是来自千百万种不同B细胞克隆。每一B细胞克隆的特性是由其遗传性决定的，可产生一种能与相应抗原特异结合的免疫球蛋白分子。外周血中，B细胞约占淋巴细胞总数的10%～15%。

T细胞不产生抗体，而是直接起作用，所以T细胞的免疫作用叫做"细胞免疫"。B细胞是通过产生抗体起作用，抗体存在于体液里，所以B细胞的免疫作用叫做"体液免疫"。大多数抗原物质在刺激B细胞形成抗体过程中需T细胞的协助。在某些情况下，T细胞亦有抑制B细胞的作用。如果抑制性T细胞因受感染、辐射、胸腺功能紊乱等因素的影响而使功能降低时，B细胞因失去T细胞的控制而功能亢进，就可能产生大量自身抗体，并引起各种自身免疫病，例如系统性红斑狼疮、慢性活动性肝炎、类风湿性关节炎等。同样，在某些情况下，B细胞也可控制或增强T细胞的功能。由此可见，身体中各类免疫反应，不论是细胞免疫还是体液免疫，共同构成了一个极为精细、复杂而完善的防卫体系（图1-7）。

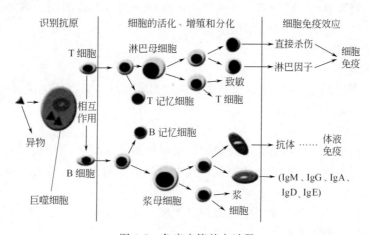

图1-7　免疫应答基本过程

ⅲ．NK细胞：是与T、B细胞并列的第三类群淋巴细胞。NK细胞数量较少，在外周血中约占淋巴细胞总数的15%，在脾内约有3%～4%，也可出现在肺脏、肝脏和肠黏膜，但在胸腺、淋巴结和胸导管中罕见。NK细胞较大，含有胞浆颗粒，故称大颗粒淋巴细胞。NK细胞无需抗原刺激可非特异直接杀伤肿瘤和病毒感染的靶细胞，在机体免疫监视和早期抗感染免疫进程中起重要作用。NK细胞杀伤的靶细胞主要是肿瘤细胞、病毒感染细胞、较大的病原体（如真菌和寄生虫）以及同种异体移植的器官和组织等。

d. 免疫辅佐细胞　辅佐细胞指能够通过一系列作用帮助淋巴细胞活化的细胞，也称为 A 细胞。其主要作用是将抗原信息传递给 T 细胞，使 T 细胞活化，因此也称为抗原提呈细胞。最常见的有单核吞噬细胞和树突状细胞两大类。

e. 其他具有免疫活性的细胞　血液中的其他细胞，例如中性粒细胞、嗜酸粒细胞和嗜碱粒细胞等及组织中的肥大细胞也不同程度地参与免疫应答。

ⅰ. 中性粒细胞：来源于骨髓的造血干细胞，在骨髓中分化发育后，进入血液或组织。中性粒细胞属多形核白细胞的一种，由于其数量在粒细胞中最多，因此有人将多形核白细胞指称为中性粒细胞。在瑞氏（Wright）染色血涂片中，胞质呈无色或极浅的淡红色，有许多弥散分布的细小的（$0.2\sim0.4\mu m$）浅红或浅紫色的特有颗粒。细胞核呈杆状或 $2\sim5$ 分叶状，叶与叶间有细丝相连。颗粒中含髓过氧化物酶、酸性磷酸酶、吞噬素、溶菌酶、β-葡糖苷酸酶、碱性磷酸酶等。中性粒细胞具趋化作用、吞噬作用和杀菌作用。

ⅱ. 嗜酸粒细胞：在瑞氏染色血涂片中，胞质呈浅红色，由于其中充满颗粒，常不易见到细胞质。颗粒呈鲜红色，直径 $0.5\sim1.5\mu m$。核为杆形或分叶形。电镜下，胞质内有较发达的高尔基复合体、少量线粒体、多量糖原颗粒。颗粒分两型，内含组胺酶、芳基硫酸酯酶、磷脂酶、酸性磷酸酶、氰化物和不敏感的过氧化物酶等。嗜酸粒细胞具趋化作用、吞噬作用和杀菌作用。

ⅲ. 嗜碱粒细胞：在瑞氏染色血涂片中，胞质呈极浅棕红色，核为肾形或分叶形（$1\sim4$ 叶），被颗粒所遮盖，核的轮廓常不清，颗粒为嗜碱性且具异染色，呈紫色，直径 $0.1\sim2.0\mu m$。当受一定刺激时，嗜碱性颗粒向细胞外释放其所含的组织胺、过敏嗜酸粒细胞趋化因子和过敏慢反应物（后者不是预先储存于颗粒中，是在释放时形成的）等活性因子，引起哮喘、荨麻疹、食物过敏等各种过敏反应的症状，同时嗜酸粒细胞趋化、聚集于这一局部。

ⅳ. 肥大细胞：碱性细胞在结缔组织和黏膜上皮内时，称肥大细胞，其结构和功能与嗜碱粒细胞相似。肥大细胞广泛分布于皮肤及内脏黏膜下的微血管周围，分泌多种细胞因子，参与免疫调节（T、B 细胞，APC 细胞活化）。

④ 瑞氏染色与免疫相关的细胞

a. 血涂片的观察

ⅰ. 红细胞：淡红色，无核的圆形细胞，因红细胞为双凹形，故边缘部分染色较深、中心较浅，直径 $7\sim8\mu m$。

ⅱ. 颗粒白细胞

嗜中性颗粒白细胞：体积略大于红细胞，细胞核被染成紫色分叶状，可分 $1\sim5$ 叶，核叶之间联以染色质细丝，染色质染成粉色，其中充满细小的大小均匀的颗粒被染成紫红色。直径 $10\sim12\mu m$。

嗜酸性颗粒白细胞：略大于嗜中性颗粒白细胞，细胞核染成紫色，通常为 2 叶，胞质充满嗜酸性大圆颗粒，被染成鲜红色。直径 $10\sim15\mu m$。

嗜碱性颗粒白细胞：体积略小于嗜酸性颗粒白细胞，细胞质中有大小不等被染成紫色的颗粒，颗粒数目较嗜酸性白细胞的少，核为 $1\sim2$ 叶、染成淡蓝色。直径 $10\sim11\mu m$。

ⅲ. 无颗粒白细胞

淋巴细胞：涂片中可观察到中型、小型两种。小淋巴细胞与红细胞大小相似，圆形。其中含致密的核，染成深紫色。周围仅有一薄层嗜碱性染成淡蓝的细胞质。中淋巴细胞较大，有较宽层的细胞，核圆形。直径 $6\sim8\mu m$。

单核细胞：体积最大，细胞圆形。胞质染成灰蓝色。核呈肾形或马蹄形，染色略浅于淋巴细胞的核。直径 $14\sim20\mu m$。

b. 肥大细胞的观察　胞体较大，呈卵圆形，胞质内充满粗大均等的嗜碱性颗粒。其中含肝素、组织胺等物质。常成群地分布于血管的周围。

c. 浆细胞的观察　细胞呈圆形或卵圆形，胞质丰富，呈嗜碱性。核圆形，着色深，多偏于细胞的一侧，染色质核膜呈车轮分布。正常组织浆细胞少，慢性炎症时增多。浆细胞合成和分泌抗体，对免疫有重要意义。

d. 巨噬细胞　又称组织细胞，细胞形态不规则。常伸出短而钝的突起，有很强的吞噬能力。

⑤ 免疫分子　免疫分子是指与免疫应答有关的分子，包括信息传递分子和效应分子。免疫信息传递主要靠小分子多肽（细胞因子）和有关受体完成。免疫效应分子主要有抗体、补体等大分子糖蛋白，有关基因将有序地表达或关闭对上述分子的转录和翻译，并接受有关信息分子的调控，这样就形成了一个免疫分子网络（表1-1）。

表 1-1　免疫系统的组织结构

免疫器官		免疫细胞	免疫分子	
中枢	周围		膜型分子	分泌型分子
法氏囊(禽类)	脾淋巴结	干细胞系淋巴细胞系	T 细胞抗原识别受体(TCR)	免疫球蛋白分子(Ig 分子)
胸腺	黏膜免疫系统	单核-吞噬细胞系	B 细胞抗原识别受体(BCR)	补体分子(C 分子)
骨髓	皮肤免疫系统	其他免疫细胞	白细胞分化抗原(CD 分子) 主要组织相容性分子(MHC 分子) 其他受体分子	细胞因子(CKs)

（二）技能准备

（1）动物注射前的编号和标记

为方便实验操作，防止实验动物混淆，在注射前应对动物进行编号和标记，常用的标记方法有染色、耳缘剪孔、烙印、号牌等，具体介绍如下。

① 颜料涂染　此法在实验室最常使用，也很方便，是常用于 $1\sim100$ 只小鼠的编号方法。经常应用的涂染化学药品有：

红色，0.5%中性红或品红溶液。

黄色，3%～5%苦味酸溶液。

黑色，煤焦油的酒精溶液。

咖啡色，2%硝酸银溶液。

标记时用毛笔或棉签蘸取上述溶液，在动物体的不同部位涂上斑点，以示不同号码。编号的原则是：先左后右，从上到下。一般把涂在左前腿上的记为1号，左侧腹部的记为2号，左后腿为3号，头顶部记为4号，腰背部为5号，尾基部为6号，右前腿为7号，右侧腰部为8号，右后腿记为9号。若动物编号超过10或更大数字时，可使用上述两种不同颜色的溶液，即把一种颜色作为个位数、另一种颜色作为十位数，这种交互使用可编到99号。假使把红的记为十位数、黄色记为个位数，那么左前腿黄斑、左侧腹部红斑，则表示是12号鼠，其余类推（见图1-8）。

该方法对于实验周期短的实验动物较合适，时间长了染料易退掉；对于哺乳期的子畜也不适合，因母畜容易咬死子畜或把染料舔掉。

② 烙印法　用刺数钳（又称耳号钳）在动物耳上刺上号码，然后用棉签蘸着溶在酒精中的黑墨在刺号上加以涂抹，烙印前最好对烙印部位预先用酒精进行消毒。

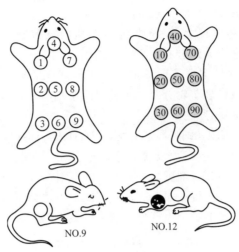

图 1-8　小鼠颜料涂染标记

③ 针刺法　用七号或八号针头蘸取少量碳素墨水，在耳部、前后肢以及尾部等处刺入皮下，在受刺部位留有一黑色标记。该法适用于大小鼠、豚鼠等。在实验动物数量少的情况下，也可用于兔、狗等动物。

④ 打号法　用刺数钳将号码打在动物耳朵上。打号前用蘸有酒精的棉球擦净耳朵，用耳号钳刺上号码，然后在烙印部位用棉球蘸上溶在食醋里的黑墨水擦抹。该法适用于耳朵比较大的兔、狗等动物。

⑤ 号牌法　用金属制的牌号固定于实验动物的耳上。大动物可将号码烙压在圆形或方形金属牌上（最好用铝或不锈钢的，它可长期使用而不生锈），或将号码按实验分组编号烙在拴动物颈部的皮带上，将此颈圈固定在动物颈部。该法适用于狗等大型动物。对猴、狗、猫等大动物有时可不做特别标记，只记录它们的外表和毛色即可。

⑥ 剪毛法　该法适用于大、中型动物，如狗、兔等。方法是用剪毛刀在动物一侧或背部剪出号码，此法编号清楚可靠，但只适于短期观察。

⑦ 打孔或剪缺口法　可用打孔机在兔耳一定位置打一小孔来表示一定的号码。如用剪子剪缺口，应在剪后用滑石粉捻一下，以免愈合后看不出来。该法可以编至 1～9999 号，此种方法常在饲养大量动物时作为终身号采用。

另附相关小鼠标记图片（图 1-9），以获得直观效果。

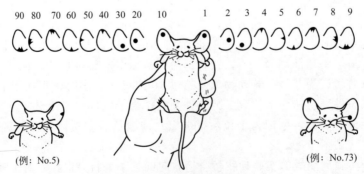

图 1-9　小鼠耳部打孔标记

（2）动物捉拿固定

捉拿和固定是动物实验操作技术中最基本、最简单而又很重要的一项基本功。

　　捉拿和固定各种动物的原则是：保证实验人员的安全，防止动物意外性损伤，禁止对动物采取粗暴动作。动物一般都是害怕陌生人接触其身体的，对于非条件性的各种刺激则更是进行防御性反抗。在捉拿、固定时，首先应慢慢友好地接近动物，并注意观察其表情，让动物有一个适应过程。捉拿的动作力求准确、迅速、熟练，力求在动物感到不安之前捉拿好动物。

　　① 小鼠、大鼠、豚鼠的捉拿固定

　　a. 小鼠的捉拿、固定　捉拿小鼠的方法是，从笼盒内将小鼠尾部捉住并提起，放在笼盖（或表面粗糙的物体）上，轻轻向后拉鼠尾，在小鼠向前挣脱时，用左手（熟练者也可用同一只手）拇指和食指抓住两耳和颈部皮肤，以无名指、小指和手掌心夹住背部皮肤和尾部，并调整好动物在手中的姿势（图1-10）。这类捉拿方法多用于灌胃以及肌内、腹腔和皮下注射等。如若进行心脏采血、解剖、外科手术等实验，就必须要固定小鼠。使小鼠呈仰卧位（必要时先进行麻醉），用橡皮筋将小鼠固定在小鼠实验板上。如若不麻醉，则将小鼠放入固定架里，固定好固定架的封口。

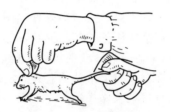

图 1-10　小鼠捉拿和固定

　　b. 大鼠的捉拿、固定　大鼠的捉拿有一定的危险性，因大鼠受攻击时，会咬人、抓人，尽量不用突然猛抓的办法。捉拿大鼠特别注意不能捉提尾尖，也不能让大鼠悬在空中时间过长，否则易激怒大鼠和易致尾部皮肤脱落。抓大鼠时最好戴防护手套（帆布或硬皮质均可）。若是灌胃、腹腔注射、肌内和皮下注射，可采用与小鼠相同的手法，即用拇指、食指捏住鼠耳朵、头颈部皮肤，余下三指紧捏住背部皮肤，置于掌心中，调整大鼠在手中的姿势后即可操作（图1-11）。另一个方法是张开左手虎口，迅速将拇指、食指插入大鼠的腋下，虎口向前，其余三指及掌心握住大鼠身体中段，并将其保持仰卧位，之后调整左手拇指位置，紧抵在下颌骨上（但不可过紧，否则会造成窒息），即可进行实验操作。大鼠尾静脉采血方法与小鼠相同，但应注意选择合适的大鼠保定架。麻醉的大鼠可置于大鼠实验板上（仰卧位），用橡皮筋固定好四肢（也可用棉线），为防止苏醒时咬伤人和便于颈部实验操作，应用棉线将大鼠两上门齿固定于实验板上。

图 1-11　大鼠捉拿和固定

c. 豚鼠的捉拿、固定　豚鼠胆小易惊，抓取时必须稳、准、快。先用手掌扣住鼠背，抓住其肩胛上方，将手张开，用手指环握颈部，另一只手托住其臀部，即可轻轻提起、固定（图 1-12）。

图 1-12　豚鼠捉拿和固定

② 家兔的捉拿、固定　家兔比较驯服，不会咬人，但脚爪较尖，应避免家兔在挣扎时抓伤皮肤。常用的抓取方法是先轻轻打开笼门，勿使其受惊，随后手伸入笼内，从头前阻拦它跑动。然后一只手抓住兔的颈部皮毛，将兔提起，用另一只手托其臀，或用手抓住背部皮肤提起来，放在实验台上，即可进行采血、注射等操作（图 1-13）。因家兔耳大，故人们常误认为抓其耳可以提起，或有人用手挟住其腰背部提起，这些均为不正确的操作（会被兔子抓伤）。在实验工作中常用兔耳作采血、静脉注射等用，所以家兔的两耳应尽量保持不受损伤。家兔的固定方法有盒式固定和台式固定两种。盒式固定适用于采血和耳部血管注射，台式固定适用于测量血压、呼吸和进行手术操作等。

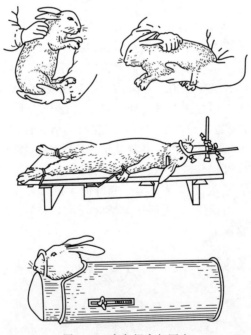

图 1-13　家兔捉拿与固定

（3）常用实验动物给药法

在动物实验中，为了观察药物对机体功能、代谢及形态引起的变化，常需将药物注入动物体内。给药的途径和方法是多种多样的，可根据实验目的、实验动物种类和药物剂型等情况确定。

① 经口给药法　此法有口服与灌胃两种，适用于小鼠、大鼠、豚鼠、兔等动物。口服法可将药物放入饲料或溶于饮水中令动物自由摄取（图 1-14、图 1-15）。若为保证剂量准确，可应用灌胃法。

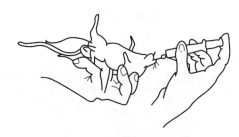

图 1-14　小鼠经口给药

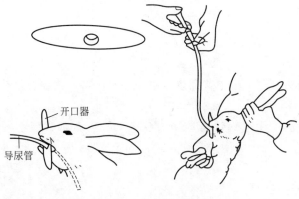

图 1-15　家兔经口给药

　　a. 小鼠灌胃法　左手捉持小鼠，腹部朝上，右手持灌胃管经口角插入口腔，使灌胃管与食管成一直线，再沿上颚壁缓慢插入食管，稍感有阻力时（大约灌胃管插入 1/2），如动物安静，呼吸无异常，即可注入药液；如遇阻力应抽出灌胃管重新插入，若药液误注入气管，小鼠可立即死亡。一次灌注药量 0.1～0.3ml/10g 体重。操作宜轻柔，防止损伤食管。灌胃管可用粗大的注射针头制作，磨钝针尖制成，管长 4～5cm、直径 1mm，连接于 1～2ml 注射器上即成。

　　b. 大鼠灌胃法　左手捉持大鼠，右手持灌胃器，灌胃方法与小鼠相同。若两人合作时，可由助手协助固定后肢与尾巴。但灌胃管必须长 6～8cm、直径 1.2mm，尖端呈球状，并安装在 5～10ml 的注射器上。注药前应回抽注射器，证明未插入气管（无空气逆流）方可注入药液。一次投药量为 1～2ml/100g 体重。

　　c. 家兔灌胃法　需两人合作，一人坐好将兔躯体夹于两腿之间，左手紧握双耳固定头部，右手抓住两前肢固定前身，使兔头稍向后仰；另一人将木制或竹制开口器横放于兔口中，将兔舌压住，以 8 号导尿管经开口器中央小孔，沿上颚壁慢慢插入食管 15～18cm。为避免误入气管，可将导尿管外口端放入清水杯中，无气泡逸出方可注入药液，并应再注入少量清水以保证管内药液全部进入胃内。灌毕，慢慢拔出导尿管取出开口器。

　　d. 豚鼠灌胃法　用灌胃器，灌胃法与大鼠相同。如用开口器和导尿管，操作方法与兔灌胃法相同。

② 注射给药法

a. 皮下注射法　注射时以左手拇指和食指提起皮肤，将连有 5（1/2）号针头的注射器刺入皮下。皮下注射部位一般狗、猫多在大腿外侧，豚鼠在后大腿的内侧或小腹部，大白鼠可在侧下腹部，兔在背部或耳根部注射，蛙可在脊背部淋巴腔注射。

ⓐ 小鼠皮下注射法　在项目实施中具体介绍。

ⓑ 大鼠皮下注射法　以捉持法握住大鼠，于背部或大腿拉起皮肤，将注射针刺入皮下（图 1-16）。一次注射药量小于 1.0ml/100g 体重。

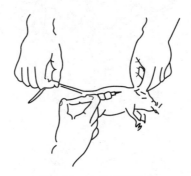

图 1-16　大鼠皮下注射

ⓒ 家兔皮下注射法　左手将兔背部皮肤提起，右手持注射器，针尖刺入皮下松开左手，进行注射。

ⓓ 豚鼠皮下注射法　注射部位可选用大腿内侧面、背部、肩部等皮下脂肪少的部位。通常为大腿内侧面注射。一般需两人合作，一人固定豚鼠，一人进行注射。

b. 腹腔注射法

ⓐ 小鼠　在项目实施中具体介绍。

ⓑ 大鼠　腹腔注射与小鼠相同。注射量为 1～2ml/100g 体重。

ⓒ 豚鼠、兔等　腹腔注射部位同小鼠。兔在下腹部近腹白线左右两侧约 1cm 处，犬在脐后腹白线侧边 1～2cm 处注射为宜。

c. 静脉注射法

ⓐ 小鼠　在项目实施中具体介绍。

ⓑ 豚鼠　一般用前肢皮下头静脉注射，后肢小隐静脉注射也可以。接近下部比较容易刺入静脉。注射量一般不超过 2ml。

ⓒ 兔　兔耳部血管分布清晰。兔耳中央为动脉，耳外缘为静脉。内缘静脉深，不易固定，故不用；外缘静脉表浅，易固定，常用。先拔去注射部位的被毛，用手指弹动或轻揉兔耳，使静脉充盈，左手食指和中指夹住静脉的近端，拇指绷紧静脉的远端，无名指及小指垫在下面，右手持注射器连 6 号针头尽量从静脉的远端刺入，移动拇指于针头上以固定针头，放开食指和中指，将药液注入，然后拔出针头，用手压迫针眼片刻（图 1-17）。

d. 肌内注射法

ⓐ 小鼠　在项目实施中具体介绍。

ⓑ 兔　选择两侧臀部或股部肌肉。在固定动物后，注射器与肌肉成 60°角，一次刺入肌内注射，但应避免针刺入肌肉血管内。注射完后轻轻按摩注射部位，以助药物吸收。

需要注意的是，小鼠、大鼠、豚鼠因肌肉较小，较少采用肌内注射，若必需，以股部肌肉较适宜，用量不宜过大，特别是小鼠，每侧不宜超过 0.1ml。

e. 椎管内注射法

兔：在腰骶部位剪去毛，以酒精棉球涂擦。一人固定兔体并将兔臀部向腹侧弯曲，使腰

图 1-17　家兔静脉注射

骶部凸出，以增大脊突间隙。一人右手持注射器，将针头自第一骶骨前面正中轻轻刺入，当刺到椎管时有似刺透硬膜感觉，此时兔尾巴随针刺而动，或后肢有跳动，则证明刺入椎管，即可注射（图 1-18）。一般一只兔注药量为 0.5～1.0ml。

图 1-18　家兔椎管内注射

（4）注射用注射器的准备与消毒

选择大小适当而针筒与筒心号码一致的注射器，并先吸入清水，试其是否漏水，漏水的注射器不能使用，因其注射量不准确，而且若注射材料为病原菌，则会污染环境。视选择的动物及注射途径不同而选用不同长短和大小的针头，并先试验是否通气或漏水（由于市售针头大小的编号比较混乱，本部分实验一般用老编号或直接用长短来表示）。

选好注射器后，应对其进行消毒。消毒方法如下：消毒时将筒心从针筒中拔出，用一块纱布先包针筒、后包筒心，并使两者在纱布内的方向一致，包好后，置煮沸消毒器中。选好的针头包以纱布，置煮沸消毒器的另一端。同时放入镊子一把，加入自来水，以淹没注射器为度，煮沸消毒 10min。消毒完毕后，用镊子取出注射器，置筒心于针筒中，并将针头牢固地装于注射器的针嘴上，使针头的斜面与针筒上的刻度在一条直线上。吸入注射材料，并将注射器内的空气排尽，若注射材料具有传染性，则排气时应以消毒棉花包住针头，以免传染材料外溢而污染环境。接下来便可以准备注射了。

（5）动物血液采集方法

① 断头取血　当需要较大量的血液，而又不需继续保存动物生命时采用此法。左手提持动物，使其头略向下倾，右手持剪刀猛力剪掉鼠头，让血液滴入盛器。用这种方法，小鼠可采血 0.8～1.0ml，大鼠可采血 5～8ml。

② 眶动脉和眶静脉取血　此法既能采取较大量的血液，又可避免断头取血法中因组织液的混入导致溶血的现象，现常取代断头取血法。先使动物眼球突出充血后，以弯头眼科镊迅速钳取眼球，并将鼠倒置，头向下，眼眶内很快流出血液，让血液滴入盛器，直至不流为止。此法由于取血过程中动物未死，心脏不断在跳动，因此取血量比断头法多，一般可取鼠体重 4%～5% 的血液量，是一种较好的取血方法。

③ 心脏取血　动物仰卧固定在固定板上，剪去心前区部位的被毛，用碘酒消毒皮肤。在左侧第 3～4 肋间，用左手食指摸到心搏处，右手取连有 4～5 号针头的注射器，在腹部呈 15°～30°，选择心搏最强处穿刺，当针刺入心脏时，血液由于心脏跳动的力量自动进入注射器。此法要求实验者掌握以下要点：要迅速而直接插入心脏，否则心脏将从针尖处滑脱；如第一次没刺准，将针头抽出重刺，不要在心脏周围乱探，以免损伤心、肺；要缓慢而稳定地抽吸，否则，太多的真空反而使心脏塌陷。若不需保留动物生命时，也可麻醉后切开动物胸部，将注射器直接刺入心脏抽吸血液（图 1-19）。

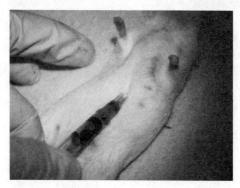

图 1-19　鼠心脏取血

④ 大血管取血　大鼠、小鼠还可从颈动脉、颈静脉、股动脉、股静脉和腋下动、静脉取血，在这些部位取血均需麻醉后固定动物，然后做动、静脉分离手术。使其暴露清楚后，用注射器沿大血管平行刺入（或直接用剪刀剪断大血管），抽取所需血量。切断动脉时，要防止血液喷溅。

二、项目实施

任务一　识别人体免疫器官和免疫细胞发育过程

1. 分组讨论并回答以下问题。

问题一　我们为什么要学习免疫技术这门课程？

问题二　想一想，什么是免疫？

问题三　能否举出日常生活中免疫的例子？

问题四　举例说明免疫学发展历史中的重要人物及其事件，尤其是近四十年来的免疫学进展。

问题五　免疫学主要研究内容是什么？

问题六　免疫有哪些生物学功能？人体免疫系统的三道防线及其功能是什么？

2. 识别人体免疫器官并用中英文标出名称。

3. 识别免疫细胞发育示意图，并指出它们的功能。

任务二　动物注射和采集血液

很多微生物学与免疫学实验均需利用动物。例如，鼠疫杆菌等病原菌的毒力试验、菌苗与疫苗的安全试验、药物对免疫功能的影响等项目常在小白鼠体内进行；免疫血清的制备常将抗原注射于家兔体内，然后分离家兔的血清；豚鼠常用于被检材料的细菌分离，如从病人痰液内分离结核菌，其他也用于白喉杆菌的毒力试验、过敏试验、吞噬试验与结核菌素试验等。

1. 所需设备和材料（见表 1-2）

表 1-2　小鼠注射和采血所需设备和材料

设备或材料	数量	设备或材料	数量
注射器	30 支	小鼠	10 只
碘酒棉花	若干	鼠笼	1 个
酒精棉花	若干	一次性手套	1 袋
高压蒸汽灭菌锅	1 台	小鼠固定器	10 个
无菌生理盐水(可自制)	1 瓶	毛细玻璃管	20 支
火棉胶	1 瓶	手术刀	10 把

2. 小鼠注射实验技能练习

（1）小鼠单手固定

于较粗糙的台面或铁丝试管架的底面（试管架倒放），用右手拖鼠尾，使其爬行，再用左手拇指和食指抓紧小鼠颈部两耳之间的皮肤，翻转后，用左手无名指及小指夹住鼠尾及后肢（参见图 1-20～图 1-24）。

图 1-20　右手直接从饲养笼
内提起小鼠尾巴

图 1-21　使小鼠前脚握住钢丝

图 1-22　迅速将尾巴向小鼠后上方
轻扯，顺势以小指勾绕其尾巴

图 1-23　以拇指及食指捏住其
颈部背侧皮肤

（2）小鼠注射

① 腹腔注射

步骤一　消毒腹壁，将鼠头部稍向下，以免针头刺入内脏。

图 1-24 单手完成固定

步骤二 将预先准备好的生理盐水注入腹腔 0.5ml。

注意事项：注射时先将针头斜刺入皮下，然后转直，再向下直刺入少许进入腹腔，目的是使两个针眼不在一条直线上，可避免拔出针头时注射材料污染皮肤，这是注射病原菌时要注意的（图 1-25）。

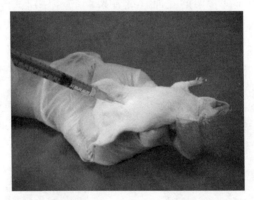

图 1-25 小鼠腹腔注射

② 皮下注射

步骤一 先用碘酒棉花、后用酒精棉花消毒。

步骤二 将注射针自小鼠头部向其尾部的方向，插入拇指与食指夹住的颈背侧皮肤，可以用拇指与食指感觉针头的位置，注入药剂时，也可以用手指感觉是否药剂确实注入皮下（图 1-26）。

图 1-26 小鼠皮下注射

注意事项：在行皮下注射油性药剂时，由于小鼠皮薄，常在注射针抽出后，注入的油剂也随之流出体表。可在注入油性药剂后，停止动作数秒，才将注射针抽出，抽出后也不要急忙放开小鼠，仍以拇指与食指夹紧该处皮肤数秒，再将小鼠放回笼内，可减少油性药剂漏出的机会。

③ 静脉注射

步骤一　固定小鼠

用小鼠固定盒将小鼠固定，尾巴露在口外，选用适当的针头，越细越好，见图 1-27～图 1-29。固定器形状如图 1-30 所示，固定小鼠如图 1-31 所示。

图 1-27　将小鼠放置于盒中，尾巴
从保定盒尾巴放置孔拉出

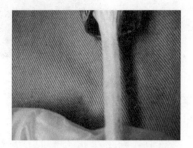

图 1-28　将小鼠尾部拉直即
可见两侧之静脉

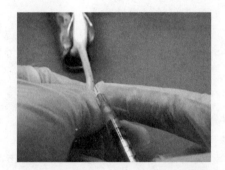

图 1-29　将针头斜插入静脉中即可

图 1-30　小鼠固定器

步骤二　擦拭鼠尾

选取尾部较靠近上段的地方注射，这里血管比较粗大，用酒精棉球擦拭尾巴，使血管扩张，或者用热水或热毛巾焐热，使静脉扩张。擦拭的时候，可把尾巴用力扯在桌面上，注射状态为尾巴发白，紧靠白色的尾骨两侧清晰可见两根红色静脉（图1-28）。

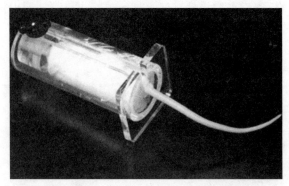

图 1-31 小鼠固定器固定小鼠

步骤三 注射

首先，用左手的食指、中指、无名指及大拇指将小鼠尾巴固定，握住 1ml 注射器前面 0.1ml 处。然后，右手小指搭在拽着鼠尾的左手拇指处，按图 1-29 所示手形进针，看针尖前面那个斜面有尾巴长度的 3/4（关键）进入，如果血管充盈则进 1/2，稍停，上挑针头，继续进针。

最后，左右轻轻摆动，如针头可动，可注射。

注意事项：注射时左手扯尾，使尾巴紧贴桌面，尾巴与桌边紧贴转弯处为进针部位，一般选择距尾尖 1/4 或 1/3 处进针，此处皮肤较薄，血管清晰，进针容易。

3.血液采集

（1）尾尖取血

当所需血量很少时采用本法。如不麻醉则需以保定器保定。

步骤一 扩张局部血管

固定动物并拎出鼠尾，将鼠尾在 45℃温水中浸泡 5~10min，也可用二甲苯等化学药物涂擦，使局部血管扩张。

步骤二 取血

第一种情况，单次少量取血。

将鼠尾擦干，剪去尾尖，血自尾尖流出，让血液滴入盛器或直接用移液器吸取。或者使用 25~30G 的针头由尾巴左右两侧的尾静脉或腹侧的尾动脉下针抽血，或仅以 25~30G 的针头插入尾动脉中，确认有血液流出后再以离心管盛接。

第二种情况，间隔一定时间，多次采取鼠尾尖部血液。

第一种方法：每次采血时，将鼠尾剪去很小一段，取血后，先用棉球压迫止血并立即用 6％液体火棉胶涂于尾巴伤口处，使伤口外结一层火棉胶薄膜，以保护伤口。

第二种方法：采用切割尾静脉的方法采血，三根尾静脉可交替切割，并自尾尖向尾根方向切割，每次可取 0.2~0.3ml 血，切割后用棉球压迫止血。这种采血方法在大鼠中进行较好，可以较长的间隔时间连续取血，进行血常规检查。

（2）眼眶后静脉丛取血

当需中等量的血液，而又需避免动物死亡时采用此法。

步骤一 固定鼠

用左手固定鼠，尽量捏紧头部皮肤，使头固定，并轻轻向下压迫颈部两侧，引起头部静脉血液回流困难，使眼球充分外突（示眼眶后静脉丛充血）。

步骤二　取血

右手持毛细玻璃管，沿内眦眼眶后壁向喉头方向旋转刺入（图 1-32）。刺入深度小鼠 2～3mm，大鼠 4～5mm。当感到有阻力时再稍后退，保持水平位，稍加吸引，由于血压的关系，血液即流入玻璃管中。得到所需的血量后，拔出毛细管。若手法恰当，小鼠可采血 0.2～0.3ml，大鼠可采血 0.4～0.6ml。

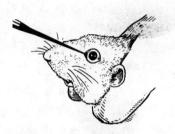

图 1-32　小鼠眼眶取血

任务三　分离 T 淋巴细胞、B 淋巴细胞

1. 所需设备和材料（见表 1-3）

表 1-3　分离 T 淋巴细胞、B 淋巴细胞所需设备和材料

设备或材料	数量	设备或材料	数量
新鲜小鼠血	10 离心管	兔红细胞（RRBC）	10 只
溴代二氨基异硫氢化物（AET）	1 瓶	3.5%氯化钠溶液	1000ml
含小牛血清的 199 培养液	1000ml	Hank's 液	1000ml
高压蒸汽灭菌锅	1 台	淋巴细胞分层液	1000ml
无菌生理盐水(可自制)	1 瓶	离心机	3 台
氢氧化钠	1 瓶	水浴锅	3 台

2. 观察与免疫相关的细胞

（1）配制瑞氏染色液

称取瑞氏染料 0.1g 溶于 60ml 甲醇中，过滤。贮褐色瓶中备用（配置时，要先将瑞氏染料置研钵内边研边滴加甲醇，使染料溶解得更好）。

（2）瑞氏染色过程

取小鼠股动脉血，涂制玻片。干后用玻璃笔在涂处之两侧划线（限制染液流掉）。于划线内部滴加染液 3～4 滴，经 3～5min 后，再滴加等量的蒸馏水，轻轻晃动混合。经 5min 后，用蒸馏水洗净，待干后用油镜检查。

3. 分离 T 淋巴细胞、B 淋巴细胞

（1）所需溶液配制

溴代二氨基异硫氢化物（AET）溶液的制备：称取 AET 粉剂 402mg，溶于 10ml 蒸馏水中，使成为 0.143mol/L 溶液，用 4mol/L NaOH 溶液调 pH 为 9.0。该溶液必须新鲜配制，不宜久存。

（2）实验过程

步骤一　AET-RRBC 制备

AET 处理 RRBC：取洗涤好压积的 RRBC，按一份压积 AET-RRBC 加入 4 份新鲜配制的 pH9.0 的 AET 溶液充分混匀。置 37℃水浴 15min，每隔 5min 摇匀一次。取出加冷的无菌生理盐水至离心管口（1～2cm），以 1800r/min 离心 5min。连续洗涤 3～5 次，每洗一次，必须充分摇匀，以减少 AET-RRBC 黏附成团，并观察有无溶血。若有溶血现象，则用含小牛血清的 199 培养基再洗一次，最后配成 10% AET-RRBC 悬液，置 4℃保存，不得超过 5 天。

1% AET-RRBC 的配制：将预先配制并保存于 4℃冰箱的 10%浓度的 AET-RRBC 以含 10%小牛血清的 199 培养液稀释至 1%。

步骤二 从新鲜小鼠血液分离单个核细胞，具体操作如下所述。

取正常小鼠新鲜抗凝全血 20ml 于 50ml 离心管中，以 2000r/min 离心 20min，吸弃上层血浆，获得下层沉淀细胞 10～12.5ml。在下层沉淀细胞中加入 Hank's 液（不含 Ca^{2+}、Mg^{2+}、pH 7.2～7.6）至总体积为 25ml，混匀，制成细胞悬液。

取一支 50mm×150mm 离心管，加入小鼠淋巴细胞分层液 25ml，然后用毛细血管距分层液上 1cm 处将细胞悬液小心而缓慢地加于其上面，使稀释血液重叠于分层液上，2000r/min 离心 20～30min，可见离心管上层橙红色液体与中层透明液体交界处较为清晰的环状白色细胞层，即为单个核细胞层。用毛细吸管轻轻插到单个核细胞层，沿离心管壁缓慢吸取单个核细胞移入另一试管中，加 3～4 倍以上体积 Hank's 液（不含 Ca^{2+}、Mg^{2+}，pH 7.2～7.6）混匀，1500r/min 离心 10min，吸弃上清，洗涤 2 次。再以 RPMI-1640 培养基离心洗涤 1 次，吸弃上清（充分去除血小板等杂质），用含 20%小牛血清的 Hank's 液配成 $2×10^6$/ml 的单个核细胞悬液。

步骤三 AET-E 花环试验

将分离的单个核细胞（$2×10^6$/ml）与等量 1% AET-RRBC 混合，置 37℃水浴 15min，每隔 5min 摇匀一次，分装数管，每管 2～3ml，低速离心（1000r/min）5min 后，移至 4℃冰箱 45min。

步骤四 T 淋巴细胞和 B 淋巴细胞的分离

将形成 E 花环的细胞悬液，再用淋巴细胞分层液分离，吸取界面云雾状的细胞，即为富含 B 淋巴细胞群。沉淀于管底的 E 花环，用 Hank's 液洗一次后，加双蒸水 3ml 处理 3min，低渗裂解 E 花环周围的 RRBC，立即加 3.5%氯化钠溶液 1ml，使还原为等渗，低速离心沉淀，即得富含 T 淋巴细胞群。

三、项目拓展

实验动物是免疫技术发展的基础和重要的支撑条件，为了确保实验动物质量、实验结果的科学性，并做到尽量减少动物的使用量和痛苦，世界各国均以不同的立法形式来管理实验动物。在此重点介绍美国在实验动物饲养和应用方面的管理方法和制度，为今后从事相关岗位学生拓展国际视野。

1. 美国实验动物饲养和应用的法律、法规总体介绍

在美国，涉及实验动物饲养和应用的法律、法规比较完备，有联邦和地方颁布的法律，有政府各部门发布的行业管理法规和指南，以及非政府性质的民间评估认证委员会进行的认证活动。归纳起来大致可分为四大类：一是联邦和地方立法机构通过和颁布的法律；二是政府部门进行行业管理的法规；三是政府部门或科研基金委员会发布的指南；四是非政府性自愿参加的评估认证。

2. 法律

(1)《28小时法》

在美国最早与动物管理有关的联邦法律是1896年的《28小时法》，该法律主要针对家畜动物长途运输进行了相关规定，如超过28小时的长途运输，必须给予动物良好的运输条件、休息照料、饮水和食物。

(2)《动物福利法》

1966年颁布了《动物福利法》，这部法是美国关于实验动物最重要的联邦法律，该法律主要针对大量动物用于科学研究的情况而颁布。

《动物福利法》由美国农业部负责强制监督执行，法律包括所有的热血脊椎动物。在法律执行过程中，新的补充条款不断增加，如1970年增加了研究用动物的饲养管理规范；1976年增加了动物运输容器和条件的条款；1985年增加了实验过程中狗需给予运动条件、非人类灵长类动物应给以良好的心理环境条件、实验过程中减轻动物疼痛和紧张、各基层单位必须成立动物管理委员会等条款；1991年增加了详细的实验操作标准规范。

目前，《动物福利法》厚达110页，对各种科研用动物的饲养管理、运输、实验操作、饲料饮水、饲养条件和空间、工作人员的资格和职责、专职兽医师的任务等都进行了详细的规定。

美国农业部对《动物福利法》的执行进行强制性的监督检查，内容包括对动物使用和实验的操作程序和方法；单位使用动物的年度报告；犬和灵长类动物在使用过程中运动和心理环境；单位动物管理委员会的工作等。

3. 法规

在美国，实验动物的饲养管理和使用除受联邦相关法律约束外，美国政府和政府各部门根据行业的特点和要求，还颁布了一些有关的法规，比较重要的几项法规如下。

(1) 美国政府颁发的"检验、研究和教学中饲养管理和使用脊椎动物的法规"

该法规由卫生部负责监督并修订补充，主要包含9个方面内容：①动物的运输、饲养管理和使用必须遵守《动物福利法》的有关条款规定和其他现行联邦法律、法规和指南中的规定。②所有涉及动物的实验操作过程都应考虑人类和动物的健康问题、知识文明的进步和良好的社会影响。③实验中动物的选用应以适合的种类、质量高、不影响实验结果和最少数量获得有效结果为原则，着重考虑使用数学模型、计算机模拟以及体外生物实验系统进行实验。④在进行动物实验时必须按无伤害操作规范进行。避免或减轻动物的不舒适、紧张和疼痛感。⑤引起动物紧张、短暂或轻微疼痛的操作过程应适当使用镇静剂或麻醉剂。⑥动物在实验结束或中途需要处死，都应以无痛的方法进行。⑦动物生活的环境应适合该种动物的生活习性和健康。⑧动物实验的有关人员应了解和掌握活的动物的正确操作方法和过程，并经培训和资格认可，才能从事相关工作。⑨在研究中，当有与本法规条款相违背的例外操作不可避免时，是否可以做，不能由参与实验的研究者自己决定，而应由一个适当的评估小组比如单位的动物管理委员会决定，而且这种决定不能仅仅只从教学和研究的角度考虑。

(2)"卫生部关于人道使用和饲养管理实验动物的法规"

该法规由卫生部动物福利办公室负责制订监督，它包含所有用于科学研究、教学、生物检验或测定以及相关目的的脊椎动物。该法规是申请和进行联邦政府资助项目的重要依据。

该法规强调：①单位自身内部要有严格的管理制度；②单位要提供动物福利方面的保证；③必须保存实验过程中的所有原始记录；④每年要有详细的年度报告上报。

其中第二点非常重要，它包括单位提供对动物福利承诺性的文件、上报所有有关项目的操作过程和主要的监管办法，规范了遵守该法规的具体做法，包括兽医护理、职业健康、人员资格认可、设施符合要求、所用动物种类恰当等。

（3）"良好实验室操作规范"（good laboratory practice，GLP）

该法规是 1978 年 12 月由美国食品及药物管理局（FDA）颁布，于 1984 年修订的一个有关药品和食品安全性评价工作的法规。它强调整个实验过程和结果的质量控制，其中包含所用动物饲养管理和使用规范。

4. 指南

在美国，除了有关实验动物的法律法规，还有一些内容具体、关于各类实验中动物饲养管理和使用的规范性指南和手册。

科研基金申请和实验要求都要求按指南中的规定进行，如"实验动物饲养管理和使用指南"、"NIH 关于癌基因病毒动物实验指南"等。凡向美国国立卫生研究院申请课题资助的，其饲养使用的动物管理工作必须按指南的规定做，否则不能申请。

按照要求，相关单位需设立动物管理委员会，以发挥基层单位直接管理的作用。该委员会至少由 3～5 人组成，其中至少 1 名为单位负责人、1 名科研人员、1 名兽医、1 名非科研人员及 1 名与本单位无任何关系的人员。该委员会负责按法律法规和指南的要求评审本单位动物实验方案。评审的要点如下：①使用实验动物的种类和数量是否恰当；②使用动物进行实验的必要性是否充分；③动物饲养和使用的环境条件是否合格、操作是否规范、工作人员是否经过培训认可；④减轻动物紧张和疼痛的操作是否合适；⑤处死动物的方法是否得当。

5. 非政府性质的评估认证

除以上三种法律、法规和指南外，非政府性质的评估认证在美国也很重要。

成立于 1965 年，位于美国马里兰州的国际实验动物评估认证委员会（AAALAC）是实验动物方面在全球范围影响最大的一个非政府性质的民间评估认证委员会。该委员会坚持自愿、保密和现场评估的原则，希望在世界范围内促进科学研究中合理和负责任地进行动物实验。

要点解读

➤ 知识体系构建（图 1-33）

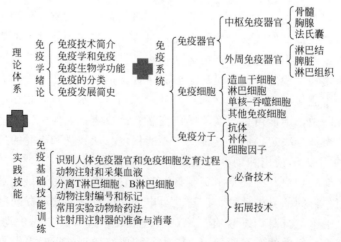

图 1-33　免疫技术基础技能训练知识体系图

➤ 免疫学是在人类与传染病作斗争的过程中发展起来的，最初受中国人接种人痘影响，

18 世纪末 Jenner 发明牛痘苗预防天花，免疫由此被正式提出。

➤ 免疫预防指防止外界病原体的入侵及清除已入侵的病原体和有害的生物性分子。

➤ 免疫稳定指机体识别和清除自身衰老残损的组织、细胞的能力。

➤ 免疫监视指机体杀伤和清除异常突变细胞的能力。

➤ 免疫系统还参与机体整体功能的调节，与神经系统及内分泌系统一起，共同构成神经-内分泌-免疫网络调节系统。

➤ 免疫学检验的检测对象是具有免疫活性的物质，内容包括检测方法和临床意义。

➤ 免疫学检验可分为细胞免疫检验和体液免疫检验两大类。

➤ 免疫器官分为中枢免疫器官和外周免疫器官。中枢免疫器官包括骨髓和胸腺，它们是免疫细胞发生、分化和成熟的场所；外周免疫器官包括脾、淋巴结和黏膜相关的淋巴组织，它们是免疫细胞定居、增殖和执行免疫应答的部位。淋巴结与淋巴管相连，构成淋巴循环系统，主要参与免疫细胞的运输和组织液的回收与过滤。

➤ 免疫细胞主要包括造血干细胞、淋巴细胞、单核-吞噬细胞及其他抗原呈递细胞、粒细胞、红细胞和肥大细胞等。当微生物侵入机体，不同的免疫细胞和免疫分子之间相互协作，共同抗击，直至将其彻底消灭、清除。

➤ 细胞因子可分为白细胞介素、干扰素、肿瘤坏死因子、集落刺激因子、生长因子等，它们以自分泌、旁分泌或者远距离的方式发挥生物学效应，具有多效性、重叠性、拮抗性、协同性等作用特点，它们的功能广泛，能刺激造血、抗感染和抗肿瘤、参与炎症反应以及发挥免疫的生物学作用。

➤ 专业词汇英汉对照表

免疫学	Immunology	免疫器官	immune organ
免疫监视	immunologic surveillance	免疫细胞	immune cell
免疫系统	immune system	细胞因子	cytokine
免疫稳定	immunologic homeostasis	免疫预防	immunologic defense
免疫学检验	immunological tests		

项目思考

1. 画出人体免疫系统示意图；标出中英文名称；指出各个器官的功能。
2. 画出免疫细胞发育树；标出中英文名称；指出各个免疫细胞的功能。
3. 说出如何对小鼠进行单手固定、皮下注射、皮内注射以及静脉注射。
4. 说出如何采集小鼠血液，有几种方法，各有什么用途。
5. 描述与免疫相关的细胞形态及其功能。
6. 分离 T 淋巴细胞、B 淋巴细胞所需要的材料和试剂有哪些？
7. 如何证明胸腺是人体很重要的免疫器官？
8. 你体会到抓动物时，要使它不乱动，应注意什么？
9. 如果给动物注射传染性材料，应注意什么？
10. 查找资料回答，中性粒细胞吞噬细菌的过程是怎样的？

项目二 大肠杆菌 *E. coli* 抗原的制备

项目介绍

1. 项目背景

某临床诊断试剂盒和疫苗生产企业要生产一种抗原作为原料，供应企业生产相应的诊断试剂盒和疫苗等免疫技术产品，需要研究开发人员和一线生产人员掌握抗原的基本知识，并能对来源不同的抗原进行合理经济的分离或纯化。

2. 项目任务描述

任务一　大肠杆菌 *E. coli* 外膜蛋白 OMP 抗原的制备

任务二　大肠杆菌 *E. coli* 脂多糖 LPS 的制备

学习指南

【学习目标】

1. 能用掌握的抗原概念、特性、分类等知识判定一种物质对于一个生物体来说是否是抗原，是哪类抗原。

2. 能用掌握的抗原知识和分离纯化蛋白质的知识制备大肠杆菌蛋白抗原。

3. 能用掌握的抗原知识和分离纯化脂多糖的知识制备大肠杆菌脂多糖抗原。

4. 熟悉医学上重要的抗原物质和免疫佐剂。

【学习方法】

1. 通过网络课程开展预习和复习。

2. 任务实施之前，学生通过教师示范和视频观看来了解实验步骤及具体的实验方法。

3. 任务完成后，学生通过撰写实验报告来总结实验结果。

一、项目准备

（一）知识准备

1. 抗原的含义

抗原（antigen，Ag）是指能刺激机体免疫系统产生免疫应答，又能与相应免疫应答的产物（抗体或致敏淋巴细胞）在体内或体外发生特异性结合的物质。

（1）抗原的特性

抗原一般具备两种基本特性，即免疫原性和抗原性。

① 免疫原性（immunogenicity）　抗原的免疫原性是指抗原能刺激机体免疫系统产生免疫应答，诱导产生抗体或致敏淋巴细胞的能力。它涉及抗原分子与免疫细胞间的相互作用，即它必须经过抗原递呈细胞的加工、处理和递呈作用，以及能被 T 细胞和 B 细胞的抗原识别受体所识别。因此抗原的免疫原性与抗原分子的化学性质相关，更与机体的免疫应答特性

相关。

② 抗原性（antigenicity） 抗原的抗原性是指抗原分子能与免疫应答产物，即抗体或效应 T 细胞发生特异性结合反应的能力，故亦称之为抗原的反应原性（reactivity）。它只涉及抗原分子与抗体分子或 T 细胞的抗原受体分子（TCR）间的相互作用，即分子与分子间的相互作用。只是抗原分子表面的有限部位能与抗体分子结合，称此部位为抗原决定簇（antigen determinant）、抗原决定基或表位（epitope）。因此抗原的抗原性主要取决于抗原分子的化学性质。如抗原为蛋白质分子，其抗原性可取决于其氨基酸序列或其空间构型。

（2）常用说法

① 完全抗原（免疫原） 简称抗原，同时具有免疫原性和抗原性的物质，如大多数蛋白质、细菌、细菌外毒素、病毒等。

② 不完全抗原［半抗原（hapten）］ 只有抗原性而无免疫原性的物质，如某些脂类、多糖和药物等。半抗原与蛋白质载体结合后，就获得了免疫原性。半抗原又可分为复合半抗原和简单半抗原。复合半抗原不具有免疫原性，只具免疫反应性，如绝大多数多糖（如肺炎球菌的荚膜多糖）和所有的类脂等；简单半抗原既不具免疫原性，又不具免疫反应性，但能阻止抗体与相应抗原或复合半抗原结合。如肺炎球菌荚膜多糖的水解产物等。半抗原可作为抗原决定基研究其特性。

2. 抗原免疫原性和特异性

抗原免疫原性的本质是异物性，抗原特异性是免疫应答中最重要的特点，也是免疫学诊断和免疫学防治的理论依据。

在自然界种类繁多的物质中，某种物质是否具有免疫原性及其免疫原性强弱等均取决于多种因素，如抗原本身的性质、接受抗原机体的反应性等。无论如何，要想成为抗原就必须具备以下性质。

（1）异物性

在免疫功能正常条件下，只有异种或同种异体的免疫原性物质才能诱导宿主的正免疫应答，即只有"非己"抗原才能引起正免疫应答。异物性是作为抗原的首要条件，是抗原免疫原性的本质。具备异物性的物质通常包括以下三类。

① 异种物质 其他种属生物体的物质可以成为抗原物质。抗原与机体之间的亲缘关系越远，免疫原性越强；关系越近，免疫原性越弱。例如，鸡卵蛋白对鸭是弱抗原，对哺乳动物则是强抗原。

② 同种异体物质 同种异体物质也可以是抗原物质。因为高等动物同种不同个体之间，其组织细胞成分也存在差异。例如，人类红细胞表面血型物质、组织相容性抗原（HLA）等。

③ 改变和隐蔽的自身物质 身体的隐蔽成分释放成为抗原物质或者自身组织成分结构发生改变，也会被机体视为异物，成为自身抗原，例如眼晶体蛋白等。正常个体也可诱导发生自身免疫应答，只有超出一定范围才能引发病理性自身免疫应答。

（2）特异性

特异性是指物质间相互作用时的专一性或针对性。抗原特异性表现在免疫原性和抗原性两个方面：第一个方面，抗原只能激活具有相应受体的淋巴细胞克隆，产生特异性抗体和致敏淋巴细胞；第二个方面，抗原只能与相应的抗体或致敏淋巴细胞结合并发生特异性结合反应。

① 抗原表位 存在于抗原分子表面，是决定抗原特异性的特殊化学基团，称为抗原表位，又称抗原决定簇。决定簇的性质、数目和空间构象决定着抗原的特异性，抗原借此与相

应淋巴细胞表面的抗原受体结合，激活淋巴细胞引起免疫应答，抗原也借此与相应抗体发生特异性结合。因此，抗原决定簇是被免疫细胞识别的标志和免疫反应具有特异性的物质基础。

一个抗原带有多个抗原决定簇，因此不同抗原有其自身的结合价。抗原的结合价（antigenic valence）是指能和抗体分子结合的功能性决定簇的数目。大多数天然抗原的分子结构十分复杂，由多种、多个抗原决定簇组成，是多价抗原，它们可以和多个抗体分子相互结合。

② 抗原表位的分类　根据抗原表位的结构或识别特点分为以下几类。

a. 顺序表位和构象表位：构象决定簇指序列上不相连而依赖于蛋白质或多糖的天然空间构象形成的决定簇，一般暴露于抗原分子的表面。顺序决定簇指一段序列相连的氨基酸片段所形成的决定簇，又称线性决定簇（linear determinant），多存在于抗原分子的内部。如图 2-1 所示。

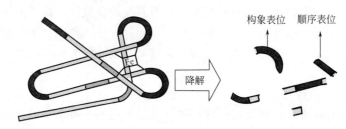

图 2-1　顺序表位和构象表位示意图

b. 功能性表位和隐蔽性表位：一个抗原分子可具有一种或多种不同的抗原决定簇。位于分子表面的决定簇易被相应的淋巴细胞识别，具有易接近性，可启动免疫应答，称为功能性抗原决定簇，其中尚有个别化学基团是关键性的免疫优势基团。位于抗原分子内部的决定簇，一般情况下被包绕于分子内部，不能引起免疫应答，称为隐蔽性抗原决定簇。

若因各种理化因素的作用而暴露出内部的决定簇即可使抗原结构发生改变，成为变性抗原。例如因创伤、感染或射线的作用后，可使自身组织变性而成为自身抗原，是导致自身免疫病的原因之一。

c. T 细胞表位和 B 细胞表位：用牛血清白蛋白（BSA）免疫动物后，既可获得抗 BSA 抗体，又可获得对 BSA 的致敏淋巴细胞。天然 BSA 既可以与相应的抗体结合，又能刺激致敏淋巴细胞发生增殖反应。而加热变性的 BSA 则不能与抗 BSA 抗体结合，但仍能刺激 T 细胞发生增殖反应，提示 BSA 中含有两类不同性质的抗原决定簇，分别称为 T 细胞决定簇和 B 细胞决定簇。如图 2-2 所示。

T 细胞、B 细胞表面均存在着特异性抗原受体，能识别相应的抗原决定簇。研究发现 B 细胞决定簇一般存在于抗原分子表面或转折处，是呈三级结构的构象决定簇。现认为 B 细胞决定簇可直接与 B 细胞表面的抗原受体（BCR）结合，无需加工变性，也无需与 MHC 分子结合。T 细胞决定簇则在抗原分子内部，为一段线性排列的氨基酸序列，即顺序决定簇。T 细胞决定簇需经抗原递呈细胞（antigen presenting cell，APC）加工处理，并与其 MHC 分子结合后，才能被 T 细胞的抗原受体（TCR）识别。

③ 共同抗原与交叉反应　天然抗原表面常带有多种抗原决定簇，每种决定簇都能刺激机体产生一种特异性抗体，因此，复杂抗原能使机体产生多种抗体。例如一种细菌感染机体后可测到体内有鞭毛抗体、菌体抗体等多种成分的抗体。有时两种不同的微生物间可存在有

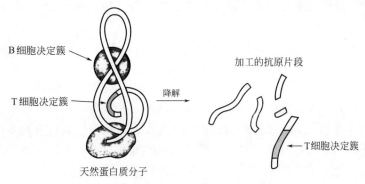

图 2-2　T 细胞表位和 B 细胞表位示意图

一种相同或相似的抗原决定簇，称为共同抗原（common antigen）。假如甲、乙两菌间有共同抗原存在（图 2-3），则由甲菌的某一抗原决定簇刺激机体产生的抗体也可以和乙菌中相同的抗原决定簇结合，产生交叉反应。交叉反应也可在两种抗原决定簇构型相似的情况下发生，但由于两者之间并不完全吻合，故结合力较弱，为低亲和力。由于有共同抗原和交叉反应的存在，做血清学诊断时应予注意，以免造成误诊。

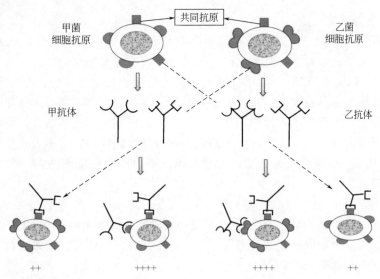

图 2-3　交叉反应示意图

3. 影响抗原免疫应答的因素

自然界中，有多种因素影响机体对免疫原的应答强度，主要有下面三个方面。

（1）理化特性

许多天然物质可诱导免疫应答，其中大分子蛋白质和多糖具有强免疫原性，小分子多肽及核酸也具有免疫原性，但其免疫原性较差。

① 分子量大小　分子量低于 4kDa，一般不具有免疫原性；分子量小于 10kDa 或大于 4kDa，呈弱免疫原性；分子量在 10kDa 以上，具有免疫原性。

在有机物中，蛋白质的抗原性最强，某些复杂的多糖也具有抗原性。大分子物质抗原性较强的原因有两方面，一方面，分子量越大，其表面的化学基团（抗原决定簇）越多，而淋巴细胞要求有一定数量的抗原决定簇才能活化；另一方面，大分子的胶体物质化学结构稳定，在体内不易降解清除，停留时间长，能使淋巴细胞得到持久刺激，有利于免疫应答的发生。大分子物质经降解成小分子后即降低或失去抗原性。分子量小于 4.0kDa 的物质一般不具有抗原性。

② 化学组成和结构　抗原物质要求分子量大，还要求有一定的化学组成和结构。多数蛋白质具有良好的免疫原性。大分子蛋白质，分子量大于 10000Da 者，可含有大量不同的抗原决定簇，是最强的免疫原。如异种血清蛋白、酶蛋白及细菌毒素等，是强免疫原蛋白质的例子。在蛋白质分子中，凡含有大量芳香族氨基酸，尤其是含有酪氨酸的蛋白质，其免疫原性强；而以非芳香族氨基酸为主的蛋白质，其免疫原性较弱。蛋白质和多糖抗原，凡结构复杂者免疫原性强，反之则较弱。其复杂性是由氨基酸和单糖的类型及数量等决定的。如聚合体蛋白质分子较单体可溶性蛋白质分子的免疫原性强。

糖类物质分子量较小，多数不具有免疫原性，聚合成多糖时可以成为抗原。多糖是重要的天然抗原，纯化多糖或糖蛋白、脂蛋白以及糖脂蛋白等复合物中的糖分子部分都具有免疫原性。在自然界，许多微生物有富含多糖的荚膜或胞壁，细菌内毒素是脂多糖，以及一些血型抗原（A、B、C、H）也是多糖。

核酸分子一般无免疫原性，与蛋白质结合形成核蛋白才具有免疫原性。在自身免疫病中，可见对天然核蛋白诱导的免疫应答产生的抗 DNA 或 RNA 抗体。

脂类物质一般无免疫原性。

③ 分子构象与易接近性

a. 抗原分子的分子构象决定其与相应淋巴细胞表面的抗原受体吻合，从而启动免疫应答。当抗原表面分子构象发生轻微变化时，就可导致抗原性发生改变。

b. 易接近性（accessibility）是指抗原表面这些特殊的化学基团与淋巴细胞表面相应的抗原受体相互接触的难易程度。易接近性的难易程度常与这些化学基团在抗原分子中分布的部位有关，如存在于抗原分子表面的化学基团易与淋巴细胞抗原受体结合，免疫原性强；若存在于抗原分子的内部，则不易与淋巴细胞表面的抗原受体接近，而不表现免疫原性。

④ 物理性状　一般聚合状态的蛋白质较其单体蛋白质的免疫原性强。颗粒性抗原较可溶性抗原的免疫原性强。

（2）机体因素

① 机体遗传因素　机体对抗原的应答是受免疫应答基因（主要是 MHC）控制的。个体遗传基因不同，人群中对同一抗原可有高、中、低不同程度的应答。如多糖抗原对人和小鼠具有免疫原性，而对豚鼠无免疫原性。

② 机体年龄、性别与健康状态　一般说青壮年动物比幼年和老年动物免疫应答能力强。新生动物或婴儿对多糖类抗原不应答，故易引起细菌感染。雌性比雄性动物抗体生成高，而怀孕动物的应答能力受到抑制。

（3）免疫方式

同一种抗原物质免疫方式不同，其刺激机体产生免疫应答的强度和效果各异。抗原的剂量、途径、次数以及免疫佐剂的选择都明显影响机体对抗原的应答。一般情况下，抗原剂量要适中，太低或太高则诱导耐受。皮内免疫效果最佳，皮下次之，腹腔和静脉注射效果差，口服易产生耐受。注射间隔要适当。并要选择好免疫佐剂，弗氏佐剂主要诱导 IgG 类抗体产生，而明矾佐剂易诱导 IgE 类抗体产生。

4. 抗原的分类

抗原种类繁多，无统一的分类标准，可根据不同标准对它们进行分类，具体如图 2-4 所示。

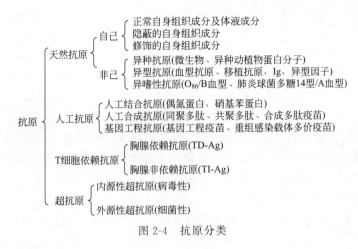

图 2-4　抗原分类

（1）根据抗原性质分类

分为完全抗原和不完全抗原。

同时具有免疫原性和抗原性的物质称免疫原，又称完全抗原。仅具备抗原性而不具备免疫原性的物质，称为不完全抗原，又称半抗原。不完全抗原分子量一般较小，如化学药物。

（2）根据诱导的免疫应答分类

① 胸腺依赖性抗原（thymus dependent antigen，TD-Ag）　需要 T 细胞辅助才能激活 B 细胞产生抗体的抗原。绝大多数天然抗原均属此类，如病原微生物、血细胞和血清蛋白等均属 TD-Ag。引起免疫应答的特点如下。

a. 既能诱导体液免疫应答，也能诱导细胞免疫应答。

b. 产生抗体以 IgG 为主，同时也可产生其他类别抗体。

c. 可产生免疫记忆，能引起再次免疫应答。

② 胸腺非依赖性抗原（thymus independent antigen，TI-Ag）　不需要 T 细胞辅助，可直接刺激 B 细胞产生抗体的抗原。其特点是抗原分子上有许多相同的决定簇，重复排列呈长链的多聚物，如细菌脂多糖、荚膜多糖和聚合鞭毛素等。引起免疫应答的特点如下。

a. 只能诱导体液免疫应答。

b. 只产生 IgM 类抗体。

c. 无免疫记忆，不能引起再次应答。

（3）根据抗原与宿主的亲缘关系分类

① 异种抗原（xenogenic antigen）　指来自于另一物种的抗原物质，如来自外部侵入人体的各种病原微生物及其产物的外毒素、注射的异种动物免疫血清、吸入和食入的异种蛋白（例如花粉和食物均属异种抗原）以及临床上用于防治疾病的动物免疫血清及异种器官移植物等。

② 同种异型抗原（allogenic antigen）　在同一物种的不同个体之间，由于遗传基因不同，不同个体的组织、细胞在构成成分抗原性存在着差异，称此种抗原为同种异型抗原。这种抗原受遗传支配，它可在遗传性不同的另一些个体内引起免疫应答，称之为异型免疫应答。如人血型抗原不同输血时可引起输血反应，组织相容性抗原或移植抗原型不同可引起移植排斥反应。

③ 自身抗原（autoantigen）　能诱导机体发生自身免疫应答的自身组织成分称为自身抗原。临床上与自身免疫性疾病有关。正常自身组织成分及体液组分处于免疫耐受状态，不能

激发免疫应答，但如打破自身耐受，则可引起自身免疫应答。另一些自身组织成分虽具有免疫原性，但在正常情况下，由于组织屏障，不能进入血流，因此不能与免疫细胞接触，也不能激发免疫应答，称此种抗原为隐蔽性自身抗原，如脑组织、眼晶状体蛋白及精子等。一旦因外伤或手术等原因使此种抗原进入血流时，则可引起自身免疫应答。受病原微生物的感染或应用某些化学药物，可与自身组织蛋白结合，改变其分子结构，形成修饰的自身抗原，也能引起免疫应答。

④ 异嗜性抗原（heterophilic antigen） 是一类与种属特异性无关，存在于人、动物、植物及微生物之间的共同抗原。例如，链球菌细胞壁与人肾小球基底膜及心肌组织有共同抗原，链球菌感染后可能引起肾小球肾炎、心肌炎。

（4）根据 TD 抗原是否有抗原递呈细胞合成来分类

① 外源性抗原（exogenous antigen） 是来源于抗原递呈细胞之外的，不由抗原递呈细胞合成的抗原（图 2-5），例如被抗原递呈细胞吞噬的细菌等。此类抗原通过加工成抗原肽，然后与 MHC Ⅱ类分子结合为复合物之后才能被 $CD4^+$ T 细胞的 TCR 识别。

② 内源性抗原（endogenous antigen） 是抗原递呈细胞在细胞内合成的抗原（图 2-5），例如病毒感染细胞合成的病毒蛋白、肿瘤细胞内合成的肿瘤抗原等。此类抗原通过加工成抗原肽，然后与 MHC Ⅰ类分子结合成复合物才能被 $CD8^+$ T 细胞的 TCR 识别。

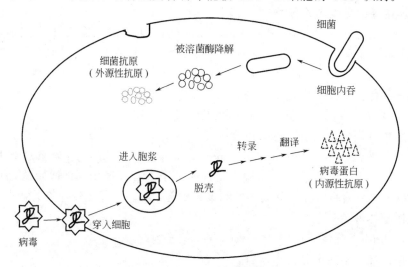

图 2-5 外源性抗原与内源性抗原

（5）其他分类方式

根据抗原的化学组成不同，可分为蛋白质抗原、脂蛋白抗原、糖蛋白抗原、多糖和核蛋白抗原等。根据抗原的性质，可分为完全抗原、半抗原。根据抗原获得方式，可分为天然抗原（natural antigen）、人工抗原（artificial antigen）、合成抗原（synthetic antigen）和应用分子生物学技术制备的重组抗原（疫苗）。

5. 超抗原

（1）超抗原的概念

超抗原（super antigen，SAg）是一类由细菌外毒素和反转录病毒蛋白构成的抗原性物质，它们能与多数 T 细胞结合并为 T 细胞活化提供信号。而上述的普通抗原只能与少数对应 T 细胞结合并使之活化。因此称这种能与多数 T 细胞结合的抗原为超抗原。

（2）超抗原与 T 细胞结合的特征

超抗原主要与 CD4$^+$ T 细胞结合，和普通抗原肽与 T 细胞的结合有很大差异。超抗原既能与 APC 细胞上 MHC Ⅱ 类分子结合，也能与 TCR Vβ 链结合是其作用特点。

超抗原无需经 APC 加工可直接与 MHC Ⅱ 类分子非多态区外侧结合，而不是与肽结合沟结合，故无 MHC 限制性。

在 T 细胞方面超抗原只与 TCR Vβ 片段结合，而与 D 区和 J 区无关，也与 TCRα 链无关。任一已知超抗原能与其特殊的 Vβ 片段结合，所以一种超抗原可活化多数 T 细胞，约占 T 细胞库的 1/20～1/5，这远远超过普通抗原活化 T 细胞的数量（表 2-1）。

表 2-1　超抗原和普通抗原与 T 细胞结合的比较

不同点	普通抗原	超抗原
T 细胞一次应答	－	＋
T 细胞反应频率	$1/10^6$～$1/10^4$	1/20～1/5
MHC Ⅱ 类分子	肽结合沟	非多态区(α-螺旋)
结合部位		外侧
MHC 限制性	＋	－
APC 存在	＋	

（3）超抗原的种类

① 内源性超抗原（病毒性）　20 世纪 70 年代初 Festenstein 发现在 MHC 相同而 MHC 以外基因区不同的纯系鼠间进行淋巴细胞混合培养，可引起很强的 T 细胞增殖反应，将刺激这种增殖反应的抗原称为次要淋巴细胞刺激抗原（minor lymphocyte stimulating antigen，MLsag）。

近年来证明，这种内源性 MLs 抗原是小鼠乳腺肿瘤病毒（mouse mammary tumor virus，MMTV）产生的蛋白。MMTV 是一种反转录病毒，以前病毒（provirus）形式整合于小鼠细胞 DNA 中。这种小鼠可终生制造这种病毒蛋白，因此可视为一种自身超抗原。这种小鼠内源性 MLs 抗原的化学性质现已证明是一种糖蛋白。

由于 MLs 抗原的来源已经清楚，故目前称这种小鼠的内源性超抗原为病毒性超抗原。人类是否也有这种病毒性超抗原，目前尚不能肯定，但有人提出人类免疫缺陷病毒（HIV）也是反转录病毒，有可能是人类的病毒性超抗原。

② 外源性超抗原（细菌性）　外源性超抗原是一类细菌性外毒素组成，主要由革兰阳性细菌产生，如金黄色葡萄球菌产生的肠毒素以及链球菌产生的致热外毒素等。

（4）超抗原的生物学意义

① 超抗原与 T 细胞的耐受诱导　实验证明，在胸腺内分化发育中的 T 细胞如与超抗原结合，可诱发程序性细胞死亡，导致克隆排除。用抗 Vβ 单克隆抗体在周围血中检测不出带有特殊 Vβ 受体的 T 细胞，为 T 细胞耐受诱导机制的研究提供了有力的实验模式。

② 超抗原与疾病葡萄球菌感染所产生的外毒素主要是可溶性蛋白分子。近年来的研究证明，葡萄球菌外毒素对靶细胞并无直接毒性作用，而是通过活化多数 T 细胞，释放出大量细胞因子，产生了一系列生物学效应，引起了毒性休克综合征这样的临床症状。

一些疾病，例如原因不明的川崎病、风湿性关节炎等疾病，发现与某些 Vβ 阳性 T 细胞的增殖相关。周围组织中存在的自身反应性 T 细胞克隆可为外源性超抗原激活而引发自身免疫病。也有学者认为 HIV 引发的人类艾滋病，其发病学与其超抗原相关。

6. 免疫佐剂

免疫佐剂（adjuvant）是指与抗原一起或先于抗原注入机体后，可增强机体的免疫应答的强度或改变免疫应答类型的物质。

（1）佐剂的分类

常用的佐剂有以下两种。

① 生物制剂　指经处理或改造的细菌及其代谢产物，如卡介苗、短小棒状杆菌等。

② 化合物　明矾、氢氧化铝、弗氏佐剂、矿物油和植物油等。

（2）佐剂的作用机制

① 改变抗原的物理性质，增加抗原在体内的存留时间，有利于抗原在体内缓慢地释放，延长存留的时间。

② 被佐剂吸附的抗原（尤其是可溶性抗原），促进单核-吞噬细胞增强对抗原的加工处理和递呈能力。

③ 刺激淋巴细胞增殖分化，从而增强和扩大免疫应答的能力。

由于佐剂的综合效应是增强机体的免疫机能，故应用范围很广，例如免疫动物时加用佐剂可获得高效价的抗体；预防接种时加用佐剂可增强疫苗的效果；临床上可作为免疫增强剂用于肿瘤或慢性感染患者的辅助治疗等。

7. 丝裂原

丝裂原（mitogen）是指可致细胞发生有丝分裂，进而增殖的物质。在体外，特定丝裂原可以使静止的淋巴细胞体积增大、胞浆增多、DNA 合成增加，出现淋巴母细胞化即淋巴细胞转化和有丝分裂。一般情况下，一种特定的抗原仅仅特异性激活表达相应抗原受体的淋巴细胞，而丝裂原可激活某一类淋巴细胞的全部克隆，所以可以把丝裂原视为非特异性多克隆激活剂。

（二）技能准备

以下仅介绍可溶性抗原的制备及鉴定。

蛋白质、糖蛋白、脂蛋白、酶类、补体、脂多糖、细菌外毒素和核酸等均为可溶性抗原，它们有相当部分来源于组织和细胞，成分复杂。制备这类免疫原时，首先须将组织和细胞破碎，然后再从组织和细胞匀浆中提取目的蛋白或其他抗原，提纯的抗原需鉴定后才能用做免疫原。

（1）组织匀浆的制备

用于制备免疫原的材料必须是新鲜或低温保存的。材料获得后立即去除包膜或结缔组织，脏器应进行灌洗，去除血管内残留的血液，用含 $0.5g/L\ NaN_3$ 的生理盐水洗去血迹及污物。在 4℃水浴或冰浴中将洗净的组织剪成 $0.3\sim0.5cm^3$ 小块，加入适量生理盐水，装入捣碎机筒内制成组织匀浆。组织匀浆经 3000r/min 离心 10min 后，上清液作为提取可溶性抗原的材料。上清液在提取前还必须进行离心去除细胞碎片及微小的组织。

（2）细胞破碎

提取细胞的可溶性抗原，需将细胞破碎。根据细胞类型不同，选择破碎的方法也有一定的差异，现介绍几种常用的细胞破碎方法。

① 酶处理法　溶菌酶、纤维素酶、蜗牛酶等在一定的条件下能消化细菌和组织细胞，如溶菌酶对革兰阳性菌的细胞壁有溶菌作用；纤维素酶可溶解真菌细胞壁；蜗牛酶可溶解酵母菌细胞壁和植物细胞壁。酶处理法适用于多种微生物细胞的溶解，该方法具有作用条件温和、内含物成分不易受到破坏、细胞壁损坏程度可以控制等特点。但要注意的是，不同菌种

往往需要不同的酶甚至多种酶混合使用才能达到较好的溶壁效果。此法多用于微生物和植物细胞细胞壁的破碎。

② 冻融法　细胞因突然冷冻，细胞内冰晶的形成及胞内外溶剂浓度突然改变而导致细胞膜及胞内颗粒被破坏。其方法是将破碎的细胞置于 $-20 \sim -15℃$ 冰箱内完全冻结，然后从冰箱取出，让其在 $30 \sim 37℃$ 中缓慢融化。如此反复两次，大部分组织细胞及细胞内的颗粒可被破坏。此法适用于组织细胞，对微生物的细胞作用较差。

③ 超声破碎法　这是利用超声波的机械振动而使细胞破碎的一种方法。由于超声波发生时的空腔作用，使液体局部减压，引发液体内部流动，在漩涡生成与消失时，产生很大的压力而使细胞破碎。超声波所使用的频率从 $1 \sim 20kHz$ 不等，一次超声处理 $1 \sim 2min$，总时长为 $10 \sim 15min$，进行超声破碎时，需间歇进行，避免长时间超声产热，导致抗原破坏。也可将超声粉碎的细胞置于冰浴降温。超声破碎细胞方法简单，重复性较好，且节省时间。微生物和组织细胞的破碎，均可采用此方法。

④ 表面活性剂处理法　在适当的温度、pH 及低离子强度的条件下，表面活性剂能与脂蛋白形成微泡，通过细胞膜的通透性改变使细胞溶解。常用的表面活性剂有十二烷基磺酸钠（SDS 阳离子型）、苯扎溴铵（新洁尔灭）、Triton X-100 等。如在大肠杆菌湿菌体 1g 中加入 2% 的 Triton X-100 作用 60min，可使绝大多数大肠杆菌的菌体裂解。此方法作用比较温和，在提取核酸时常用此法破碎细胞，也多用于细菌的破碎。

（3）蛋白质的提纯

蛋白质纯化方法属于生物化学技术，只作较简要介绍。

① 超速离心法　此法分离和纯化抗原的原理是利用各颗粒在梯度液中沉降速度的不同，使具有不同沉降速度的颗粒处于不同密度梯度层内，达到彼此分离的目的。常用的密度梯度介质有蔗糖、甘油、CsCl 等。

用超速离心或梯度密度离心分离和纯化抗原时，除个别成分外，极难将某一抗原成分分离出来，故只用于少数大分子抗原的分离，如 IgM、C1q、甲状腺球蛋白等，以及一些密度较轻的抗原物质，如载脂蛋白 A、载脂蛋白 B 等，而多数的中小分子量蛋白质采用此种方法很难纯化。

② 选择性沉淀法　其原理多根据各蛋白质理化特性的差异，采用各种沉淀剂或改变某些条件促使蛋白质抗原成分沉淀，从而达到纯化的目的。最常用的方法是盐析沉淀法。

蛋白质在水溶液中的溶解度取决于蛋白质分子表面离子周围的水分子数目，亦即主要是由蛋白质分子外周亲水基团与水形成水化膜的程度以及蛋白质分子带有电荷的情况决定的。蛋白质溶液中加入中性盐后，由于中性盐与水分子的亲和力大于蛋白质，致使蛋白质分子周围的水化层减弱乃至消失。同时，中性盐加入蛋白质溶液后由于离子强度发生改变，蛋白质表面的电荷大量被中和，更加导致蛋白质溶解度降低，使蛋白质分子之间聚集而沉淀。由于各种蛋白质在不同盐浓度中的溶解度不同，不同饱和度的盐溶液沉淀的蛋白质不同，从而使之从其他蛋白质中分离出来。最常用的盐溶液是 33% ～ 50% 饱和度的硫酸铵。盐析法简单方便，可用于蛋白质抗原的粗提、丙种球蛋白的提取、蛋白质的浓缩等。盐析法提纯的抗原纯度不高，只适用抗原的初步纯化。

③ 凝胶色谱法　凝胶色谱是利用分子筛作用对蛋白质进行分离。凝胶是具有三维空间多孔网状结构的物质，经过适当的溶液平衡后，装入色谱柱。一种含有各种分子的样品溶液缓慢地流经凝胶色谱柱时，大分子物质不易进入凝胶颗粒的微孔，只能分布于颗粒之间，因此在洗脱时向下移动的速度较快，最先被洗脱。小分子物质除了可在凝胶颗粒间隙中扩散

外，还可以进入凝胶颗粒的微孔中，洗脱时向下移动的速度较慢，随后被洗脱。因此，蛋白质分子按分子大小被分离。此法最适用于根据分子大小分离蛋白质混合物。

④ 离子交换色谱法　离子交换色谱的原理是利用一些带离子基团的纤维素或凝胶，吸附交换带相反电荷的蛋白质抗原。由于各种蛋白质的等电点不同，所带的电荷量不同，与纤维素（或凝胶）结合的能力有差别。当梯度洗脱时，逐步增加流动相的离子强度，使加入的离子与蛋白质竞争纤维素或凝胶上的电荷位置，从而使吸附的蛋白质与离子交换剂（纤维素或凝胶）解离。

在离子交换色谱技术中常用的离子交换剂有以下几种：具有离子交换基团的纤维素，如羧甲基（CM）纤维素、DEAE-纤维素；具有离子交换基团的交联葡聚糖、琼脂糖和聚丙烯酰胺；以及凝胶合成的高度交联树脂。

⑤ 亲和色谱法　亲和色谱是利用生物大分子的生物特异性，即生物大分子间所具有专一亲和力而设计的色谱技术。例如抗原和抗体、酶和酶抑制剂（或配体）、酶蛋白和辅酶、激素和受体、IgG 和葡萄球菌蛋白 A（SPA）等物质间具有一种特殊的亲和力。比如提纯 IgG 时，可将 SPA 吸附在一个惰性的固相基质（如 Sepharose 2B、4B、6B 等）上，并制备成色谱柱。当样品流经色谱柱时，待分离的 IgG 可与 SPA 发生特异性结合，其余成分不能与之结合。将色谱柱充分洗脱后，改变洗脱液的离子强度或 pH 值，IgG 与固相基质上的 SPA 解离，收集洗脱液便可得到欲纯化的 IgG。

亲和色谱法纯化蛋白质抗原的主要优点是纯度高、简单快捷，缺点是成本较高。

⑥ 电泳法　各种蛋白质在同一 pH 条件下，由于各自分子量和电荷数量不同，在电场中的迁移率就会不同，可以利用这一原理将不同的蛋白质分开。例如等电聚焦电泳法，以一种两性电解质为载体，电泳时两性电解质形成一个由正极到负极逐渐增加的 pH 梯度，当带一定电荷的蛋白质在其中泳动时，到达各自等电点的 pH 位置就停止，从而利用此法分离并纯化蛋白质。

（4）核酸抗原的制备

核酸分子具有免疫原性，可用于免疫原制备抗体。提取核酸的主要步骤是先将细胞破碎使核酸从细胞中游离出来，再用酚和三氯甲烷（氯仿）抽提以去除蛋白质，最后用乙醇沉淀核酸。

（5）脂多糖抗原的制备

脂多糖（LPS）是革兰阳性菌细胞壁的重要成分，有多种生物学效应。通常采用苯酚法、超声波法和煮沸法提取 LPS。

① 超声波法　获得的菌液经 2500r/min 离心 20min，并用生理盐水洗涤 1～2 次，用生理盐水将沉淀配成 2 倍于湿菌浓度的浓菌液。用超声波发生器中频（约相当于 12000cps❶）处理 20min。处理液经 3000r/min 离心 30min，吸取上清液即为脂多糖抗原。置 4℃冰箱保存备用。

② 煮沸法　将培养后得到的浓菌液沸水浴煮沸 2h。置冰箱静置 2 周以上（使菌体残渣自由下沉）。3000r/min 离心 30min，取上清液即为粗脂多糖抗原，置冰箱中保存备用。

（6）纯化抗原的鉴定

为获得好的免疫效果，抗原纯化后应进行鉴定才能用于动物免疫，抗原的鉴定主要包括以下几个方面。

---

❶ cps 是频率单位，即 cycle per second（每秒周数）。

① 含量检测　蛋白质含量的测定最准确的方法是凯氏定氮法，但由于要求有精密设备，故不适合一般实验室。一般实验室均采用分光光度计测量法。该法首先测定 280nm 和 260nm 处的吸光度（A），再用经验公式计算蛋白质含量，即

$$蛋白质含量(mg/ml)=A_{280nm}\times1.45-A_{260nm}\times0.74$$

另外蛋白质含量也可采用福林酚法，具体操作见临床生化技术。

② 分子量的鉴定　测定分子量一般采用 SDS-PAGE 电泳法，详见临床生化技术。

③ 纯度鉴定　常采用区带电泳法鉴定，详见临床生化技术。

④ 免疫活性鉴定　常采用双向琼脂扩散试验。

二、项目实施

任务一　大肠杆菌*E.coli*外膜蛋白OMP抗原的制备

1. 大肠杆菌*E.coli*外膜蛋白 OMP 抗原简介

大肠杆菌的外膜（outer membrane）是曲折呈波状的典型非对称性液态磷脂双层结构，厚 8～10nm，约占细胞壁干重的 80%。外膜中镶嵌有一些特殊的蛋白质，与其他细菌的外膜蛋白一样，不仅在细菌结构、维持细菌形态和新陈代谢方面有重要的功能，而且对细菌的致病性和免疫原性也有重要作用。细菌的各类抗原示意如图 2-6 所示。

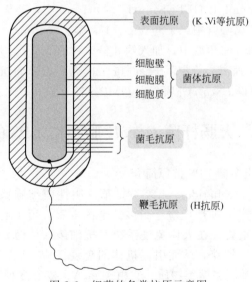

图 2-6　细菌的各类抗原示意图

2. 大肠杆菌*E.coli*外膜蛋白 OMP 的制备

（1）所需设备和材料（见表 2-2）

表 2-2　制备大肠杆菌*E.coli*外膜蛋白 OMP 所需设备和材料

设备或材料	数量	设备或材料	数量
摇床	1 台(共用)	LB 液体培养基	200ml(共用)
高速冷冻离心机	1 台(共用)	HEPES 缓冲液	1000ml(共用)

设备或材料	数量	设备或材料	数量
超声波破碎仪	1台(共用)	消毒液	若干(共用)
高压蒸汽灭菌锅	1台(共用)	2%十二烷基肌氨酸	若干(共用)
1000μl 微量取样器	3支(每组)	装 tip 头废物缸	2个(每组)
200μl 微量取样器	3支(每组)	液体废液缸	2个(每组)
20μl 微量取样器	3支(每组)	记号笔	1支(每组)
微量取样器 tip 头	各一盒(每组)	离心管	若干(每组)

（2）配制溶液

① LB 液体培养基（1L）　10g 酪蛋白，5g 酵母提取物，10g NaCl，用双蒸水配制并调 pH 至 7.0，灭菌待用。

② HEPES［N-(2-羟乙基)哌嗪-N'-2-乙烷磺酸］缓冲液（100×，1mol/L）　HEPES 贮存液配制方法为取 23.8g HEPES 溶于 90ml 双蒸水中，用 1mol/L NaOH 调 pH 至 7.4，然后用水定容至 100ml，过滤除菌，分装小瓶（2ml/瓶），4℃或－20℃保存。使用前取 99ml 培养液或 99ml H_2O 加入 1ml 贮存液，最终应用浓度为 10mmol/L。

（3）实验过程

① 将 *E.coli* 接种于 200ml LB 液体培养基中，于 37℃摇床 250r/min 振荡培养过夜。

② 培养物置于 500ml 离心管中，于 6000g、4℃离心 10min，弃上清液。

③ 将沉淀悬浮于 10mmol/L HEPES（pH 7.4）10ml 中，75W 超声裂解 4min。

④ 裂解物置于 500ml 离心管中，于 6000g、4℃离心 10min。

⑤ 将上清液移于 150ml 三角瓶中，加入约 8 倍体积的 2%十二烷基肌氨酸。

⑥ 溶液分装于 50ml 超速离心管中，于 25000r/min 离心 1h；将沉淀悬浮于 2ml 10mmol/L HEPES（pH 7.4）中，即得 *E.coli* 外膜蛋白 OMP，置于－20℃冰箱备用。

任务二　大肠杆菌 *E.coli* 脂多糖 LPS 的制备

1. 大肠杆菌 *E.coli* 脂多糖 LPS 抗原简介

细菌脂多糖（lipopolysaccharides，LPS）是革兰阴性菌细胞壁的主要组分之一，有些 LPS 带有毒性，感染后会产生毒性反应。脂多糖是内毒素，可引起强烈免疫反应。这种物质对于人的免疫反应极其重要，在人体免疫系统对抗细菌入侵时，LPS 作为重要的抗原分子被抗原递呈细胞（APC）捕获，从而引起机体的免疫反应。脂多糖位于革兰阴性细菌细胞壁的外壁层，主要是一类脂多糖类物质。它由类脂 A、核心多糖和 O-特异性多糖三部分组成。细菌脂多糖的主要功能是：①是革兰阴性细菌致病物质的基础，类脂 A 为革兰阴性细菌内毒素的毒性中心；②具有吸附镁离子和钙离子等阳离子以提高它们在细胞表面浓度的作用；③脂多糖特别是其中的 O-特异性多糖的组成和结构的变化决定了革兰阴性细菌细胞表面抗原决定簇的多样性，比如国际上根据脂多糖的结构特性而鉴定过沙门菌属（*Salmonella*）的抗原类型多达 2107 个（1984 年）；④是许多噬菌体在细菌表面的吸附受体。图 2-7 为细菌脂多糖的结构示意图。

肠出血性大肠杆菌（enterohemorrhagic *E.coli*，EHEC）O157：H7 菌的特异性 O 抗原位于其细胞壁外膜脂多糖的多糖侧链上，可诱导机体产生特异性抗 O157 抗体。常用 LPS 抗

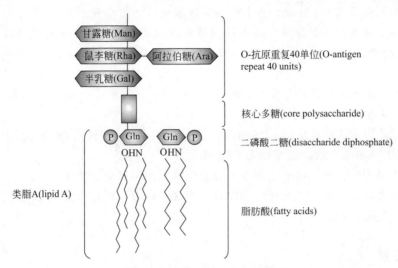

图 2-7　细菌脂多糖的结构示意图

原检测抗 O157 抗体以诊断 EHEC O157 感染的报告。抗脂多糖抗体制备可用革兰阴性细菌菌体的脂多糖免疫动物来制备。制备细菌脂多糖的方法有超声波处理法、热酚提取法、煮沸法。

2. 大肠杆菌 *E.coli* 脂多糖 LPS 抗原的制备

（1）所需设备和材料（见表 2-3）

表 2-3　制备大肠杆菌 *E.coli* 脂多糖 LPS 抗原所需设备和材料

设备或材料	数量	设备或材料	数量
摇床	1 台（共用）	LB 液体培养基	200ml（共用）
高速冷冻离心机	1 台（共用）	超声波破碎仪	1 台（共用）
氯化钠（NaCl）	1 瓶（共用）	水浴锅	3 台（共用）
苯酚	1 瓶（共用）	离心管	若干
透析袋	10 个	无水乙醇（500ml）	5 瓶

（2）配制溶液

① LB 液体培养基（1L）　10g 酪蛋白，5g 酵母提取物，10g NaCl，用双蒸水配制并调 pH 至 7.0，高压灭菌待用。

② 生理盐水（1L）　将 9g 氯化钠加入到 1000ml 蒸馏水，高压灭菌待用。

（3）热酚法制备脂多糖

工作原理：将细菌悬液加于热酸-水混合液中，冷却，离心混合液可分为水溶液层和酸层，水溶液层内含水溶性脂多糖及核酸等，酸层内含蛋白质。近年来发现在酸层中也含糖类。经离心后沉淀含细胞残体。

① 细菌于普通营养琼脂 37℃培养 24h，用生理盐水洗涤，将洗涤液转移至离心管中。

② 细菌浓悬液用盐水经 2500r/min 20min 离心洗涤一次。

③ 将沉淀的菌混匀于蒸馏水中，放 68℃水浴，然后滴加等量的 90％苯酚溶液（预热至 68℃），边加边摇，而后在 68℃水浴中搅拌 30min。

④ 在水浴中冷却，于 4℃冰箱过夜。

⑤ 于 5000r/min 离心 15min，将上层水溶液吸到另一离心管中。

⑥ 剩下的酚层及残渣组分可再加上述同量水在热水浴中搅拌 30min，冷却，离心，取上层水溶液。将两次提取的水溶液混合，置透析袋中于蒸馏水中透析 2 天，其间换几次蒸馏水，以除去酚。

⑦ 透析后的水溶液加 6 倍量无水乙醇，置 4℃ 20min，然后 5000r/min 离心 15min，沉淀即成粗制脂多糖，于冰箱内保存备用。

⑧ 以适量蒸馏水溶解提取的 LPS 粗品，于 100000r/min 超速离心 4h，去上清，沉淀再加蒸馏水悬浮，再离心一次，沉淀即为 LPS 纯化品。

⑨ LPS 含量测定：蒽酮硫酸法测定，以葡聚糖制作浓度标准曲线。

⑩ LPS 纯度测定：紫外光谱吸收法检测核酸含量；考马斯亮蓝染色法测定蛋白质含量，以 BSA 制作浓度标准曲线。

三、项目拓展

（一）细胞性免疫原的制备

细胞性免疫原主要是指人、动物、微生物或寄生虫的细胞。

1. 绵羊红细胞的制备

绵羊红细胞是制备溶血素的免疫原，制备时采健康绵羊的颈静脉血，立即注入无菌有玻璃珠的三角瓶内，沿同一方向充分摇动 15~20min，以去除纤维蛋白，获得抗凝绵羊全血。也可把羊血加到含 10~30V/L 肝素的生理盐水中抗凝，或者将全血和 Alsever 液以 1:2 混合，Alsever 液既能起到抗凝作用又能起到保护作用。全血与 Alsever 液充分混合后，置 4℃ 保存可使用 3 周左右。

免疫前取适量抗凝血于离心管中，用约 8 倍量的无菌生理盐水洗细胞 2~3 次（每次 2000r/min，10min）。吸去上层血浆，取压积红细胞，用无菌生理盐水稀释至 2%~5%（约 10^6/ml）的红细胞悬液，即可用于免疫注射。

2. 细菌抗原的制备

以制备菌体（O）抗原为例，选用经鉴定合格、抗原性完整的标准菌株，无菌条件下接种于琼脂斜面培养基，置温箱于 37℃ 培养 24h 增菌。用适量生理盐水洗刮下菌苔，移入含有无菌玻璃珠的三角瓶中，充分摇动混匀菌体；于 100℃ 水浴 2~2.5h 杀菌并破坏 H 抗原。将处理过的菌液检测有无活菌存在，合格后用生理盐水稀释成每毫升 8 亿~10 亿菌，加入石炭酸至终浓度为 5%，即为 O（菌体）抗原。

若制备细菌鞭毛，则需要用有动力的菌株，菌液需用 0.3%~0.5% 的甲醛处理。同菌体抗原相同，应将处理过的菌液进行无（活）菌试验合格后，用生理盐水稀释成每毫升 8 亿~10 亿菌，即可用于动物免疫。另外，一些寄生虫虫卵也可制成抗原悬液，如日本血吸虫虫卵抗原。

（二）佐剂的使用方法

目前使用的佐剂有很多种，其中油包水乳剂，如弗氏佐剂，是商品化的最高效的佐剂之一，但也是刺激性最大、注射局部反应最大、最难使用的一种。弗氏佐剂分为弗氏完全佐剂和弗氏不完全佐剂两种，弗氏完全佐剂由水溶性抗原、矿物油乳化剂和热灭活的结核分枝杆菌组成；弗氏不完全佐剂的其他成分都与弗氏完全佐剂相同，只是去掉了结核分枝杆菌成分。此外，常用的油包水乳剂还有 TiterMax（Titer Max USA，Norcross，CA），它是专门为实验动物体内产生抗体而发展起来的佐剂，主要含嵌段共聚物 CRL89-41 （a block copolymer CRL89-41）、角鲨烯（一种可代谢的油类）和二氧化硅微粒。

为了避免弗氏佐剂产生的毒性，开始研究水包油乳剂。该类乳剂含少量油脂，虽然效力较低，但是具有局部反应轻、使用简便、蛋白质抗原变性的可能性小等特点，因此使用时通常加入其他免疫刺激剂来增强该类佐剂的反应。铝盐主要促进 Th2 细胞介导的免疫应答，一般来说其佐剂效应最小，但局部反应轻，并且容易使用。铝盐佐剂是运用于许多人体疫苗的一种主要佐剂。此外，常用的水溶性佐剂有 Ribi 佐剂系统（RAS）和 Gerbu 佐剂，都是作为弗氏佐剂的代替品用于实验室动物中产生抗体。

1. 佐剂的使用要求

① 佐剂进入机体组织后会引起非常强的炎症反应，因此在使用时需要佩戴具有保护作用的眼镜和手套。

② 市场上销售的佐剂以无菌形式出售，因此操作应在超净台中进行。任何免疫制品的制作中，污染都会对所期望产生的抗血清有不良的影响。污染物有时还会比抗原更具有免疫原性，因此会导致生产出针对污染物的抗血清。佐剂一旦被污染，则不能使用。

③ 佐剂的使用量过多可能导致免疫抑制，从而引起抗体产量低。因此使用佐剂的时候，一定要参考生产商标出的使用剂量。

④ 对免疫原性比较弱的抗原，可以与辅助蛋白共价偶联，再与佐剂混合使用。

⑤ 高滴度的抗体通常经低剂量多次抗原免疫后产生，而非一次大剂量免疫。

2. 常用佐剂的使用方法

一些研究机构和动物保护与使用委员会限制弗氏完全佐剂的使用，因此使用弗氏完全佐剂前要经当地的动物保护与使用委员会核查。弗氏佐剂仅用于初次免疫，再次免疫用弗氏佐剂会严重损害注射部位，因此后续免疫过程中应该用弗氏不完全佐剂或其他佐剂。

以下介绍超声乳化弗氏完全佐剂（或不完全佐剂）的方法。

（1）材料 弗氏完全佐剂或弗氏不完全佐剂、无菌聚丙烯管、防护眼镜、注射器、抗原（溶于 PBS）、超声探头、乳胶手套、冰浴、盛有预冷自来水的烧杯。

（2）步骤

步骤一 计算每次注射所需抗原量及体积。皮下注射或肌内注射时，每只小鼠每次抗原量 $5\sim100\mu g$，体积少于 $200\mu l$；腹腔内注射时，每只小鼠每次体积 $200\sim500\mu l$。洗涤剂会减弱乳化作用，因此一定避免使用。

步骤二 准备大约比所需量多 50% 的疫苗。使用前于 $37^{\circ}C$ 预热弗氏完全佐剂或弗氏不完全佐剂，强烈振荡 $1\sim2min$，或用手倒转瓶子数次将结核分枝杆菌均匀重悬。将弗氏完全佐剂与等体积的水溶性抗原转入一无菌聚丙烯管中。

步骤三 超声处理可产生大量热，会导致蛋白质抗原变性，因此超声操作应在冰浴中进行。每次间隔 $5\sim20s$，上下调节管的高度，确保整个混合物均匀乳化。

步骤四 倒转聚丙烯管以确定乳化剂的稠度。持续乳化，间隙 $10s$，直到稳定的乳化剂形成。当乳化剂在倒转的管中不动或在水面上形成稳定的油珠时，乳化即可完成。

步骤五 将乳化剂吸入 $1ml$ 注射器。

要点解读

➤ 知识体系构建 （图 2-8）

理论体系 抗原
- 抗原的特性
- 免疫原性和特异性
- 影响免疫应答的因素
- 抗原的分类
- 超抗原
- 免疫佐剂

＋

实践技能 抗原的制备
- 必备技能
  - 蛋白抗原的制备
  - 脂多糖抗原的制备
- 扩展技能
  - 红细胞抗原的制备
  - 细菌抗原的制备
  - 纯化抗原的鉴定
  - 免疫佐剂使用方法

图 2-8 抗原制备知识体系框架图

➤ T 细胞和 B 细胞抗原表位特性比较

在免疫应答中，TCR 和 BCR 所识别的抗原表位不同，分别称为 T 细胞表位和 B 细胞表位，主要有 5 个方面的不同，见表 2-4。

表 2-4 T 细胞和 B 细胞抗原表位特性的比较

不同点	T 细胞表位	B 细胞表位
表位受体	TCR	BCR
MHC 分子	必需	无需
表位性质	线形短肽	天然化合物
表位类型	线性表位	构象表位、线性表位
表位位置	抗原分子任意部位	抗原分子表面

➤ 获得高效价抗体方法

① 对抗原的修饰：使用颗粒性的蛋白质抗原。

② 通过实验获得最佳抗原剂量。

③ 采取皮内免疫的途径，注射间隔适当。

④ 选择免疫应答较强的宿主。

⑤ 选择适当的免疫佐剂等。

➤ 超抗原和常规抗原的区别

① 常规抗原仅能激活一个克隆的 T 细胞或 B 细胞；超抗原只需极低浓度即可激活多个克隆的 T 细胞或 B 细胞。

② 常规抗原与 TCR 超变区的抗原结合槽结合；超抗原一端与 TCRVβ 的外侧结合，一端与 APC 上 MHC 结合。

③ T 细胞识别常规抗原是特异的，识别超抗原是非特异的。

④ T 细胞识别常规抗原受 MHC 限制，识别超抗原不受 MHC 限制。

➤ 专业词汇英汉对照表

抗原	antigen	免疫原性	immunogenicity	抗原性	antigenicity
免疫反应性	immunoreactivity	抗原决定簇	antigen determinant，AD	表位	epitope
抗原结合价	antigenic valence	半抗原	hapten	异种抗原	xenogenic antigen
天然抗原	natural antigen	人工抗原	artificial antigen	合成抗原	synthetic antigen
共同抗原	common antigen	交叉反应	cross reaction		
胸腺依赖性抗原	thymus dependent antigen，TD antigen	自身抗原	autoantigen		
非胸腺依赖抗原	thymus independent antigen，TI antigen	异嗜性抗原	heterophilic antigen		
同种异型抗原	allogenic antigen	外源性抗原	exogenous antigen		
内源性抗原	endogenous antigen	佐剂	adjuvant		
超抗原	supper antigen，Sag	丝裂原	mitogen		

项目思考

1. 画出细菌抗原结构图并标出中英文名称

(1) 画出细菌抗原结构图；(2) 标出各部分中英文名称；(3) 分别指出这些抗原的功能。

2. 画出脂多糖结构示意图

(1) 画出脂多糖结构示意图；(2) 标出各部分中英文名称；(3) 分别指出这些抗原的功能。

3. 说出制备 *E.coli* 外膜蛋白抗原的实验过程，并分析实验过程中的安全隐患。

4. 说出制备 *E.coli* 脂多糖抗原的实验过程，并分析实验过程中的安全隐患。

5. 什么叫抗原？抗原要具备什么性质才能引起免疫应答？

6. 是不是所有的抗原都具备免疫原性和反应原性？为什么？举例说明。

7. 什么样的物质才能成为抗原？免疫原性和反应原性的强弱与什么有关系？

8. 抗原如何分类？

9. 抗原的特异性是由什么决定的？

10. 如何能增强抗原的免疫原性和反应原性？

11. 机体因素是如何影响抗原的免疫应答的？

项目三　免疫血清的制备

项目介绍

1. 项目背景

某生物制品公司研究中心的人员、一线生产人员和相关检验人员研究和生产高效价、高特异性的免疫血清作为免疫学诊断的试剂（如用于制备免疫标记抗体等），也可供特异性免疫治疗用。相关岗位工作人员必须掌握免疫血清的制备原理和制备技能。

免疫血清的效价高低取决于实验动物的免疫反应性及抗原的免疫原性。如以免疫原性强的抗原刺激高应答性的机体，常可获得高效价的免疫血清。而使用免疫原性弱的抗原免疫时，则需同时加用佐剂以增强抗原的免疫原性。免疫血清的特异性主要取决于免疫用抗原的纯度。因此，如欲获得高特异性的免疫血清，必须预先纯化抗原。此外，抗原的剂量、免疫途径及注射抗原的时间间隔等，也是影响免疫血清效价的重要因素，应予重视。

2. 项目任务描述

任务一　抗伤寒杆菌血清的制备

任务二　抗绵羊红细胞血清的制备（溶血素的制备）

任务三　抗人血清抗体的制备

学习指南

【学习目标】

1. 能用纯化好的抗原配合佐剂免疫动物。
2. 能检测免疫动物的效价、判定收集血液的时间。
3. 能选用适当的方法采集免疫动物血液，并学会应用适当的方法析出免疫血清。
4. 掌握免疫球蛋白和抗体的概念、结构、特性和生物功能区。

【学习方法】

1. 通过网络课程开展预习和复习。
2. 任务实施之前，学生通过教师示范和视频观看来了解实验步骤及具体的实验方法。
3. 任务完成后，学生通过撰写实验报告来总结实验结果。

一、项目准备

（一）知识准备

1. 抗体、抗血清与免疫球蛋白

（1）抗体

抗体（antibody，Ab）是 B 细胞识别抗原后活化增殖分化为浆细胞，由浆细胞合成和分泌能与相应抗原特异性结合的球蛋白，是介导体液免疫的重要免疫分子。每一种浆细胞克隆可以产生一种特异的抗体分子，所以血清中的抗体是多种抗体分子的混合物，它们的化学结构是不均一的，而且含量很少，不易纯化，使得分析抗体分子结构很困难。

（2）抗血清

抗体主要存在于血液和组织液内，也可存在于其他体液或外分泌液中，因此含有抗体的血清称为抗血清（antiserum）或免疫血清。

（3）免疫球蛋白

将具有抗体活性或化学结构与抗体相似的球蛋白统称为免疫球蛋白（immunoglobulin, Ig）。

免疫球蛋白可分为分泌型免疫球蛋白和膜型免疫球蛋白。前者存在于体液中，具有抗体的各种功能，后者存在于 B 细胞膜上构成抗原受体。图 3-1 为免疫球蛋白各功能区示意图。

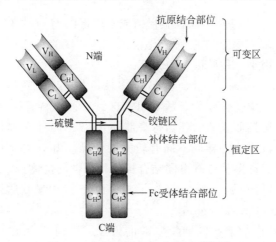

图 3-1　免疫球蛋白各功能区示意图

（4）抗体与免疫球蛋白的关系

抗体是免疫球蛋白，但免疫球蛋白并非都是抗体。

2. 免疫球蛋白的结构

（1）结构分析

免疫球蛋白分子呈 Y 形，是由两条相同的重链和两条相同的轻链组成、中间以二硫键连接在一起的四肽结构。轻链与重链由二硫键连接，形成一个四肽链分子，称为 Ig 分子的单体，是构成免疫球蛋白分子的基本结构。Ig 单体中四条肽链两端游离的氨基或羧基的方向是一致的，分别命名为氨基端（N 端）和羧基端（C 端）。图 3-2 为免疫球蛋白结构简式。

① 重链和轻链

a. 两条重链（heavy chain，长链，H）：分子量为 $50000 \sim 75000 Da$，由 $450 \sim 570$ 个氨基酸残基组成。每条 H 链含有 $4 \sim 5$ 个链内二硫键所组成的环肽。根据 H 链抗原性的差异可将其分为 5 类，即 μ 链、γ 链、α 链、δ 链和 ε 链；重链的结构决定免疫球蛋白的类型，根据重链结构将免疫球蛋白分为 5 种，分别称之为 IgM、IgG、IgA、IgD 和 IgE。γ 链、α 链和 δ 链上含有 4 个肽，μ 链和 ε 链含有 5 个环肽。

b. 两条轻链（light chain，短链，L）：分子量约为 $25000 Da$，由 214 个氨基酸残基组成。每条轻链含有两个由链内二硫键内二硫所组成的环肽。轻链共有两型，分为 κ（kappa）型和 λ（lambda）型，不同种属生物体两型轻链的比例不同，$\kappa : \lambda$ 比例的异常可能反映免疫系统的异常。同一个天然 Ig 分子上 L 链的型总是相同的，正常人血清中的 $\kappa : \lambda$ 约为 $2 : 1$。

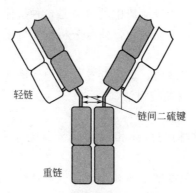

图 3-2　免疫球蛋白结构简式

② 可变区和恒定区　通过对不同骨髓蛋白或本周蛋白 H 链或 L 链的氨基酸序列比较分析，发现其氨基端（N 端）氨基酸序列变化很大，称此区为可变区（V）；而羧基末端（C 端）则相对稳定，变化很小，称此区为恒定区。

a. 可变区（variable region，V 区）：在 Ig 多肽链的 1/2 或重链的 1/4 区域内，其氨基酸的种类、排列顺序与结构变化较大，故称可变区，V 区可特异性结合抗原。每个 V 区中均有一个由链内二硫键连接形成的肽环，每个肽环含 67～75 个氨基酸残基。V 区氨基酸的组成和排列随抗体结合抗原的特异性不同有较大的变异。由于 V 区中氨基酸的种类与排列顺序千变万化，故可形成许多种具有不同结合抗原特异性的抗体。

L 链和 H 链的 V 区分别称为 V_L 和 V_H。超变区 V 区中氨基酸组成和排列相对比较保守区域称为骨架区（framework region）。

ⓐ 超变区：在 V 区内，某些区域氨基酸的组成、排列顺序比 V 区内其他区域更易变化，这些区域称为超变区（hypervariable region，HVR）。超变区是与抗原分子发生特异性结合的关键部位。V_L 中的超变区有三个，通常分别位于第 24～34、50～65、95～102 位氨基酸。V_L 和 V_H 的这三个 HVR 分别称为 HVR1、HVR2 和 HVR3。经 X 射线结晶衍射的研究分析证明，超变区确实为抗体与抗原结合的位置，因而称为决定簇互补区（complementarity-determining region，CDR）。V_L 和 V_H 的 HVR1、HVR2 和 HVR3 又可分别称为 CDR1、CDR2 和 CDR3，一般的 CDR3 具有更高的高变程度。超变区也是 Ig 分子独特型决定簇（idiotypic determinants）主要存在的部位。在大多数情况下 H 链在与抗原结合中起更重要的作用。见图 3-3。

ⓑ 骨架区：可变区中超变区以外的区域中，氨基酸残基组成及排列顺序相对稳定，称为骨架区。

b. 恒定区（constant region，C 区）：在 Ig 多肽链的轻链靠近 C 端的 1/2 和重链靠近 C 端的 3/4 区域内，其氨基酸组成、排列顺序和含糖量都是比较稳定的，故称为恒定区。H 链每个功能区约含 110 多个氨基酸残基，含有一个由二硫键连接的 50～60 个氨基酸残基组成的肽环。这个区域氨基酸的组成和排列在同一种属动物 Ig 同型 L 链和同一类 H 链中都比较恒定，如人抗白喉外毒素 IgG 与人抗破伤风外毒素的抗毒素 IgG，它们的 V 区不相同，只能与相应的抗原发生特异性的结合，但其 C 区的结构是相同的，即具有相同的抗原性，应用马抗人 IgG 第二抗体（或称抗抗体，二抗）均能与这两种抗不同外毒素的抗体（IgG）发生结合反应。这是制备第二抗体，应用荧光、酶、同位素等标记抗体的重要基础。

③ 功能区　Ig 分子的 H 链与 L 链可通过链内二硫键折叠成若干球形功能区，每一功能

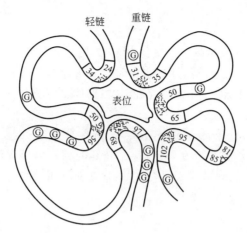

图 3-3　与表位结合超变区示意图

（G 表示相对保守的甘氨酸）

区（domain）约由 110 个氨基酸组成。在功能区中氨基酸序列有高度同源性。

a. L 链功能区：分为 L 链可变区（V_L）和 L 链恒定区（C_L）两功能区。

b. H 链功能区：IgG、IgA 和 IgD 的 H 链各有一个可变区（V_H）和三个恒定区（C_H1、C_H2 和 C_H3）共四个功能区。IgM 和 IgE 的 H 链各有一个可变区（V_H）和四个恒定区（C_H1、C_H2、C_H3 和 C_H4）共五个功能区。如要表示某一类免疫球蛋白 H 链恒定区，可在 C（表示恒定区）后加上相应重链名称（希腊字母）和恒定区的位置（阿拉伯数字），例如 IgG 重链 C_H1、C_H2 和 C_H3 可分别用 $C_\gamma1$、$C_\gamma2$ 和 $C_\gamma3$ 来表示。

Ig L 链和 H 链中 V 区或 C 区每个功能区各形成一个免疫球蛋白折叠，每个 Ig 折叠含有两个大致平行、由二硫键连接的 β-片层结构（betapleated sheet），每个 β-片层结构由 3～5 股反平行的多肽链组成。可变区中的超变区在 Ig 折叠的一侧形成超变区环，是与抗原结合的位置。

④ 功能区的作用

a. V_L 和 V_H 是与抗原结合的部位，其中 HVR（CDR）是 V 区中与抗原决定簇（或表位）互补结合的部位。V_H 和 V_L 通过非共价相互作用组成一个 FV 区。单位免疫球蛋白分子具有 2 个抗原结合位点（antigen-binding site），二聚体分泌型 IgA 具有 4 个抗原结合位点，五聚体 IgM 可有 10 个抗原结合位点。

b. C_L 和 C_H 上具有部分同种异型的遗传标记。

c. C_H2：是补体 C1q 结合点，能活化补体的经典活化途径。母体 IgG 借助 C_H2 部分可通过胎盘主动传递到胎体内。

d. C_H3：IgG C_H3 具有结合单核细胞、巨噬细胞、粒细胞、B 细胞和 NK 细胞 Fc 段受体的功能。IgM C_H3 具有补体 C1q 结合位点。IgE 的 $C_\varepsilon2$ 和 $C_\varepsilon3$ 功能区与结合肥大细胞和嗜碱性粒细胞 FcεRI 有关。

⑤ 铰链区（hinge region）　铰链区不是一个独立的功能区，但它与其客观存在功能区有关。铰链区位于 IgG 和 IgA 的 C_H1 和 C_H2 之间的区域。铰链区包括 H 链间二硫键，该区富含脯氨酸，不形成 α-螺旋，因此该区富有弹性和伸展性，当 V_L、V_H 与抗原结合时发生扭曲，使抗体分子上两个抗原结合点更好地与两个抗原决定簇发生互补，从而使 C_H2 和 C_H3 构型变化，显示出活化补体、结合组织细胞等生物学活性。铰链区对木瓜蛋白酶、胃蛋白酶敏感，当用这些蛋白酶水解免疫球蛋白分子时此区常发生裂解。IgM 和 IgE 缺乏铰

链区。

⑥ J 链和分泌成分

a. J 链（joining chain）：存在于二聚体分泌型 IgA 和五聚体 IgM 中。J 链分子量约为 15kDa，是由 124 个氨基酸组成的酸性糖蛋白，含有 8 个半胱氨酸残基，通过二硫键连接到 μ 链或 α 链的羧基端的半胱氨酸。J 链可能在 Ig 二聚体、五聚体或多聚体的组成以及在体内转运中具有一定的作用。

b. 分泌成分（secretory component，SC）：又称分泌片（secretory piece），是分泌型 IgA 上的一个辅助成分，分子量约为 75kDa，含 6% 的糖，由上皮细胞合成，以共价形式结合到 Ig 分子，并一起被分泌到黏膜表面。SC 的存在对于抵抗外分泌液中蛋白水解酶的降解具有重要作用。如图 3-4、图 3-5 所示。

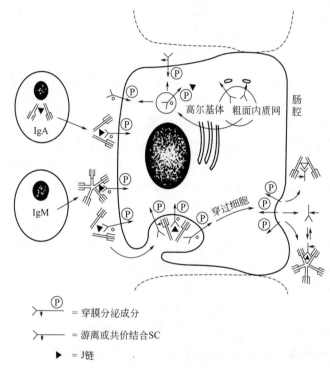

图 3-4　人分泌型 IgA 和分泌型 IgM 的局部产生示意图

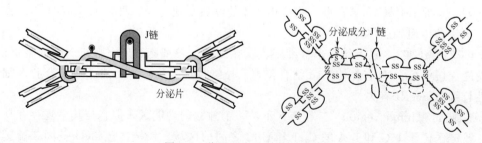

图 3-5　分泌型 IgA 结构示意图

⑦ 单体、双体和五聚体

a. 单体：由一对 L 链和一对 H 链组成的基本结构，如 IgG、IgD、IgE、血清型 IgA。

b. 双体：由 J 链连接的两个单体，如分泌型 IgA（secretory IgA，sIgA）为二聚体（或多聚体）IgA，结合抗原的亲和力（avidity）要比单体 IgA 高。

c. 五聚体：由 J 链和二硫键连接五个单体，如 IgM。μ 链 Cys414（$C_\mu 3$）和 Cys575（C 端的尾部）对于 IgM 的多聚化极为重要。在 J 链存在下，通过两个邻近单体 IgM μ 链 Cys 之间以及 J 链与邻 μ 链 Cys575 之间形成二硫键组成五聚体。由黏膜下浆细胞所合成和分泌的 IgM 五聚体，与黏膜上皮细胞表面 pIgR（poly-Ig receptor，pIgR）结合，穿过黏膜上皮细胞到黏膜表面成为分泌型 IgM（secretory IgM）。

（2）免疫球蛋白的酶解效应

水解免疫球蛋白为不同片段，是研究免疫球蛋白结构与功能的最常用方法。

① 木瓜蛋白酶水解片段　木瓜蛋白酶将 IgG 分子从重链二硫键 N 端 219 氨基酸位置上切断，共裂解为三个片段：a. 两个 Fab 段（抗原结合段，fragment of antigen binding），每个 Fab 段由一条完整的 L 链和一条约为 1/2 的 H 链组成，Fab 段分子量为 54kDa。一个完整的 Fab 段可与抗原结合，表现为单价，但不能形成凝集或沉淀反应。Fab 中约 1/2H 链部分称为 Fd 段，约含 225 个氨基酸残基，包括 V_H、$C_H 1$ 和部分铰链区。b. 一个 Fc 段（可结晶段，fragment crystallizable region），由连接 H 链二硫键和近羧基端两条约 1/2 的 H 链所组成，分子量约 50kDa。Ig 在异种间免疫所具有的抗原性主要存在于 Fc 段。如图 3-6 所示。

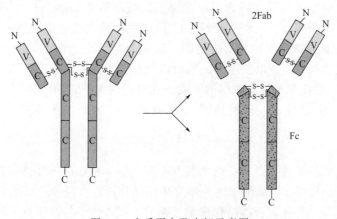

图 3-6　木瓜蛋白酶水解示意图

② 胃蛋白酶水解片段　胃蛋白酶将 IgG 分子从重链间二硫键 C 端 232 位置上切断，形成一个大片段 F(ab')$_2$ 和一些小分子多肽碎片 pFc'。

F(ab')$_2$ 具有双价抗体活性，与抗原结合可发生凝集和沉淀反应。双价的 F(ab')$_2$ 与抗原结合的亲和力要大于单价的 Fab。由于应用 F(ab')$_2$ 时保持了结合相应抗原的生物学活性，又减少或避免了 Fc 段抗原性可能引起的副作用，因而在生物制品中有较大的实际应用价值。虽然 F(ab')$_2$ 与抗原结合特性方面同完整的 Ig 分子一样，但由于缺乏 Ig 中的 Fc 片段，因此不具备固定补体以及与细胞膜表面 Fc 受体结合的功能。F(ab')$_2$ 经还原等处理后，H 链间的二硫键可发生断裂而形成两个相同的 Fab' 片段。

Fc' 可继续被胃蛋白酶水解成更小的片段，失去其生物学活性。

通过水解，去除 Fc 段免疫原性可能引起的不良反应，降低超敏反应发生，因而对生物制品的生产及临床应用具有实际应用价值，如人丙种球蛋白、破伤风抗毒素、白喉抗毒素经胃蛋白酶处理后精制提纯的制剂。如图 3-7 所示。

3. 抗体的生物学功能

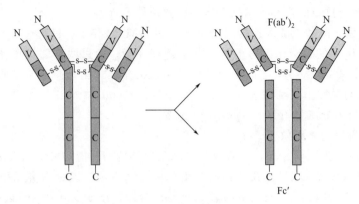

图 3-7　胃蛋白酶水解示意图

抗体分子是体液免疫应答的主要效应分子，其功能与其结构密切相关，具有多种生物学活性。

（1）特异性结合抗原

抗体分子的 V 区，特别是超变区的空间构型与相应抗原表位互补结合，如细菌、病毒、寄生虫、某些药物或侵入机体的其他异物，具有高度特异性，如白喉抗毒素只能中和白喉杆菌外毒素，而不能中和破伤风外毒素，反之亦然。抗原抗体的结合介导多种生理和药理效应，如中和毒素、中和病毒、免疫炎症等。Ig 的这种特异性结合抗原特性是由其 V 区（尤其是 V 区中的超变区）的空间构成所决定的。Ig 的抗原结合点由 L 链和 H 链超变区组成，与相应抗原上的表位互补，借助静电力、氢键以及范德华力等次级键相结合，这种结合是可逆的，并受到 pH、温度和电解质浓度的影响。在某些情况下，由于不同抗原分子上有相同的或有相似的抗原决定簇，一种抗体可与两种以上的抗原发生反应，此称为交叉反应（cross reaction）。

（2）激活补体

抗体与相应抗原特异性结合后，构型发生改变，IgG 的 C_H2 和 IgM 的 C_H3 暴露出结合 C1q 的补体结合点，与存在于血清中的补体分子相结合，并以经典途径激活补体系统，产生多种效应功能。这就是抗体的补体结合现象，揭示了抗体分子与补体分子间的相互作用。凝聚的 IgA、IgG4 和 IgE 等可通过替代途径活化补体。

（3）结合细胞表面的 Fc 受体

免疫球蛋白可通过 Fc 段与体内多种细胞表面的 Fc 受体（FcR）结合，产生多种不同的生物学效应。

① 调理作用　是指抗体、补体促进吞噬细胞吞噬细菌等颗粒性抗原的作用。在体外的实验中，如将免疫血清中加入中性粒细胞的悬液，可增强对相应细胞的吞噬作用，称这种现象为抗体的调理作用。自此揭示了抗体分子与免疫细胞间的相互作用。为了说明抗体分子这些生物学功能，必须进一步了解抗体分子结构与功能的关系。如图 3-8 所示。

② 抗体依赖的细胞介导的细胞毒作用　是指表达 Fc 受体的细胞通过识别抗体的 Fc 段，直接杀伤被抗体包被的靶细胞。

③ 介导 Ⅰ 型超敏反应　IgE 的 Fc 段与肥大细胞和嗜碱性粒细胞表面的 IgE Fc 受体结合，通过一系列作用，最后引起 Ⅰ 型超敏反应。

（4）穿过胎盘和黏膜

① 人类 IgG 是唯一能通过胎盘的免疫球蛋白，对于新生儿抗感染具有重要意义。

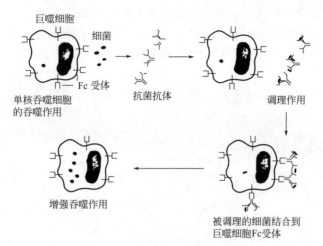

图 3-8　抗体的调理吞噬作用

② 分泌型 IgA 可通过呼吸道和消化道黏膜，是机体黏膜局部免疫的最主要因素。

（5）参与免疫调节

免疫系统的各个细胞克隆通过自我识别、相互刺激或相互制约，构成了动态平衡的网络结构。

（6）免疫球蛋白分子的抗原性

Ig 本身具有抗原性，将 Ig 作为免疫原免疫异种动物、同种异体或在自身体内可引起不同程度的免疫性。根据 Ig 不同抗原决定簇存在的不同部位以及在异种、同种异体或自体中产生免疫反应的差别，可把 Ig 的抗原性分为同种型、同种异型和独特型等三种不同抗原决定簇。

同种型（isotype）是指同一种属内所有个体共有的 Ig 抗原特异性的标记，在异种体内可诱导产生相应的抗体，换句话说，同种型抗原特异性因种属而异。同种型的抗原性位于 C_H 和 C_L。

同种异型（allotype）是指同一种属不同个体间的 Ig 分子抗原性的不同，在同种异体间免疫可诱导免疫反应。同种异型抗原性的差别往往只有一个或几个氨基酸残基的不同，可能是由于编码 Ig 的结构基因发生点突变所致，并被稳定地遗传下来。因此，Ig 同种异型可作为一种遗传标记（genetic markers），这种标记主要分布在 C_H 和 C_L 上。

独特型（idiotype）为每一种特异性 IgV 区上的抗原特异性。不同抗体形成细胞克隆所产生的 IgV 区具有与其客观存在抗体 V 区不同的抗原性，这是由可变区特别是超变区的氨基酸组成、排列和构型所决定的。所以，在单一个体内所存在的独特型数量相当大，可达 10^7 以上。独特型的抗原决定簇称为独特位（idiotope），可在异种、同种异体以及自身体内诱导产生相应的抗体，称为抗独特型抗体（anti-idiotypic antibody，Aid），独特型和抗独特型抗体可形成复杂的网络，在免疫调节中占有重要地位。

4. 五类免疫球蛋白的特性和功能

不同 Ig 其合成部位、合成时间、血清含量、分布、半衰期以及生物学活性有所差别。

（1）IgG

IgG 主要由脾和淋巴结中的浆细胞合成，以单体形式存在，存在于血清和其他体液中。

① 血清中含量最高的免疫球蛋白，占血清免疫球蛋白总量的 75%，正常人血清可达 6～16g/L。

② 唯一能通过胎盘的抗体，在新生儿抗感染方面起重要作用。

③ 机体再次体液免疫应答的主要抗体，也是抗感染的主要抗体。

④ 出现得晚，消失得晚，用于回忆性诊断和机体抗感染能力的估计。

（2）IgM

IgM 是分子量最大的免疫球蛋白（图 3-9），占血清免疫球蛋白总量的 10％，正常人血清为 0.6g/L。

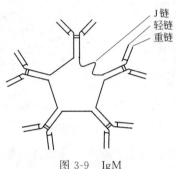

J链
轻链
重链

图 3-9　IgM

① 个体发育过程中最早合成分泌的免疫球蛋白，在胚胎后期合成，提示胎儿有宫内感染。

② 是初次免疫应答中最早产生的抗体。

③ 出现得早，消失得早，没有回忆反应，常用于感染早期的诊断。

（3）IgA

IgA 分为血清型和分泌型（sIgA）两种类型（图 3-10）。

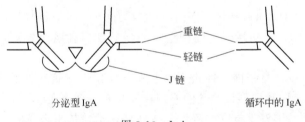

重链
轻链
J链

分泌型 IgA　　　　　　　循环中的 IgA

图 3-10　IgA

① 血清型 IgA 大部分为单体，由肠系膜淋巴组织中的浆细胞产生，主要存在于血清中，具有多种抗体活性。

② sIgA 为二聚体，由呼吸道、消化道、泌尿生殖道等处的黏膜固有层中的浆细胞产生，因此主要分布于胃肠道和支气管分泌液、初乳、唾液和泪液中。

（4）IgD

IgD 主要由扁桃体、脾等处的浆细胞产生，血清中浓度很低（约 30μg/ml），在个体发育中合成较晚，铰链区较长，易被蛋白酶水解，半衰期短，约 3 天。

IgD 分为两型：血清型 IgD 和膜结合型 IgD（mIgD）。膜结合型 IgD（mIgD）是 B 细胞分化成熟的标志。

（5）IgE

IgE 是正常人血清中含量最少的免疫球蛋白，约占免疫球蛋白总量的 0.002％，主要由黏膜下淋巴组织的浆细胞分泌，分布于呼吸道和肠道黏膜上。

① 是个体发育中最晚出现的免疫球蛋白。

② 为亲细胞抗体，其 Fc 段与肥大细胞和嗜碱性粒细胞表面的 Fc 受体结合，引起 I 型超敏反应。

③ 可能参与机体的抗寄生虫免疫。

（二）技能准备

1. 制备抗血清中关键步骤相关知识

（1）动物的选择

选择合适的动物进行免疫极为重要，选择时应考虑以下几个因素。

①抗原与免疫动物的种属差异越远越好；亲缘关系太近不易产生抗体应答（如兔-大鼠之间、鸡-鸭之间）。②抗血清量的需要：大动物如马、骡等可获得大量血清（一头成年马反复采血可获得 10000ml 以上的抗血清）；但若抗体需要不多，选用家兔或豚鼠即可。③抗血清的要求：抗血清可分为 R 型和 H 型。H 型抗血清用于沉淀反应，较难掌握，因而极少应用。④抗原的选择：对蛋白质抗原，大部分动物皆适合常用的是山羊和家兔。但是，在某些动物体内有类似的物质或其他原因，对这些动物免疫原性极差，如 IgE 对绵羊、胰岛素对家兔、多种酶类（如胃蛋白酶原等）对山羊等，免疫时皆不易出现抗体。这些物质有时可以用豚鼠（如胰岛素等）、火鸡甚至猪、狗、猫等做试验免疫。⑤甾体激素免疫多用家兔；酶类免疫多用豚鼠。

（2）免疫剂量、时间和途径

免疫原合适剂量的选定应考虑抗原性强弱、分子量大小和免疫时间。抗原需要量多，时间间隔长，剂量可适当加大。大动物抗原剂量（以蛋白抗原为准）为 0.5～1mg/只，小动物为 0.1～0.6mg/只。有时主观希望加强免疫效果而不适当地加大剂量，往往会弄巧成拙，因为剂量加大极易造成免疫耐受（免疫抑制）而遭失败。已有证明，几微克的蛋白质也能很好地免疫出抗血清。

免疫注射的途径也很重要。一般采用多点注射，一只动物注射总数为 8～10 点，包括足掌及肘窝淋巴结周围、背部两侧、颌下、耳后等处皮内或皮下。皮内易引起细胞免疫反应，对提高抗体效价有利。但皮内注射较困难，特别是天冷时更难注入（因佐剂加入后黏度较大）。其他途径还有肌内、腹腔、静脉、脑内等，但较少应用。如抗原极为宝贵，可采用淋巴结内微量注射法，抗原只需 10～100μg；方法是先用不完全佐剂在足做基础免疫（预免疫），10～15 天后可见肘窝处有肿大的淋巴结（有时在腹股沟处触及），用两手指固定好淋巴结，消毒后用微量注射器直接注射入抗原（一般不需要佐剂）。

免疫间隔时间也是重要因素，特别是首次与第二次之间更应注意。第一次免疫后，因动物机体正处于识别抗原和 B 细胞增殖阶段，如很快接着第二次注入抗原，极易造成免疫抑制。一般以间隔 10～20 天为好。第二次以后每次的间隔一般为 7～10 天，不能太长，以防刺激变弱，抗体效价不高。对于半抗原的免疫间隔则要求较长，有的 1 个月，有的长达 40～50 天，这是因为半抗原是小分子，难以刺激机体发生免疫反应之故；对于半抗原，免疫的总次数多，多为 5～8 次。如为蛋白质抗原，第 8 次免疫未获得抗体，可在 30～50 天后再追加免疫一次；如仍不产生抗体，则应更换动物。半抗原需经长时间的免疫才能产生高效价抗体，有时总时间为 1 年以上。

（3）免疫动物采血法

动物免疫 3～5 后，如抗血清鉴定合格（见相关内容），应在末次免疫后 5～7 天及时采血，否则抗体将会下降。因故未及时取血，则应补充免疫一次（肌肉、腹腔或静脉内注射，不加佐剂），过 5～7 天取血。

① 颈动脉放血法　这是最常用的方法，对家兔、山羊等动物皆可采用。在动物颈外侧做皮肤切口，拉开皮肤后可见斜行的胸锁乳突肌，将此肌钝性分离并推向后方，即可见到淡红色有弹性的总动脉。将此动脉轻轻游离（连同与之同行的迷走神经），用丝线将远心端结扎，近心端用止血钳夹住，另一止血钳夹住动脉迷走神经，用以固定。沿结扎处剪断血管，用固定止血钳将断端放入瓶口，慢慢打开夹持的止血钳，动脉血立即喷射入瓶。如此放血的速度快，动物死亡也快，取血量略少于其他放血法。如在放血大约总量的一半时，暂时将动脉夹住片刻，再继续放血，得血量可以多些。

另外一种慢放血法是在动脉内插入一采血器，用闭式放血。在颈动脉内插入一较粗的玻璃管，将血管与玻璃管用线扎牢，玻璃管接一橡皮管引血入瓶，也极为方便。

② 心脏采血法　此法多用于豚鼠、大鼠、鸡等小动物。采血技术应熟练，穿刺不准容易导致动物急性死亡。

③ 静脉多次采血法　家兔可用耳中央静脉，山羊可用颈静脉。这种放血法可隔日一次，有时可采集多量血液。如用耳静脉切开法，一只家兔可采百余毫升血液（用颈动脉放血最多可获 70～80ml，一般只有 50ml 左右）。用颈静脉采集绵羊血，一次可放 300ml，放血后立即回输 10% 葡萄糖盐水，3 天后仍可采血 200～300ml。动物休息 1 周，再加强免疫一次，又可采血 2 次。如此，一只羊可获 1500～2000ml 血液。小鼠取血往往采取断尾或摘除眼球法，每鼠得血一般不超过 2ml。

抗血清的分离多采用室温自然凝固，然后放置 37℃ 或 4℃ 待凝块收缩。前者迅速，但得血清较少；后者时间长，有时还会出现溶血，但获得血清多，而且效价不会下跌。

抗血清分出后是否要经 56℃、30min 灭活有两种不同意见。一种认为血清中有许多活性酶，特别是球蛋白的降解酶，如不清除，血清存放过程中将导致抗体效价下降。另外的意见认为，这种自然降解是微不足道的，56℃ 加温后，有些球蛋白会发生热变性或者热聚合。含这种聚合大分子蛋白的抗血清用于免疫浊度试验时，可因沉淀剂（如 PEG）的加入而发生假性浑浊。

2. 人工制备抗体

抗体用于疾病诊断和免疫防治，需求量越来越大。目前人工制备抗体是大量获得抗体的主要途径。1975 年，Kohler 和 Milstein 建立了体外细胞融合技术，获得了免疫小鼠脾细胞与恶性浆细胞瘤细胞融合的杂交瘤细胞，此实验开辟了人工抗体的规模化制备生产的发展道路。

（1）多克隆抗体的制备（见图 3-11）

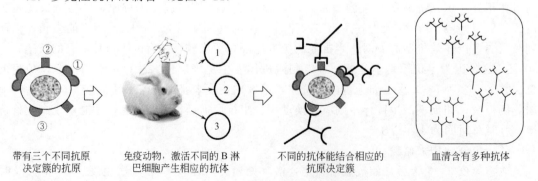

图 3-11　多克隆抗体制备示意图

① 多克隆抗体定义　多克隆抗体是指在含多种抗原表位的抗原物质刺激下，体内多个 B 细胞克隆被激活，并产生针对多种不同抗原表位的抗体混合物。

② 多克隆抗体应用　多克隆抗体能识别主要为蛋白质类的特定抗原，被应用于免疫印迹、放射性免疫测定（RIA）、酶联免疫吸附试验（ELISA）、间接和直接荧光抗体试验、红细胞凝集实验、免疫组化、免疫沉淀试验、免疫扩散、亲和色谱、酶学以及分离基因产物等。多克隆抗体的使用非常广泛，国内外有超过 100 家的生物公司在专门生产多克隆抗体。

与单克隆抗体相反，多克隆抗体来自于多个 B 细胞克隆，这些 B 细胞克隆在免疫原刺激下分化为能产生抗体的浆细胞。免疫原或抗原（Ag）是能够引起体液免疫应答的任一底物，如蛋白质、脂类或碳水化合物。

为了制备多克隆抗体，需要将免疫原接种到宿主内，这同疫苗的注射是相似的。当免疫原在一定条件下接种到宿主体内时，产生免疫应答并最终导致 B 细胞增殖分化为能分泌抗体的浆细胞。收集血浆分离抗体可供使用。

（2）单克隆抗体制备（图 3-12）

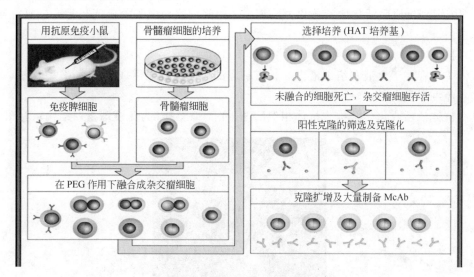

图 3-12　单克隆抗体的制备

HAT：次黄嘌呤（H）、氨基蝶呤（A）和胸腺嘧啶核苷（T）；HGPRT：次黄嘌呤-鸟嘌呤磷酸核糖转移酶

① 单克隆抗体定义　包括一种永生细胞（骨髓瘤细胞）与产生一种预定特异性抗体的 B 细胞融合的标准化程序来创建杂交瘤细胞，以生产特异性的单克隆抗体。

② 单克隆抗体技术的基本原理　哺乳类细胞的 DNA 合成分为从头合成和补救合成两条途径。前者利用磷酸核糖焦磷酸和尿嘧啶，可被氨基蝶呤（A）阻断；后者则在次黄嘌呤-鸟嘌呤磷酸核糖转移酶（HGPRT）存在下利用次黄嘌呤（H）和胸腺嘧啶（T）；脾细胞和骨髓瘤细胞在聚乙二醇（PEG）作用下可发生细胞融合；加入 HAT 选择培养基（含 H、A 和 T）后，未融合的骨髓瘤细胞因其从头合成途径被氨基蝶呤阻断而又缺乏 HGPRT 不能利用补救途径合成 DNA，因而死亡；未融合的脾细胞因不能在体外培养而死亡；融合细胞因从脾细胞获得 HGPRT，故可在 HAT 选择培养基中存活和增殖。融合形成的杂交瘤细胞系成为杂交瘤，其既有骨髓瘤细胞大量扩增和永生的特性，又具有免疫 B 细胞合成和分泌特异性抗体的能力。

③ 单克隆抗体应用　1975 年，Kohler 和 Milstein 开发了产生预定的单特异性的单克隆

抗体（mAb）的细胞株的方法（他们因此获得了诺贝尔奖）。单克隆抗体在结构和组成上高度均一，抗原特异性及同种型一致，易于体外大量制备和纯化，因此，具有纯度高、特异性强、效价高、少或无血清交叉反应、制备成本低等优点，已广泛用于疾病诊断，特异性抗原的鉴定、分离、消除、活化或检测，疾病的被动免疫治疗和生物导向药物制备等。

二、项目实施

任务一　抗伤寒杆菌血清的制备

1. 试识别抗体、抗血清及免疫球蛋白

（1）抗体

B 细胞识别抗原后活化增殖分化为浆细胞，由浆细胞合成和分泌能与相应抗原特异性结合的球蛋白。

（2）抗血清

抗体主要存在于血液和组织液内，含有抗体的血清为抗血清或免疫血清。

（3）免疫球蛋白

具有抗体活性或化学结构与抗体相似的球蛋白。图 3-13 为免疫球蛋白结构示意图。

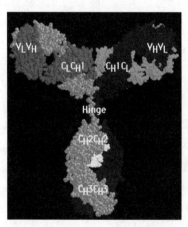

图 3-13　免疫球蛋白结构示意图

2. 抗伤寒杆菌血清简介

将具有免疫原性的伤寒杆菌菌液注入动物体内，经过一定时间，可刺激机体相应 B 细胞增殖、分化形成浆细胞并分泌与伤寒杆菌结合的特异性抗体。当被免疫动物血清中出现大量能结合伤寒杆菌的特异性抗体时，这种含抗体的血清称为免疫血清。

由于抗原分子表面的不同决定簇为不同特异性的 B 细胞克隆所识别，因此由某一抗原刺激机体后产生的抗体，实际上为针对该抗原分子表面不同决定簇的抗体混合物（即多克隆抗体）。优质免疫血清的产生，主要取决于抗原的纯度和免疫原性以及动物应答的能力。此外，尚需考虑免疫途径、抗原剂量、注射次数、时间间隔、有无佐剂等因素。

3. 抗伤寒杆菌血清的制备

（1）所需设备和材料（见表 3-1）

表 3-1 制备抗伤寒杆菌血清所需设备和材料

设备或材料	数量	设备或材料	数量
家兔(体重 2～3kg/只)	1 只(每组)	伤寒杆菌 H901	1 支(共用)
伤寒杆菌 O901	1 支(共用)	标准比浊管	20 支(共用)
无菌生理盐水	1000ml(共用)	0.5％石炭酸盐水	500ml(共用)
0.5％甲醛盐水	100ml(共用)	离心机	3 台(共用)
营养琼脂培养基	1000ml(共用)	离心管	若干

(2) 制备过程

① 抗原的准备　所用的菌种伤寒杆菌 H901 和伤寒杆菌 O901 应具有典型形态菌落及生化反应,在生理盐水中不发生自身凝集,与特异血清有高度凝集者可作为菌种。

② 菌液的制备

a. 原液制备

(a) H 菌液的制备:将合格的伤寒杆菌 H 菌株接种于普通琼脂的克氏瓶或大试管内于 37℃孵育 18～24h。肉眼观察有无杂菌生长,必要时做镜检。用无菌甲醛生理盐水洗下菌苔,将洗下液体装入无菌试管内,置 37℃恒温箱 18～24h,得到原液。用作无菌试验即将菌液接种于肉汤及琼脂培养基培养 4 天,无活菌生长者才可使用。

(b) O 菌液的制备:将合格的伤寒杆菌 O 菌株依上法培养后,用无菌 0.5％石炭酸盐水将菌苔洗下,洗液装入无菌试管置于 37℃温箱中 18～24h 杀菌得原液。经检查无菌时可以使用(如无伤寒杆菌 O 菌株,也可用 H 菌株制备 O 抗原,即用 0.5％石炭酸生理盐水洗下 H 菌苔,菌液置于 100℃水浴 60min,破坏其 H 抗原即为 O 菌液)。

b. 应用液的制备:合格的原液用标准比浊管计算含菌落数目后,用生理盐水稀释至每毫升含菌 10 亿。应用液则是加入适量甲醛盐水使其浓度为 0.25％。制备好的原液及应用液均保存在 2～10℃冰箱中备用,有效期为 1 年。菌液浓度的计算及稀释法如下,菌液的浓度可用麦克法伦特氏标准比浊法来测定,方法如下。

第一步,分别配制 1％硫酸(H_2SO_4)溶液及 1％氯化钡($BaCl_2$)溶液。

第二步,取口径相等、质地相同的试管 10 支,依表 3-2 所示分别将硫酸及氯化钡溶液加入,封固管口,注明号码备用。

表 3-2 菌液配制管号识别列表

管号	1	2	3	4	5	6	7	8	9	10
1％$BaCl_2$/ml	0.1	0.2	0.3	0.4	0.5	0.6	0.7	0.8	0.9	1.0
1％H_2SO_4/ml	9.9	9.8	9.7	9.6	9.5	9.4	9.3	9.2	9.1	9.0
相当菌数/(亿个/ml)	3	6	9	12	15	18	21	24	27	30

第三步,将洗下的细菌原液放入与比浊管相同的试管中并予以一定稀释。与标准比浊管相比较,视其浊度相当于比浊管的第几管,然后将比浊管相当菌数乘以稀释倍数即可得到每毫升中所含细菌的数量。如细菌原液 1:5 稀释后其浊度与第 3 管相当,则原液每毫升含菌数为 9×5=45 (亿个)。

第四步,菌液的稀释可按下列公式计算。

$$\frac{原液体积(ml)\times原液每毫升含菌数}{欲得稀释液浓度}-原液体积(ml)=所需加盐水的体积(ml)$$

式中,原液每毫升含菌数单位为亿个;欲得稀释液浓度单位为亿个/ml。

如原液 5ml，每毫升含菌 45 亿个，今欲稀释为每毫升含菌 10 亿个的溶液应加生理盐水的体积（毫升）为：$(5 \times 45)/10 - 5 = 17.5ml$，即细菌原液 5ml 加生理盐水 17.5ml 稀释即成。

③ 免疫方法

第一步，选择体重 2～3kg 的健康雄兔 2～3 只，由耳静脉采血 1ml，分离血清。与进行免疫用的细菌做凝集试验，测定有无天然凝集素，如无或微量时，该动物可用于免疫。

第二步，将已稀释的抗原按表 3-3 所示剂量及程序注入兔耳静脉。

表 3-3　制备抗伤寒杆菌血清免疫计划表

日期	第 1 天	第 5 天	第 10 天	第 15 天	第 20 天
注射剂量	0.5ml	1ml	1.5ml	2ml	2.5ml

第三步，末次注射后 7 天耳静脉采血 1ml，分离血清。用上述菌液做试管凝集试验，滴定抗菌血清中抗体的效价，效价在 1∶2000 以上可放血。若效价不高可再增量注射菌液 1～2 次，再行试血，试血合格可颈动脉放血，血液放入 4℃ 冰箱中自然析出血清，加入防腐剂（如万分之一的硫化汞）于 4℃ 保存备用。

（3）结果

观察血清的量及颜色，并做好标记。

（4）注意事项

① 免疫家兔时注意无菌操作，以防感染。

② 分离血清时所用器皿要干燥、清洁，以防溶血。

任务二　抗绵羊红细胞血清的制备（溶血素的制备）

1. 所需设备和材料（见表 3-4）

表 3-4　制备抗绵羊红细胞血清所需设备和材料

设备或材料	数量	设备或材料	数量
家兔(体重 2～3kg/只)	1 只(每组)	红细胞悬液	25ml(共用)
无菌生理盐水	1000ml(共用)	保存液(阿氏液)	250ml(共用)
移液枪(500μl)	3 支(每组)	离心机	3 台(共用)
离心管	若干	冰箱	1 台(共用)

2. 制备过程

（1）红细胞悬液的制备

① 采血　采取的绵羊血与灭菌的 Alsever 保存液等量混合，置冰箱中，可保存数周。

② 洗涤红细胞　先将抗凝血液离心沉淀（2000r/min×5min）吸去上层血浆。加入 2～3 倍的生理盐水并用毛细滴管反复吹打混匀，离心沉淀 5min，吸去上清液。如此连续洗 3 次，最后一次可离心沉淀 10min 以使红细胞密集管底。直至上清液透明无色再吸去上清液，留密集红细胞备用。洗涤 4 次则红细胞变脆不适于使用。

③ 用生理盐水将红细胞配成需要浓度，即为试验用的红细胞悬液。如需 10％红细胞悬液时，则吸取 1ml 洗涤后的红细胞加生理盐水 9ml 即成。

（2）免疫方法

① 选择 2～3kg 健康雄兔，按表 3-5 所示剂量及程序进行免疫。

表 3-5 制备抗绵羊红细胞血清免疫计划表

日期	剂量/ml	途径
第1天 红细胞悬液 全血	全血 0.5	皮内
第3天 红细胞悬液 全血	全血 1.0	皮内
第5天 红细胞悬液 全血	全血 1.5	皮内
第7天 红细胞悬液 全血	全血 2.0	皮内
第9天 红细胞悬液 全血	全血 2.5	皮内
第12天 红细胞悬液 全血	全血 1.0	静脉
第15天 红细胞悬液 全血	全血 1.0	静脉

② 末次注入后 7 天,耳静脉采血 1ml,滴定血清中抗体效价达 1:2000 以上可颈动脉放血,收集血液后放入 4℃冰箱中自然析出血清,放等量甘油防腐,分装无菌安瓿,贮于 4℃中备用。

任务三 抗人血清抗体的制备

1. 所需设备和材料(见表 3-6)

表 3-6 制备抗人血清抗体所需设备和材料

设备或材料	数量	设备或材料	数量
家兔(体重 2~3kg/只)	1只(每组)	健康人血清	250ml(共用)
石蜡油	1瓶(共用)	羊毛脂	1瓶(共用)
卡介苗	1支(共用)	无菌生理盐水	1000ml(共用)
离心机	3台(共用)	无菌研钵	2个(每组)
注射器(1ml)	10支(每组)	冰箱	1台(共用)

2. 制备过程

(1)弗氏佐剂的制备

将羊毛脂与石蜡油按 1:5 比例混合,高压灭菌。

(2)人血清-弗氏完全佐剂的制备

将灭菌佐剂一份置研钵中,边研磨边滴加等量的含卡介苗 3~4mg/ml 的抗原液,使成油色水乳剂,研磨要充分,使乳剂滴入冰水中不扩散。

(3)免疫动物

可采用一次性免疫法,即将抗原与佐剂制成的乳剂分多个点在兔背部皮肤注射,也可注入足底 2~4 针,各 0.45ml,总量约 2ml。

(4)结果

1 个月后试血,血液效价达 1:2000 以上可颈动脉放血,收集血液后放入 4℃冰箱中自然析出血清,放等量甘油防腐,分装无菌安瓿,贮于 4℃中备用。

三、项目拓展

(一)免疫球蛋白基因的结构和抗体多样性

Ig 分子是由三个不连锁的 Igκ、Igλ 和 IgH 基因所编码。Igκ、Igλ 和 IgH 基因定位于不同的染色体上(表 3-7)。编码一条 Ig 多肽链的基因是由在胚系中多个分隔的 DNA 片段

（基因片段）经重排而形成的。1965 年，Dreyer 和 Bennet 首先提出假说，认为 Ig 的 V 区和 C 区是由分隔存在的基因所编码，在淋巴细胞发育过程中这两个基因发生易位而重排在一起。1976 年，日本学者利根川进应用 DNA 重组技术证实了这一假说。利根川进由此获得 1987 年医学和生理学诺贝尔奖。

表 3-7 免疫球蛋白基因定位

编码多肽链	基因符号（人）	基因染色体定位	
		人	小鼠
κ 轻链	Igκ	2	6
λ 轻链	Igλ	22	16
重链	IgH	14	12

1. Ig 重链基因的结构和重排

（1）重链 V 区基因

H 链 V 区是由 V、D、J 三种基因片段经重排后组成。

① H 链 V 区组成

a. V 基因片段：小鼠 V_H 基因段约为 250～1000，人的 V_H 基因片段约为 100。V 基因片段编码 V_H 的信号序列和 V 区靠 N 端 98 个氨基酸残基，包括 CDR1 和 CDR2。

b. D 基因片段：D 是指多样性（diversity）。D 基因片段仅存在于 H 链，不存在于 L 链。小鼠 D_H 共有 12 个片段，人的 D_H 片段的数目还不完全清楚，可能有 10～20 个。D 片段编码 H 链 CDR3 中大部分氨基酸残基。

c. J 基因片段：J 是连接（joining）的意思。J_H 连接 V 基因片段和 C 基因片段。小鼠 J_H 有 4 个，人有 9 个 J_H 片段，其中 6 个是有功能的。J 基因片段编码 CDR3 的其余部分氨基酸残基和第 4 个骨架区。

② H 链 V 区基因的易位：首先发生 D 与 J 基因片段的连接形成 D-J，然后 V 基因片段与 D-J 基因片段连接。H 链 V 区基因的易位和连接是通过七聚体-间隔序列-九聚体识别信号和重组酶而完成的。

（2）重链 C 区基因

① C 基因片段小鼠 H 链区基因片从 5′ 端到 3′ 排列的顺序是 C_μ-C_δ-$C_\gamma 3$-$C_\gamma 1$-$C_\gamma 2b$-C_ϵ-$C_\alpha 2$，人 H 链 C 区基因的顺序为 C_μ-C_δ-$C_\gamma 3$-$C_\gamma 1$-$C_\epsilon 2$（pseudo 基因）- $C_\alpha 2$- $C_\gamma 2$-C_γ- C_ϵ- $C_\alpha 2$（图 3-14，图 3-15）。

② Ig 类别转换（class switch）：是指一个 B 细胞克隆在分化过程中，V 基因不变，而 C_H 基因片段不同重排，比较 C_H 基因片段重排后基因编码的产物，其 V 区相同，而 C 区不同，即识别抗原的特异性相同，而 Ig 的类或亚类发生改变。Ig 可能是通过缺失模式（deletion model）和 RNA 剪接（splicing）两种机制来实现类别的转换。

（3）膜表面 Ig 重链基因

膜表面 Ig（surface membrane immunoglobulin，SmIg）是 B 细胞识别抗原的受体。SmIg 和分泌性 Ig 的 H 链结构相类似，所不同的是 SmIg H 链的羧基端多含一段穿膜的疏水性氨基酸残基和胞浆区。因此 SmIg H 链的转录本（transcript）要比分泌型 Ig H 链转录本多 1～2 个外显子。编码 H 链的羧基端部分，其氨基酸残基的数目视 H 链不同而有差异，如在小鼠或人 SmIg μ 链的这一部分长约 41 个氨基酸残基，而小鼠 SmIg ε 链此区域却有 72

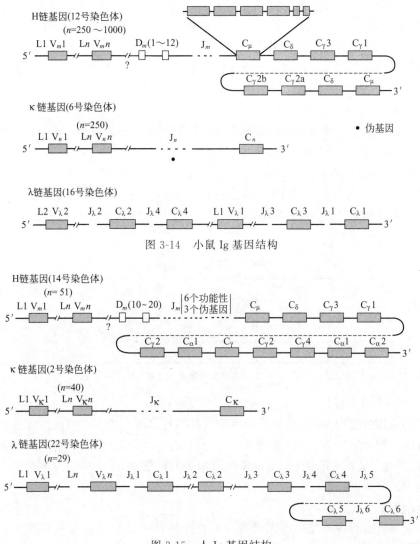

图 3-14 小鼠 Ig 基因结构

图 3-15 人 Ig 基因结构

个氨基酸残基。

这个区域包括三个部分：①一个酸性间隔子，与 H 链最后一个 C_H 功能区相同，位于胞膜外侧；②含 26 个氨基酸残基的疏水区，为穿膜部分；③胞浆内部分，3～28 个氨基酸残基不等。

2. Ig 轻链基因的结构和重排

在 IgH 链基因重排后，L 链可变区基因片段随之发生重排。在 L 链中，κ 链基因先发生重排，如果 κ 基因重排无效，随即发生 λ 基因的重排。L 链区 CDR1、CDR2 和大部分 CDR3 由 V_κ 或 V_λ 基因片段所编码（V_κ 编码 95 个氨基酸残基），J_κ 或 J_λ 基因片段编码 CDR3 的其余部分和第四个骨架区（J_λ 编码从 96 位到 108 位氨基酸）。L 链无 D 基因片段。

（1）κ 链基因的结构和重排

κ 链基因是 V 基因片段（V_κ）、J 基因片段（J_κ）和 C 基因片段（C_κ）重排后组成。小鼠 V_κ 基因片段约有 250 个，J_κ 有 5 个，其中 4 个为功能基因），C_κ 只有 1 个。人 V_κ 基因片段约有 100 个，J_κ 有 5 个，C_κ 只有 1 个。V_κ 与 C_κ 之间以随机方式发生重排。

（2）λ链基因的结构和重排

λ链基因也是由 V_λ、J_λ 和 C_λ 基因片段经重排后组成。小鼠 V_λ 基因片段有 3 个：$V_\lambda 1$、$V_\lambda 2$、$V_\lambda 3$；J_λ 和 C_λ 各有 4 个基因片段，分为 $J_\lambda 2C_\lambda 2$、$J_\lambda 4C_\lambda 4$ 和 $J_\lambda 3C_\lambda 3$、$J_\lambda 1C_\lambda 1$ 两组。它们的基因重排比较复杂。人 λ链确切的重排情况还不清楚，但已知人 V_λ 约有 100 个，C_λ 数目至少有 6 个，每个 C_λ 与各自的 J 基因片段相连。

3. 抗体多样性的遗传学基础

机体对外界环境中种类众多的抗原刺激可产生相应的特异性抗体，推算出抗体的多样性在 10^7 以上。抗体多样性主要由基因控制。

（1）胚系（germ line）中众多的 V、D、J 基因片段

在胚系上，尚未重排的 Ig 基因片段数量相当多，这是生物在长期进化中形成的。表 3-8 列举了小鼠 H 链和 κ 链重排的多样性以及 H 链和 κ 链相互随机配对所推算的多样性数目。

表 3-8　小鼠 Ig 多样性举例

多肽链	基因片段数			V 区基因重组方式	经重排的随机配对后[①]推算的多样性数目	
	V	D	J			
H 链	1000	12	4	V-D-J	4.8×10^4	4.8×10^7
κ 链	250	—	4	V-J	1.0×10^3	

① 多样性数目不包括 VDJ 连接多样性、N 区插入和体细胞突变所增加的多样性数目。

（2）VDJ 连接的多样性

轻链基因重排过程中，V-J 连接点以及重链基因重排过程中 D-J 以及 V-D-J 连接点有一定的变异范围，例如轻链 V_L 基因片段 $3'$ 端 5 个核苷酸 CCTCC 和 J_L 基因片段 $5'$ 端 4 个核苷酸 GTGG 连接时，9 个核苷酸中只有 6 个核苷酸编码轻链第 95、96 位氨基酸，可产生 8 种不同的连接方式。

（3）体细胞突变

体细胞在发育过程中可发生基因突变。以长期体外培养的 B 细胞前体为例，每个细胞每个碱基对的突变率为 $1\times10^{-5}\sim43\times10^{-5}$，这种点突变主要发生在 V 基因。体细胞突变扩展了原有胚系众多基因片段重排的多样性。

（4）N 区的插入

在 IgH 链基因片段重排过程中，有时可通过无模板指导的机制，在重组后 D 基因片段的两侧即 $V_H\text{-}D_H$ 或 $D_H\text{-}J_H$ 连接处额外插入称为 N 区的几个核苷酸。N 区不是由胚系基因所编码。在 N 区插入前，先通过外切酶切除 $V_H\text{-}D_H$ 或 $D_H\text{-}J_H$ 连接处几个碱基对，然后通过末端脱氧核苷酸转移酶（terminal deoxynucleotidyl transferase，TdT）连接上 N 区。由于额外插入了 N 区，可发生移码突变（frame shift mutation），使插入部位以及下游的密码子发生改变，从而编码不同的氨基酸，大大地增加了抗体的多样性。

（5）L 链、H 链相互随机配对

如表 3-8 所示，小鼠 H 链和 κ 链随机配对后推算其多样性可达 4.8×10^7，如果再加上 H 链与 λ 链的随机配对其多样性应更多了。

（二）人类免疫球蛋白的主要理化性质和生物学特性比较

具体比较见表 3-9。

表 3-9　人类免疫球蛋白的主要理化性质和生物学特性比较

特　性	IgG	IgM	IgA	IgD	IgE
重链	γ	μ	α	δ	ε
轻链	κ,λ	κ,λ	κ,λ	κ,λ	κ,λ
其他成分	—	J	J,SP	—	—
分子量	150	900	170/400	180	190
重链亚类	$\gamma_1 \sim \gamma_4$	—	α_1,α_2		
血清含量/(g/L)	6~16	0.6~2	2~5	0.03~0.05	0.002
占血清 Ig 总量/%	75	10	10~15	<1	<0.001
主要存在形式	单体	五聚体	单体/双体	单体	单体
开始形成时间	生后 3 个月	胎儿末期	生后 4~6 个月	较晚	较晚
半衰期/天	23	5	5	3	3
血清含量达正常成人水平的年龄/岁	5	0.5~1	4~12		
抗原结合价	2	5~10	2,4	2	2
经典途径活化补体	++	++++	—		
替代途径活化补体	+(IgG4)	—	+		+
通过胎盘	+	—	—		
进入外分泌液	—	±	+		+
结合吞噬细胞	++	±	+		+(嗜酸性粒细胞)
结合肥大细胞和嗜碱性粒细胞	+(IgG4)				+++
结合 SPA	+	—	±		

（三）免疫应答

1. 免疫应答的基本概念

免疫应答（或免疫反应）是指抗原特异性淋巴细胞对抗原分子的识别、自身活化、增殖、分化及产生免疫效应的全过程。免疫应答最基本的生物学意义是识别"自己"与"非己"，从而清除"非己"的抗原性物质，保护机体免受异己抗原的侵袭。它是多细胞、多成分参与的复杂过程，包括固有性免疫应答和获得性免疫应答。

固有性免疫应答为非特异性免疫应答，是生物体与生俱来的抵御微生物和外来异物侵袭的能力。固有性免疫应答的屏障结构包括皮肤、黏膜、体表分泌液等，参与的组分主要有黏膜上皮细胞、吞噬细胞、NK 细胞、补体和溶菌酶等。

获得性免疫应答为特异性免疫应答，是指固有性免疫应答启动后，机体免疫系统接受抗原刺激后，淋巴细胞特异性识别抗原，自身活化、增殖、分化，发挥特异性生物学功能的全过程，其免疫应答效应是固有性免疫应答的 100 倍。因此，通常免疫应答指的就是获得性免疫应答。

另外，根据免疫应答的细胞类型和效应不同分为 T 细胞介导的细胞免疫应答和 B 细胞介导的体液免疫应答以及黏膜免疫应答；根据免疫活性细胞对抗原刺激的反应状态分为正免疫应答和负免疫应答。

2. 免疫应答的基本过程

免疫应答的整个过程可分为三个阶段，三者为紧密联系的连续过程，见表 3-10。

表 3-10　免疫应答基本过程

识别阶段	活化、增殖和分化阶段	效应阶段
Ag 与免疫细胞间的相互作用	免疫细胞间的相互作用	效应细胞和效应分子与靶细胞（或靶分子）间的相互作用
抗原的摄取、处理和加工、递呈及识别	膜受体的交联,膜信号的产生与传递,细胞增殖、活化与分化,生物活性递质的合成与释放	效应细胞和效应分子对靶细胞或靶分子的排异作用、引起组织的损伤作用（炎症）和免疫应答的调节

续表

识别阶段	活化、增殖和分化阶段	效应阶段
抗原──┌APC 　　　├T 　　　└B	┌T细胞与B细胞的增殖与分化 │抗体的产生与释放 │细胞因子的产生与释放 │效应T细胞的产生 └免疫记忆细胞的产生	抗体分子 效应T细胞 ┐排异 ┌免疫保护┌抗感染 　　　　　 └或排己 │　　　　└抗肿瘤 　　　　　　　　　　 └免疫病理┌自身免疫 　　　　　　　　　　　　　　　├变态反应 　　　　　　　　　　　　　　　├移植排斥 　　　　　　　　　　　　　　　└移植物抗宿主反应 免疫增强系统:补体分子、细胞因子、NK细胞、肥 大细胞、Mφ、粒细胞系红细胞、血小板

① 抗原递呈和识别阶段　抗原递呈细胞将抗原物质吞噬,处理成 T 细胞可以识别的形式。

② 增殖分化阶段　T 细胞能够识别 APC 表面的抗原肽-MHC 分子复合物,并被激活,进而增殖、分化成为效应细胞。在此过程中 T 细胞活化需要两个信号:TCR 与抗原肽-MHC 分子复合物的特异性结合为第一活化信号;T 细胞与 APC 表面的多种黏附分子的相互作用为第二活化信号。

③ 效应阶段　在免疫应答的效应阶段,抗原成为被作用的对象。抗体和致敏的淋巴细胞可以与抗原进行特异的免疫反应。

a. 抗原递呈细胞（antigen presenting cell，APC）　抗原递呈细胞（APC）是能摄取、加工处理抗原,并将抗原递呈给淋巴细胞的一类免疫细胞,在机体免疫应答过程中发挥着重要作用。主要的抗原递呈细胞是树突状细胞（DC）、巨噬细胞和 B 细胞（图 3-16）。根据 APC 细胞表面膜分子表达情况和功能的差异,可将其分为专职 APC（单核-吞噬细胞系统、树突状细胞、B 细胞等）和非专职 APC（内皮细胞、纤维母细胞、上皮细胞等）。专职 APC 能表达 MHC Ⅱ类抗原和其他参与 T 细胞活化的共刺激分子;非专职 APC 仅在炎症过程中受到 IFN-γ 诱导,才能表达 MHC Ⅱ类分子并处理和递呈抗原（表 3-11）。

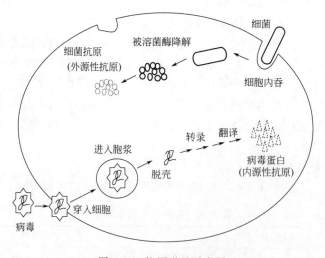

图 3-16　抗原递呈示意图

ⓐ 树突状细胞（DC）　广泛分布于脑以外全身各组织和器官,这些细胞在初次免疫应答中非常重要。颗粒性抗原和可溶性抗原在外周被非成熟 DC 摄取并被转移到淋巴系统

表 3-11　各种抗原递呈细胞的特性

特性	树突状细胞（DC）	MHC 巨噬细胞	B 细胞
抗原摄取	组织中 DC 的巨胞饮和吞噬作用	吞噬作用	抗原特异性受体
MHC 表达	组织中 DC 低表达 淋巴组织 DC 高表达	细菌和细胞因子诱导表达	组成型表达 活化后增加
共刺激分子递送	成熟 DC 组成型表达	可诱导	可诱导
抗原递呈	肽、病毒抗原、过敏原	颗粒抗原	可溶性抗原

然后到淋巴结，并发育为成熟 DC。成熟 DC 为 T 细胞的强有力刺激剂，但是它们因没有内吞作用而不能加工抗原，抗原仍由位于组织部位的非成熟 DC 通过非特异性微胞饮作用进行加工，它们随后迁移到淋巴系统进行递呈抗原并上调共刺激分子活化 T 细胞。因此，总结 DC 的生理学功能如下：ⅰ. 抗原递呈功能；ⅱ. 调节免疫应答，DC 能递呈抗原并激发免疫应答，尤其是能激活初始 T 细胞，此效应是启动特异性免疫应答的关键步骤。

ⓑ 巨噬细胞（macrophage，Mφ）　巨噬细胞分布在全身，能够活化和调节获得性免疫反应，并且是固有免疫反应的一部分。它是参与非特异性免疫和特异性免疫的重要细胞，参与吞噬消化、杀伤肿瘤细胞、加工递呈抗原、调节免疫应答、介导炎症反应。当淋巴细胞识别 APC 加工后的抗原时，启动体液免疫应答。为了能正确识别，它们必须由存在于细胞表面的 MHC 协助识别，巨噬细胞能够在 MHC Ⅰ 复合体或 MHC Ⅱ 复合体的协助下递呈抗原。

ⓒ B 细胞　B 细胞是参与体液免疫应答的重要的免疫细胞，也可以作为专职 APC，特别是作为可溶性蛋白质的 APC。B 细胞成为抗体分泌浆细胞前，在 B 细胞表面表达免疫球蛋白或 B 细胞受体（BCR）。B 细胞高表达 MHC Ⅱ类分子，能摄取、加工处理抗原，并将抗原肽-MHC Ⅱ复合物表达于细胞表面，递呈给 Th 细胞，主要通过 B 细胞表面 BCR 可特异性识别和结合抗原，再进行内吞。BCR 在特异性识别和结合抗原的同时，也向 B 细胞提供了第一活化信号，因此该途径对激发针对 TD 抗原的体液和细胞免疫应答均具有重要意义（图 3-17）。

b. 抗原递呈　T 细胞借助其表面 TCR 识别抗原物质，但一般情况下不能直接识别可溶性蛋白抗原，它只能识别和 MHC 分子结合成复合物的抗原肽。细胞质胞浆内自身产生或摄入胞内的抗原消化降解为一定大小的抗原肽片段，以适合与胞内 MHC 分子结合，此过程称为抗原加工（antigen processing）或抗原处理。抗原肽与 MHC 分子结合成抗原肽-MHC 分子复合物，并表达在细胞表面，以供 T 细胞识别，此过程称为抗原递呈（antigen presenting）。

3. B 细胞介导的免疫应答

（1）B 细胞对胸腺依赖型抗原（TD-Ag）的免疫应答

① 第一阶段　Th（辅助 T 细胞）的活化、增殖和分化需要两个信号。

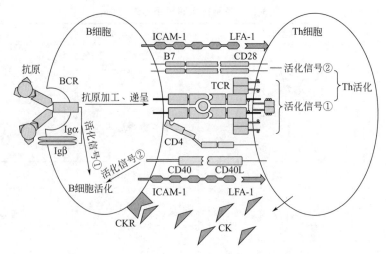

图 3-17 B 细胞与 Th 细胞的相互作用

a. 第一活化信号：TCR-Ag（肽）、T 细胞对抗原的识别-TCR 复合体。

b. 第二活化信号：CD28-B7、VLA-4-CAM-1 等协同刺激分子配对。

② 第二阶段 B 细胞活化需要双信号。

a. 第一活化信号：BCR-Ag（肽）、B 细胞对抗原的识别-BCR 复合体。

b. 第二活化信号：CD40-CD40L、LFA-1-ICAM-1 等协同刺激分子配对。

③ 第三阶段 B 细胞增殖分化成浆细胞，分泌出抗体与抗原结合启动补体系统杀灭抗原或 B 细胞分泌出细胞因子直接杀灭抗原。

（2）B 细胞对非胸腺依赖型抗原（TI-Ag）的免疫应答

无需 Th 细胞辅助就可激活 B 细胞，B 细胞增殖分化成浆细胞，分泌出抗体与抗原结合启动补体系统杀灭抗原或 B 细胞分泌出细胞因子直接杀灭抗原。

4. T 细胞介导的免疫应答

即 T 细胞在 TD 抗原刺激和其他辅助因素的作用下，活化、增殖、分化成为效应 T 细胞并发挥生物学效应的过程。T 细胞介导的免疫应答主要针对胞内感染的病原体，包括抗细菌、抗毒素、抗真菌和抗寄生虫感染等。

（1）$CD8^+$ Tc 细胞介导的生物学效应

$CD8^+$ Tc 细胞可以通过多种机制杀伤靶细胞，且多种机制相互配合共同发挥作用，最主要的有两种途径。

① 穿孔素-颗粒酶途径。

② Fas/FasL 途径 活化的 Tc 细胞即刻表达 FasL，其配体为靶细胞表面的 Fas，两者结合通过一系列信号转导过程，最后激活内源性 DNA 内切酶，导致核小体断裂，细胞结构被破坏，细胞死亡。

（2）Tc 细胞的生物学效应

可以直接特异性杀伤肿瘤细胞，还可以分泌细胞因子促进巨噬细胞、NK 细胞等发挥抗肿瘤的作用。

5. 初次免疫应答和再次免疫应答

（1）基本概念

① 初次免疫应答 特定抗原初次刺激机体后，机体血清中逐渐出现抗原特异性抗体的

过程。

② 再次体液免疫应答 指曾被某种抗原免疫过的机体再次接触相同抗原时，血清中迅速出现该抗原特异性抗体的过程。具体分为潜伏期、对数期、平台期、下降期四个阶段。

（2）临床应用

① 初次应答特点 潜伏期长；主要产生低亲和力的 IgM 类抗体；抗体浓度低；维持时间较短。

② 再次应答特点 潜伏期短，约为初次应答的一半；主要产生高亲和力的 IgG 类抗体；抗体浓度高；维持时间长。

这些原理主要应用于疫苗的多次注射。

初次免疫应答与再次免疫应答如图 3-18 所示。

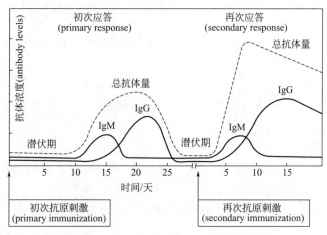

图 3-18 初次免疫应答与再次免疫应答

（四）免疫耐受

1. 基本概念

（1）免疫耐受

免疫耐受是机体免疫系统在接触特定抗原后产生的对该抗原的特异性免疫无反应状态，或称负免疫反应。

（2）免疫缺陷

免疫缺陷是由于免疫系统结构的完整性受到破坏，使之无法发挥正常的免疫功能。

（3）免疫抑制

免疫抑制是机体受到化学、物理或疾病等因素的影响，使免疫系统不能发挥正常作用。

2. 分类

（1）天然免疫耐受

天然免疫耐受是机体免疫系统对自身抗原呈现无反应性，亦称自身耐受。

（2）获得性免疫耐受

由人工给予非己抗原诱导而形成的免疫耐受称为获得性免疫耐受。

3. 免疫耐受形成的条件

免疫耐受的形成取决于机体和抗原两方面的因素，需要机体的免疫系统与抗原接触，免疫耐受的维持需要耐受原的持续存在。

（1）抗原方面因素

抗原物质进入机体可能是耐受原，但在另外的情况下可能是免疫原，这主要取决于抗原的理化性质、剂量、进入机体的途径以及个体的遗传背景。一般来说，与机体遗传背景接近或分子结构小而简单的抗原，易诱导免疫耐受；颗粒性大分子易被 APC 摄取、处理、递呈而成为免疫原。

（2）机体方面的因素

人们早已认识到，胚胎和新生儿期的免疫系统接触抗原后，极易诱导耐受性，且持续时间长甚至可达终生。而对成年个体一般不易诱导耐受，如果诱导则所需抗原剂量大，且常需联合应用其他免疫抑制措施，并且形成的耐受维持时间短。

4. 免疫耐受的发生机制

根据免疫耐受发生的部位不同，可分为中枢免疫耐受和外周免疫耐受。

（1）中枢免疫耐受

不成熟 T 细胞及 B 细胞分别在胸腺及骨髓微环境进行发育的过程遇到自身抗原所形成的耐受称为中枢耐受。

（2）外周免疫耐受

成熟的 T 细胞及 B 细胞在外周遇到抗原所形成的耐受称为外周耐受，主要有以下几种情况。

① 外周成熟的自身反应性细胞被清除。

② 诱导外周成熟的自身反应性 T 细胞"无能"：T 细胞、B 细胞活化需要双信号激活，即抗原刺激信号和协同刺激信号。

③ 免疫忽视：潜在的自身反应性淋巴细胞对某些自身抗原表现为"不识别"，即免疫忽视。

④ 自身反应性 T 细胞主动抑制：体内具有免疫抑制功能的细胞和分子，如自然抑制细胞、抑制性巨噬细胞在免疫耐受中有重要作用。

⑤ 其他：$CD4^+$ T 细胞可杀死无能 B 细胞，把特异性识别鸡卵溶菌酶（HEL）的 $CD4^+$ T 细胞过继给 HEL 已致敏的小鼠，则原有的无能 B 细胞消失。

要点解读

➤ 知识体系构建（图 3-19）

➤ 用木瓜蛋白酶水解 Ig，可得到两个 Fab 段和一个 Fc 段，Fab 段具有抗体活性，Fc 段具有激活补体、与具有 Fc 受体的细胞结合等生物学活性。

➤ 各类球蛋白：IgG 是主要的抗感染抗体，也是唯一能通过胎盘的抗体；IgM 是个体发育中最早合成的抗体，在感染早期发挥重要作用；IgA 是机体局部黏膜防御感染的重要因素；IgE 主要介导 I 型超敏反应。

➤ 单克隆抗体是由一个 B 细胞杂交瘤细胞产生的，只针对某一特定的抗原表位的抗体。

➤ 抗原抗体特异性结合能在体外（试管内、玻片上）适当的条件下呈现凝聚、沉淀等可见的反应现象。因此，可用已知抗体检测未知抗原；也可用已知抗原检测未知抗体。

➤ 专业词汇英汉对照表

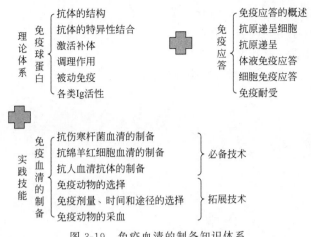

图 3-19 免疫血清的制备知识体系

抗体	antibody, Ab	免疫球蛋白	immunoglobulin, Ig	重链	heavy chain, H
抗毒素	antitoxin	恒定区	constant region, C	轻链	light chain, L
木瓜蛋白酶	papain	功能区	domain region		
胃蛋白酶	pepsin	多克隆抗体	polyclonal antibody		
高变区	hypervariable region, HVR	单克隆抗体	monoclonal antibody, McAb		
互补决定区	complementarity determining region, CDR	抗原递呈细胞	antigen-presenting cell, APC		
抗原结合片段	fragment of antigen binding, Fab	体液免疫	humoral immunity		
可结晶片段	fragment crystallizable, Fc	细胞免疫	cellular immunity		
抗体依赖性细胞介导的细胞毒作用	antibody dependent cell-mediated cytotoxicity, ADCC	树突状细胞	dendritic cell, DC		
单核-巨噬细胞系统	mononuclear phagocyte system, MPS	抗原加工	antigen processing		
共刺激分子	co-stimulatory molecule	抗原递呈	antigen presenting		
初次应答	primary immune response	再次应答	secondary immune response		

项目思考

1. 绘出免疫球蛋白分子基本结构图

（1）绘出免疫球蛋白分子基本结构图；（2）标出各个区域的中文名称，并解释其主要功能；（3）写出五种免疫球蛋白的名称及主要功能。

2. 画图说明 B 细胞产生抗体的过程。

3. 免疫球蛋白分为哪几类？划分依据是什么？

4. 举例说明抗体有些什么样的功能。

5. HAT 培养基有什么功能？

6. B 细胞如何产生抗体？

7. 抗体和抗血清（免疫血清）有什么关系？

8. 如何预防和治疗伤寒杆菌感染？

9. 抗体和免疫球蛋白有什么关系？

10. 影响制备特异性强、效价高的抗血清的因素有哪些？

11. 如何保存抗血清？

项目四 抗原抗体反应的临床检验

项目介绍

1. 项目背景

某诊断试剂盒公司研制和生产了一批基于抗原抗体反应的诊断试剂盒，可用于鉴定血型、判断检测未知细菌、测定血清效价等。如其中一种诊断试剂盒用于×××医院输血前为病人做的血型鉴定试验，以防止血型不合，红细胞凝集成团妨碍血液循环，对病人造成危害；另一种诊断试剂盒用于×××医院病人血清效价测定，从而判断病人是否患有某种疾病，以及疾病的程度。生产企业的科研人员、一线生产人员研发和生产诊断试剂盒，医院临床检验的人员应用诊断试剂盒，这些工作都需要理解抗原抗体反应原理并能应用这些知识。

2. 项目任务描述

任务一　ABO血型鉴定

任务二　玻片凝集反应检测未知细菌

任务三　布氏杆菌病平板凝集反应

任务四　环状沉淀反应测定血清效价

任务五　单向琼脂扩散检测人血清中的免疫球蛋白

任务六　双向琼脂扩散试验检测未知细菌

任务七　免疫电泳实验检测抗原

任务八　对流免疫电泳检测人血清

任务九　火箭电泳试验检验血清中抗原的含量

学习指南

【学习目标】

1. 能通过掌握凝集试验的原理和操作过程，判定ABO血型。

2. 能正确掌握凝集试验的概念、类型并了解凝集试验的目前研究现状。

3. 能正确掌握凝集试验的原理和操作过程，判定检测未知细菌。

4. 能通过掌握沉淀反应的原理和操作过程，测定血清效价。

5. 能正确掌握沉淀反应的概念、类型并了解凝集试验的目前研究现状。

6. 能正确掌握沉淀反应的原理和操作过程，检测未知细菌。

7. 能正确掌握免疫电泳技术检测抗原、血清。

【学习方法】

1. 利用网络课程开展课下学习。

2. 模拟医院鉴定科血液检测场景，学生作为检测人员，教师作为监察人员完成抗原和抗体反应相关临床检验，如ABO血型鉴定、血液中未知抗原检测、布氏杆菌病平板凝集反应、环状沉淀反应测定血清效价、单向琼脂扩散检测人血清中的免疫球蛋白等。

3. 通过参观医院检验科，熟悉检验标准操作规程，了解医院实际检测项目。

一、项目准备

（一）知识准备

1. 抗原抗体反应

（1）抗原抗体反应的基本原理

抗原抗体反应（antigen-antibody reaction）是指抗原与相应抗体之间所发生的特异性结合反应。可发生于体内，也可发生于体外。体内反应可介导吞噬、溶菌、杀菌、中和毒素等作用；体外反应则根据抗原的物理性状、抗体的类型及参与反应的介质（例如电解质、补体、固相载体等）不同，可出现凝集反应、沉淀反应、补体参与的反应及中和反应等各种不同的反应类型。因抗体主要存在于血清中，在抗原或抗体的检测中多采用血清做试验，所以体外抗原抗体反应亦称为血清反应（serologic reaction）。抗原与抗体的特异性结合，发生在抗原表位和抗体分子超变区之间，是一种分子表面的结合。构型高度互补抗原表位，抗体超变区紧密接触。

抗原与抗体能够特异性结合是基于两种分子间的结构互补性与亲和性，这两种特性是由抗原与抗体分子的一级结构决定的。抗原抗体反应可分为两个阶段，第一为抗原与抗体发生特异性结合的阶段，此阶段反应快，仅需几秒至几分钟，但不出现可见反应。第二为可见反应阶段，抗原抗体复合物在环境因素（如电解质、pH、温度、补体）的影响下，进一步交联和聚集，表现为凝集、沉淀、溶解、补体结合介导的生物现象等肉眼可见的反应。此阶段反应慢，往往需要数分钟至数小时。实际上这两个阶段难以严格区分，而且两阶段的反应所需时间亦受多种因素和反应条件的影响，若反应开始时抗原抗体浓度较大且两者比较适合，则很快能形成可见反应。

① 抗原抗体结合力　抗原和抗体的结合不形成牢固的共价键，而是以非共价键结合在一起，有四种分子间引力参与并促进抗原、抗体间的特异性结合，主要有静电引力或库仑引力、范德华引力、氢键结合力和疏水作用力（见图 4-1）。其中以疏水作用力在抗原抗体反应中作用最强，约占总结合力的 50%。

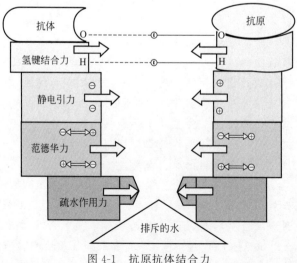

图 4-1　抗原抗体结合力

a. 电荷引力（库仑引力或静电引力）：这是抗原抗体分子带有相反电荷的氨基和羧基基团之间相互吸引的力。例如，一方在赖氨酸离解层带阳离子化的氨基残基（—NH_3^+），另一方在天冬氨酸电离后带有阴离子化的羧基（—COO^-）时，即可产生静电引力，两者相互吸引，可促进结合。这种引力和两电荷间的距离的平方成反比。两个电荷越接近，静电引力越强；反之，这种引力便很微弱。

b. 范德华引力：这是原子与原子、分子与分子互相接近时发生的一种吸引力，实际上也是电荷引起的引力。由于抗原与抗体两个不同的大分子外层轨道上电子之间相互作用，使得两者电子云中的偶极摆动而产生吸引力，促使抗原抗体相互结合。这种引力的能量小于静电引力。

c. 氢键结合力：氢键是由分子中的氢原子和电负性大的原子如氮、氧等相互吸引而形成的。当具有亲水基团（例如—OH、—NH_2及—COOH）的抗体与相对应的抗原彼此接近时，可形成氢键桥梁，使抗原与抗体相互结合。氢键结合力较范德华引力强，并更具有特异性，因为它需要有供氢体和受氢体才能实现氢键结合。

d. 疏水作用：抗原抗体分子侧链上的非极性氨基酸（如亮氨酸、缬氨酸和苯丙氨酸）在水溶液中与水分子间不形成氢键。当抗原表位与抗体结合点靠近时，相互间正、负极性消失，由于静电引力形成的亲水层也立即失去，排斥了两者之间的水分子，从而促进抗原与抗体间的相互吸引而结合。这种疏水结合对于抗原、抗体的结合是很重要的，提供的作用力最大。

② 亲水胶体转化为疏水胶体　抗原与抗体结合的过程有以下三步（图 4-2）。

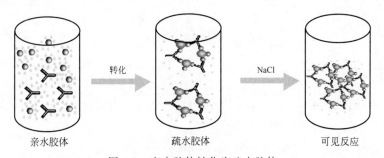

亲水胶体　　　　　　　　疏水胶体　　　　　　　可见反应

图 4-2　亲水胶体转化为疏水胶体

第一步亲水胶体：抗体是球蛋白，大多数抗原亦为蛋白质，它们溶解在水中皆为胶体溶液，不会发生自然沉淀。这种亲水胶体的形成机制是因蛋白质含有大量的氨基和羧基残基，这些残基在溶液中带有电荷，由于静电作用，在蛋白质分子周围出现了带相反电荷的电子云。如在 pH 7.4 时，某蛋白质带负电荷，其周围出现极化的水分子和阳离子，这样就形成了水化层，再加上电荷的相斥，就保证了蛋白质不会自行聚合而产生沉淀。

第二步疏水胶体：抗原与抗体发生结合，使电荷减少或消失，电子云也消失，蛋白质由亲水胶体转化为疏水胶体。

第三步可见反应：形成大的、可见的抗原抗体复合物。如有一定的电解质存在，如NaCl，可以中和胶体粒子表面的电荷，使疏水胶体靠拢聚集。

③ 抗原抗体反应特点

a. 特异性：抗原抗体反应具有高度的特异性，即一种抗原只能与由它刺激机体所产生的抗体结合。抗原与抗体的结合实质上是抗原表位与抗体超变区中抗原结合点之间的结合。由于两者在化学结构和空间构型上呈互补关系，所以抗原与抗体的结合具有高度的特异性

（见图 4-3）。这种特异性如同钥匙和锁的关系。例如白喉抗毒素只能与相应的外毒素结合，而不能与破伤风外毒素结合。但较大分子的蛋白质常含有多种抗原表位，如果两种不同的抗原分子上有相同的抗原表位，或抗原、抗体间构型部分相同，皆可出现交叉反应。

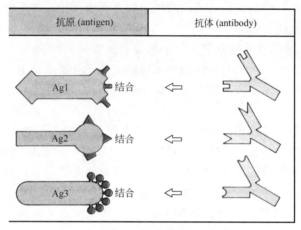

图 4-3　抗原抗体反应特异性

b. 可逆性：抗原与抗体的结合并不牢固。在一定条件下，如低 pH 、冻融、高浓度盐类等，抗原抗体复合物可以解离，这种特性称为抗原抗体结合的可逆性。

ⓐ 可逆平衡：达到可逆平衡时，结合与解离速度相等。抗原抗体反应动态平衡公式如下。

$$[Ag]+[Ab]\underset{K_2}{\overset{K_1}{\rightleftharpoons}}[Ag\text{-}Ab]$$

式中，$[Ag]$ 为相应分子的抗原表位；$[Ab]$ 为抗体分子结合位点；K_1 为结合常数；K_2 为解离常数。

ⓑ 抗原与抗体的亲和力：抗原抗体反应遵循生物大分子热动力学反应原则，其反应式如下。

$$[Ab\text{-}Ag]/[Ab]\cdot[Ag]=k_1/k_2=K$$

式中各反应项的单位以 mol 表示，k_1 为反应速率常数；k_2 为逆反应速率常数；K 为反应平衡常数。由上式可知，K 值是反映抗原抗体间结合能力的指标，所以抗体亲和力通常以 K 值表示。K 值表示抗原抗体结合的稳定性和亲和性，K 值越大，亲和性越高，抗原抗体结合越牢固。

抗原抗体复合物解离取决于两方面的因素，一是抗体对相应抗原的亲和力；二是环境因素对复合物的影响。高亲和性抗体的抗原结合点与抗原表位的空间构型非常适合，两者结合牢固，不容易解离；反之，低亲和性抗体与抗原形成的复合物较易解离，解离后的抗原或抗体均能保持未结合前的结构、活性及特异性。在环境因素中，凡是减弱或消除抗原抗体亲和力的因素都会使逆向反应加快，复合物解离增加。如 pH 改变、过高或过低的 pH 均可破坏离子间引力。对亲和力本身较弱的反应体系而言，仅增加离子强度即可解离抗原抗体复合物；增加温度可增加分子间的热动能，加速已结合的复合物的解离。但由于温度变化易致蛋白质变性，所以实际工作中极少应用。改变 pH 和离子强度是最常用的促解离方法，免疫技术中的亲和色谱就是以此为根据纯化抗原或抗体的。

c. 比例性：抗原与抗体结合能否出现肉眼可见的反应，取决于二者分子比例是否合适。

当抗原、抗体分子比例合适时，可相互联结成巨大的网格状立体聚集物，出现肉眼可见的反应。当抗原或抗体过量时，因过剩一方结合价不能饱和，多呈游离形式存在，只能形成较小的聚集物，肉眼难以观察到。

在抗原与抗体特异性反应时，生成结合物的量与反应物的浓度有关。无论在一定量的抗体中加入不同量的抗原或在一定量的抗原中加入不同量的抗体，均可发现只有在两者分子比例合适时才出现最强的反应。以沉淀反应为例，若向一排试管中加入一定量的抗体，然后依次向各管中加入递增量的相应可溶性抗原，根据所形成的沉淀物及抗原抗体的比例关系可绘制出反应曲线（图4-4）。从图中可见，曲线的高峰部分是抗原、抗体分子比例合适的范围，称为抗原抗体反应的等价带（zone of equivalence）。在此范围内，抗原、抗体充分结合，沉淀物形成快而多。其中有一管反应最快，沉淀物形成最多，上清液中几乎无游离抗原或抗体存在，表明抗原与抗体浓度的比例最为合适，称为最适比。在等价带前后分别为抗体过剩或抗原过剩，无沉淀物形成，这种现象称为带现象（zone phenomenon）。出现在抗体过量时，称为前带（prezone），出现在抗原过剩时，称为后带（postzone）。

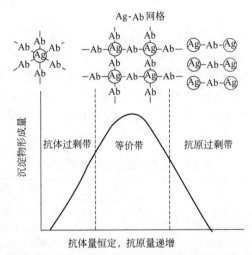

图 4-4　沉淀反应中沉淀量与抗原、抗体的比例关系
Ag—抗原；Ab—抗体

关于抗原、抗体结合后如何形成聚合物，曾经有过不少解释。结合现代免疫学的成就和电镜观察所见，可用 Marrack（1934）提出的网格学说（lattice theory）加以说明。因为大多数抗体的巨大网格状聚集体形成肉眼可见的沉淀物。但当抗原或抗体过量时，由于其结合价不能相互饱和，就只能形成较小的沉淀物或可溶性抗原抗体复合物。

在用沉淀反应对不同来源的抗血清进行比较后，发现抗体可按等价带范围大小分为两种类型，即 R 型抗体和 H 型抗体。R 型抗体以家兔免疫血清为代表，具有较宽的抗原、抗体合适比例范围，只在抗原过量时，才易出现可溶性免疫复合物，大多数动物的免疫血清均属此型。H 型抗体以马免疫血清为代表，其抗原与抗体的合适比例范围较窄，抗原或抗体过量，均可形成可溶性免疫复合物。人和许多大动物的抗血清皆属 H 型。

（2）抗原抗体反应的影响因素

抗原和抗体两种物质是抗原抗体反应的主体，其本身的性质会影响抗原抗体反应，同时抗原抗体反应还受到下列环境条件的影响。

① 电解质　适当浓度的电解质作为抗原、抗体的稀释液或反应液，可加快抗原、抗体

结合后由亲水胶体变为疏水胶体,出现可见反应。免疫学实验中多采用 0.85% NaCl 溶液作为抗原、抗体的稀释液及反应液。由于 NaCl 在水溶液中解离成 Na^+ 和 Cl^-,可分别中和胶体粒子上的电荷,使胶体粒子的电势下降。当电势降至临界电势(12~15mV)以下时,则能促使抗原抗体复合物从溶液中析出,形成可见的沉淀物或凝集物。

② 酸碱度 抗原抗体反应必须在适当的 pH 环境中进行。蛋白质具有两性电离性质,因此每种蛋白质都有固定的等电点。抗原抗体反应中一般以 pH 6.0~8.0 为宜。pH 过高或过低都将影响抗原与抗体的理化性质,例如 pH 达到或接近抗原的等电点时,即使无相应抗体存在,也会引起颗粒性抗原非特异性的凝集,造成假阳性反应。

③ 温度 在一定范围内,温度升高可加速分子运动,抗原与抗体碰撞机会增多,使反应加速。但若温度高于 56℃ 时,可导致已结合的抗原、抗体再解离,甚至变性或破坏。在 40℃ 时,结合速度慢,但结合牢固,更易于观察。常用的抗原抗体反应温度为 37℃。每种试验都有其独特的最适反应温度,例如冷凝集素在 4℃ 左右与红细胞结合最好,20℃ 以上反而解离。此外,适当振荡也可促进抗原、抗体分子的接触,加速反应。

(3) 抗原抗体反应类型

根据抗原和抗体性质的不同及反应条件的差别,抗原抗体反应表现为不同的形式。颗粒性抗原表现为凝集反应;可溶性抗原表现为沉淀反应;在补体参与下,细菌抗原表现为溶菌反应,红细胞抗原表现为溶血反应,毒素抗原表现为中和反应等。利用这些类型的抗原抗体反应建立了各种免疫学技术,在医学检验中广泛用于抗原和抗体的检测。为了提高反应的敏感性和特异性,发展了一些新的试验类型,如标记的抗原抗体反应等。表 4-1 为抗原抗体反应的基本类型。

表 4-1 抗原抗体反应的基本类型

反应类型	实验技术	检验方法
沉淀反应	液相沉淀试验 琼脂凝胶扩散 琼脂电泳技术	观察沉淀、检验浊度 观察扫描沉淀线或沉淀环 观察扫描沉淀峰或沉淀弧等
凝集反应	直接凝集试验 间接凝集试验 凝集抑制试验 协同凝集试验 抗球蛋白试验 冷凝集素试验	用肉眼、放大镜或显微镜观察红细胞或胶乳等颗粒和各种凝集现象
补体参与的反应	补体溶血试验 补体结合试验	以肉眼或光电比色仪观察测定溶血现象
中和反应	病毒中和试验 毒素中和试验	病毒感染性丧失 外毒素毒性丧失
免疫标记	荧光免疫技术 放射免疫技术 酶标免疫技术 发光免疫技术 金标免疫技术	检测荧光现象 检测放射性强度 检测酶底物显色 检测发光强度 检测金颗粒沉淀

2. 凝集反应

(1) 凝集反应基本概念

① 凝集反应的定义 细菌、红细胞等颗粒性抗原,或表面覆盖抗原(或抗体)的颗粒

状物质（如红细胞、聚苯乙烯胶乳等），与相应抗体（或抗原）结合，在适当电解质存在条件下，出现肉眼可见的凝集现象，称为凝集反应（agglutination）。

② 凝集反应的特点 凝集试验是一个定性的检测方法，即根据凝集现象出现与否判断结果阳性或阴性。也可进行半定量检测，即将标本做一系列倍比稀释后反应，以出现阳性反应的最高稀释度作为滴度（titer）。凝集反应的特点是方法简便、灵敏度高，是一种通用的免疫学试验，在临床检验中被广泛应用。

凝集反应的发生可分为两个阶段，这两个阶段并不是严格区分的，所需的反应时间也受多种因素影响。

阶段一，抗原抗体的特异性结合阶段，此阶段反应快，仅需数秒至数分钟，但不出现可见反应。

阶段二，出现可见的凝集反应阶段，这一阶段抗原抗体复合物在环境因素（如适当的电解质和离子强度）作用下，进一步聚集和交联，因而出现可见的凝集现象。此阶段反应慢，需数分钟至数小时。

（2）凝集反应类型

凝集反应可分为直接凝集反应和间接凝集反应。自身红细胞凝集试验和抗球蛋白参与的凝集试验是两种特殊的凝集反应。

① 直接凝集反应

a. 直接凝集反应定义 细菌、螺旋体和红细胞等颗粒性抗原和相应抗体直接结合，在适当电解质存在的条件下，出现肉眼可见的凝集小块，称为直接凝集反应。凝集反应中的抗原称为凝集原（agglutinogen），抗体称为凝集素（agglutinin）。

b. 直接凝集反应分类 常用的凝集试验有玻片凝集试验和试管凝集试验两种。

ⓐ 玻片凝集试验：为定性试验方法，一般用已知抗体作为诊断血清，与受检颗粒抗原如菌液或红细胞悬液各加一滴在玻片上，混匀，数分钟后即可用肉眼观察凝集结果，出现颗粒凝集的为阳性反应。此法简便、快速，适用于从病人标本中分离得到的菌种的诊断或分型。玻片法还用于红细胞 ABO 血型的鉴定。

ⓑ 试管凝集试验：为半定量试验方法，在微生物学检验中常用已知细菌作为抗原液与一系列稀释的受检血清混合，保温后观察每管内抗原凝集程度，通常以产生明显凝集现象的最高稀释度作为血清中抗体的效价，亦称为滴度。在试验中，由于电解质浓度和 pH 不适当等原因，可引起抗原的非特异性凝集，出现假阳性反应，因此必须设不加抗体的稀释液作对照组。

临床上常用的直接试管凝集试验为肥达试验（Widal test）和外斐试验（Weil-Felix test）。在输血时也常用于受体和供体两者的红细胞和血清的交互配血试验。

② 间接凝集反应

a. 间接凝集反应定义 将可溶性抗原（或抗体）先吸附于适当大小的颗粒性载体的表面，然后与相应抗体（或抗原）作用，在适宜的电解质存在的条件下，出现特异性凝集现象，称间接凝集反应（indirect agglutination）或被动凝集反应（passive agglutination）。这种反应适用于各种抗体和可溶性抗原的检测，其敏感度高于沉淀反应，因此被广泛应用于临床检验。

b. 间接凝集反应分类 根据致敏所用的试剂和反应方式不同，可分为 4 种反应类型：正向间接凝集试验、反向间接凝集试验、间接凝集抑制试验和协同凝集试验。

ⓐ 正向间接凝集反应：用抗原致敏载体以检测标本中的相应抗体，如图 4-5 所示。

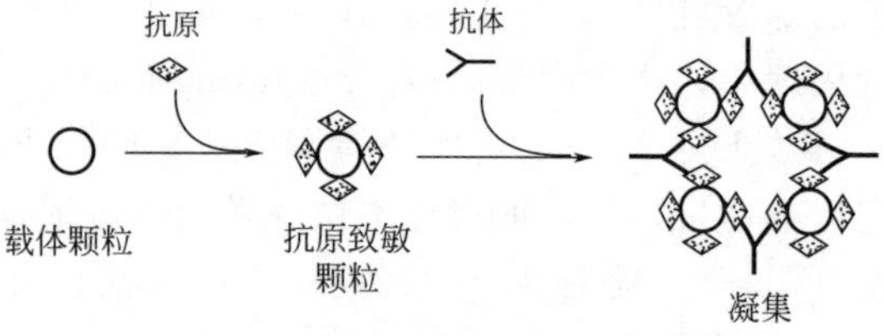

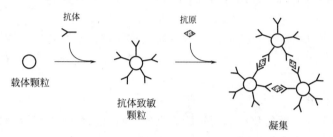

图 4-5　正向间接凝集反应原理示意图

ⓑ 反向间接凝集反应：用特异性抗体致敏载体以检测标本中的相应抗原，如图 4-6 所示。

图 4-6　反向间接凝集反应原理示意图

ⓒ 间接凝集抑制反应：诊断试剂为抗原致敏的颗粒载体及相应的抗体，用于检测标本中是否存在与致敏抗原相同的抗原。检测方法为：将标本先与抗体试剂作用，然后再加入致敏的载体，若出现凝集现象，说明标本中不存在相同抗原，抗体试剂未被结合，因此仍与载体上的抗原起作用。如标本中存在相同抗原，则凝集反应被抑制。同理可用抗体致敏的载体及相应的抗原作为诊断试剂，以检测标本中的抗体，此时称反向间接凝集抑制反应，如图 4-7所示。

图 4-7　间接凝集抑制反应原理示意图

ⓓ 协同凝集反应：协同凝集反应（coagglutination）与间接凝集反应的原理相类似，但所用载体既非天然的红细胞，也非人工合成的聚合物颗粒，而是一种金黄色葡萄球菌，它的菌体细胞壁中含有 A 蛋白（staphylococcus protein A，SPA），SPA 具有与 IgG 的 Fc 段结合的特性，因此当这种葡萄球菌与 IgG 抗体连接时，就成为抗体致敏的颗粒载体。如与相应抗原接触，即出现反向间接凝集反应。协同凝集反应也适用于细菌的直接检测。

在间接凝集反应中，可用作载体的颗粒种类很多，常用的有动物或人红细胞、细菌和多种惰性颗粒，如聚苯乙烯胶乳、皂土及明胶颗粒、活性炭、火棉胶等。在临床检验中最常用的为间接血凝试验和胶乳凝集试验。

3. 沉淀反应

（1）沉淀反应定义

沉淀反应（precipitation）是一种血清学反应，是指可溶性抗原（如细菌浸出液、含菌病料浸出液、血清以及其他来源的蛋白质、多糖、类脂体等）与相应抗体在适当条件下发生特异性结合而出现的沉淀现象。1897年，Kraus发现细菌培养液与相应抗血清混合时可出现沉淀现象。

（2）沉淀反应特点

沉淀反应中的抗原叫沉淀原（precipitinogen），与沉淀原发生反应的抗体称为沉淀素（precipitin）。沉淀反应的发生机制与凝集反应基本相同，不同之处是：沉淀原分子小，单位体积内总面积大，故在定量试验时，通常稀释抗原。

沉淀反应分两个阶段，第一阶段发生抗原抗体特异性结合，第二阶段形成可见的免疫复合物。经典的沉淀反应在第二阶段通过观察或测量沉淀线或沉淀环等来判定结果，称为终点法；而快速免疫浊度法则在第一阶段测定免疫复合物形成的速率，称为速率法。现代免疫技术（如各种标记免疫技术）多是在沉淀反应的基础上建立起来的，因此沉淀反应是免疫学方法的核心技术。

（3）沉淀反应的分类

根据沉淀反应中使用介质和检测方法不同，沉淀反应可分为液相沉淀试验、凝胶沉淀试验和免疫电泳类技术。

① 液相沉淀试验　液相沉淀试验是指以适当电解质缓冲液为反应介质的沉淀试验，根据实验方法和沉淀现象不同，将液相沉淀试验分成三类，包括絮状沉淀试验、凝胶试验和免疫电泳试验。

② 凝胶沉淀试验　凝胶沉淀试验是以适当浓度的琼脂（或琼脂糖）凝胶作为介质，使抗原和抗体在凝胶介质中自由扩散形成浓度梯度，在比例适当处出现可见的沉淀线或沉淀环。具体可分为单向琼脂扩散试验和双向琼脂扩散试验。

③ 免疫电泳类技术　免疫电泳类技术是抗原与相应抗体在直流电场的作用下，在凝胶内加速定向泳动，在比例合适处形成可见沉淀物。该技术实质上是在直流电场中进行的凝胶扩散试验。

（二）技能准备

1. 液相沉淀试验

液相沉淀试验是指抗原、抗体在以生理盐水或其他无机盐缓冲液为反应介质的液相内自由接触，短时间可出现反应。

（1）环状沉淀试验

把抗原液小心地加于已含抗体液的细试管液面上，当对应的抗原与抗体相遇，在界面处形成清晰的乳白色沉淀环。

特点：这种方法敏感度较低、简便、易受抗原与抗体比例影响，临床常用于测定抗原抗体反应的最适比。

（2）絮状沉淀试验

絮状沉淀试验为历史较久又较有用的方法。该法要点是：将抗原与抗体溶液混合在一起，在电解质存在下，抗原与抗体结合，形成絮状沉淀物。这种沉淀试验受到抗原和抗体比例的直接影响，因而产生了两种最适比例的基本测定方法。

① 抗原稀释法　抗原稀释法是将可溶性抗原做一系列稀释，与恒定浓度的抗血清等量混合，置室温或37℃反应后，产生的沉淀物随抗原的变化而不同。表4-2是以牛血清白蛋白为例的实验结果。

从表4-2可以看出，1～5管为抗体过剩管，7～10管为抗原过剩管，唯第6管沉淀物最

表 4-2 抗原稀释法定量沉淀试验　　　　　　mmol/L

管号	抗原	抗体	总沉淀量	反应过剩物	抗原沉淀量	抗体沉淀量	沉淀中 Ab/Ag
1	0.003	0.68	0.093	Ab	0.003	0.090	30.0
2	0.005	0.68	0.145	Ab	0.005	0.140	28.0
3	0.011	0.68	0.249	Ab	0.011	0.238	21.7
4	0.021	0.68	0.422	Ab	0.021	0.401	19.1
5	0.032	0.68	0.571	Ab	0.032	0.539	16.8
6	0.043	0.68	0.734	—	0.043	0.691	16.1
7	0.064	0.68	0.720	Ag	—	—	—
8	0.085	0.68	0.601	Ag	—	—	—
9	0.171	0.68	0.464	Ag	—	—	—
10	0.341	0.68	0.368	Ag	—	—	—

多，两者之比为 16 : 1，即最适比。

② 抗体稀释法　本法采用恒定的抗原量与不同程度稀释的抗体反应，计算结果同上法，得出的是抗体结合价和最适比。

现今，为了取得抗原与抗体的最佳比例，已将以上两法相结合，即抗原和抗体同时稀释，称为棋盘格法（亦称方阵法），找出最佳配比。举例见表 4-3。

表 4-3 方阵最适比测定

抗体稀释度	抗原稀释度								
	1/10	1/20	1/40	1/80	1/160	1/320	1/640	1/1280	对照
1/5	+	++	+++	+++	++	+	±	—	—
1/10	+	++	++	++	+++	++	+	—	—
1/20	+	+	++	++	+++	++	+	—	—
1/40	—	±	+	+	++	+++	++	—	—
1/80	—	—	—	—	+	+	+	+	—

注："+"为沉淀物量，+最多为最适比。

从表 4-3 可以看出，方阵法可较准确地找出抗原与抗体的最适比。如抗体用 1 : 40，抗原则按 1 : 320 稀释；如抗原是 1 : 160，抗体则用 1 : 10 或 1 : 20 最为恰当。

（3）免疫浊度测定

经典的沉淀试验有 4 个缺点无法克服，即操作繁琐、敏感度低（10～100μg/ml）、时间长和难以自动化。根据抗原与抗体能在液体内快速结合的原理，20 世纪 70 年代出现了微量免疫沉淀测定法，即免疫透射浊度测定、免疫胶乳浊度测定和免疫散射浊度测定法。这 3 种技术皆已常规用于临床体液蛋白的检测，并已创造出了多种自动化仪器。

免疫浊度测定的基本原理是：抗原抗体在特殊缓冲液中快速形成抗原抗体复合物，使反应液出现浊度。当反应液中保持抗体过量时，形成的复合物随抗原量增加而增加，反应液的浊度亦随之增加，与一系列的标准品对照，即可计算出受检物的含量。

免疫浊度测定法按照仪器设计的不同可以分为两种，即比浊仪测定和散射比浊仪测定。比浊仪测定是测量由于反射、吸收或散射引起的入射光衰减，其读数以吸光度 A 表示。A 值反映了入射光与透射光的比率（$A = 2 - \lg T$，T 代表浊度百分比）。散射比浊仪测定是测量入射光遇到质点（复合物）后呈一定角度散射的光量，该散射光经放大后以散射值表示。两者的比较见图 4-8。

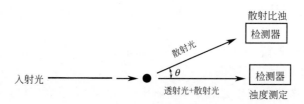

图 4-8　透射光和散射光测定比较

由于免疫复合物的形成有时限变化，当抗原抗体相遇后立即结合成小复合物（<19S），几分钟到几小时才形成可见的复合物（>19S）。作为快速比浊测定，这种速度太慢，加入聚合剂（或促聚剂）可加速大的免疫复合物形成。目前促聚剂多用聚乙二醇（分子量6000～8000），浓度约为 4%。

浊度测定亦有其弱点，其一是抗原或抗体量大大过剩时易出现可溶性复合物，造成测定误差，测定单克隆蛋白时这种现象更易出现；其二是应维持反应管中抗体蛋白量始终过剩，这个值要预先测定，使仪器的测定范围在低于生理范围到高于正常范围之间；其三是受血脂的影响，尤其是低稀释度时，脂蛋白的小颗粒可形成浊度，使测定值假性升高。

① 免疫胶乳浊度测定法　在上述比浊法中，少量的小的抗原抗体复合物极难形成浊度，除非放置较长时间；如形成较大的复合物，则抗原和抗体用量也较大，显然不符合微量化的要求。于是发展了免疫胶乳浊度测定法，其基本原理是：将抗体吸附在大小适中、均匀一致的胶乳颗粒上，当遇到相应抗原时，则使胶乳颗粒发生凝集。单个胶乳颗粒在入射光波之内不阻碍光线透过，两个或两个以上胶乳颗粒凝聚时则使透过光减少，这种减少的程度与胶乳颗粒凝聚的程度呈正比，当然也与待测抗原量呈正比，如图 4-9 所示。

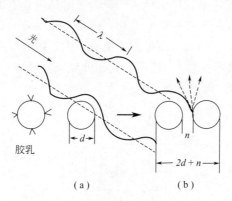

图 4-9　载体胶乳免疫比浊原理
（a）带抗体的胶乳在波长之内可透过光线；（b）结合后，则形成光线衰减

该技术的关键在于两个方面，首先是选择适当的胶乳，其大小（直径）要稍小于波长。用 500nm 波长者，选择 100nm 颗粒较适合；用 585nm 波长者，则选用 100～200nm 颗粒为好。目前多用 200nm 的胶乳颗粒。其次，胶乳与抗体结合时用化学交联虽好，但失活也较严重；一般用吸附法即可。

② 免疫速率散射浊度测定法　速率散射比浊法（rate nephelometry）是 Sternberg（1977）创建的。光沿水平轴照射时，碰到小颗粒的免疫复合物可导致光散射，散射光的强度与复合物的含量成正比，亦即待测抗原越多，形成的复合物也越多，散射光就越强。

速率散射比浊测定是一种抗原、抗体结合的动态测定法。经典的沉淀反应皆在抗原、抗体结合完成后进行复合物的定性或定量测定（终点法）；若在抗原抗体反应的最高峰（约在1min内）测定其复合物形成的速率（速率法），则可达到快速、准确的目的。

2. 凝胶沉淀反应

最常用的凝胶为琼脂糖。由于凝胶内沉淀试验具有高度的敏感性和特异性，且设备简单、操作方便，因而得到广泛应用。

该试验利用可溶性抗原和相应抗体在凝胶中扩散，形成浓度梯度，在抗原与抗体浓度比例恰当的位置形成肉眼可见的沉淀线或沉淀环。适宜浓度的凝胶可视为一种固相的液体，水分占98%以上，凝胶形成网络，将水分固相化。抗原和抗体蛋白质在此凝胶内扩散，犹如在液体中自由运动。大分子（分子量在20万以上）物质在凝胶中扩散较慢，可利用这点识别分子量的差别。另外，由于琼脂网孔大小有一定的限度，抗原抗体结合后，复合物的分子质量至少应在百万以上，这种超大分子则被网络在琼脂中，经盐水浸泡也只能去除游离的抗原或抗体，这给后面的分析带来了极大的方便。

凝胶内沉淀试验可根据抗原与抗体反应的方式和特性，分为单向扩散试验和双向扩散试验。

（1）单向扩散试验

本试验是在琼脂胶中混入一定量抗体，使待测的抗原溶液从局部向琼脂内自由扩散，在一定区域内形成可见的沉淀环。根据试验形式可分为试管法和平板法两种。

① 试管法 该方法由 Oudin 于 1946 年报道。将血清或纯化抗体混入约 50℃的 0.7%琼脂糖溶液中，注入小口径试管内，待凝固后，在凝胶中加入抗原溶液，让抗原自由扩散入凝胶内，在抗原与抗体比例恰当位置形成沉淀环。在黑色背景斜射光处，极易观察这种白色不透明沉淀带。

沉淀环的数目和形态受抗原和抗体性质的影响。溶液内含有多种抗原，在凝胶中含有各自的抗体，扩散后形成相应的抗原抗体复合物，出现多条区带。试管上部的沉淀带表示抗原量少或者抗体量多；反之，下面的沉淀带则是抗原量大、抗体量少。另外，抗体类型也有很大区别，如用兔抗血清（R型抗体），抗体过量亦可形成复合物，因而沉淀带宽而界线不清；如用马抗血清（H型抗体），抗原或抗体过量皆不形成复合物，因而只在比例合适处形成界线清晰的沉淀物（图 4-10）。

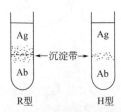

图 4-10 两种抗血清形成的沉淀带示意图

② 平板法 此法由 Mancini 于 1965 年提出，是目前最常用的简易抗原定量技术，其要点是：将抗体或抗血清混入 0.9%琼脂糖内（约 50℃），未凝固前倾注成平板，凝固后在琼脂板上打孔（一般直径为 3～5mm），孔中加入抗原溶液，放室温或 37℃让其向四周扩散，24～48h 后可见周围出现沉淀环（图 4-11）。

由于试验中抗原向四周扩散，故又称单向辐射状免疫扩散（single radial immune diffusion，SRID）。最后，测量沉淀环的直径或计算环的面积。沉淀环直径或面积的大小与抗原

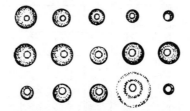

图 4-11 单向辐射状免疫扩散

上排为 5 个不同的参考，中、下排为患者血清，

下排右 2 为一异常病理血清

量相关，但不是直线相关，而是对数关系。同时，这种沉淀还与分子量和扩散时间有关。

单向琼脂免疫扩散法作为抗原的定量方法，其重复性和线性皆是可信赖的，唯敏感度稍差（不能测 $\mu g/ml$ 以下含量）。另外，以下影响因素也应注意：

第一，抗血清不但要求亲和力强、特异性好、效价高，而且还应注意存放的方法，防止效价下降。

第二，标准曲线测定必须同时制作，决不可一次做成长期应用。

第三，测定时必须同时加测质控血清，以保证测量准确性。

第四，有时出现扩散圈呈两重沉淀环的双环现象。这是由于出现了不同扩散率但抗原性相同的两个组分。

第五，在单向扩散试验时，有时会出现结果与真实含量不符，这主要出现在 Ig 测定中。如用单克隆抗体或用骨髓抗原免疫动物获得的抗血清，都存在结合价单一的现象，若用此作为单向扩散试剂测量正常人的多态性抗原，则抗体相对过剩，使沉淀圈直径变小，测量值降低。

第六，测得结果的假阳性升高现象与上面相反，如用多克隆抗体测定单克隆病（M 蛋白），则抗原相对过剩（单一抗原决定簇成分），致使沉淀圈呈不相关的扩大，从而造成某一成分的伪性增加。

（2）双向扩散试验

在琼脂内抗原和抗体各自向对方扩散，在最恰当的比例处形成抗原、抗体沉淀线，观察这种沉淀线的位置、形状以及对比关系，可做出对抗原或抗体的定性分析。双向扩散也可分为试管法和平板法两种方法。

① 试管法 试管法由 Oakley 首先报道。先在试管中加入含抗体的琼脂，凝固后在中间加一层普通琼脂，冷却后将抗原液体加到上层。放置后，下层的抗体和上层的抗原向中间琼脂层内自由扩散，在抗原与抗体浓度比例恰当处形成沉淀线。此法分析效果与 Oudin 法相似，在临床检验中罕用。

② 平板法 平板法由 Ouchterlony 首先报道，是抗原、抗体鉴定的最基本方法之一。该法的基本步骤是：在琼脂板上相距 3～5mm 打一对孔，或者打梅花孔、双排孔、三角孔等（图 4-12）。在相对的孔中加入抗原或抗体，置室温或 37℃ 18～24h 后，凝胶中各自扩散的抗原和抗体可在浓度比例适当处形成可见的沉淀线。根据沉淀线的形态和位置等可做如下分析。

a. 抗原或抗体的存在与否及其相对含量的估计：沉淀线的形成是根据抗原抗体两者比例所致。沉淀线如靠近抗原孔，则指示抗体含量较大；如靠近抗体孔，则指示抗原含量较多。不出现沉淀线则表明抗体或抗原过剩。另外，如出现多条沉淀线，则说明抗原和抗体皆

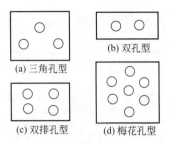

图 4-12　双扩散各种孔型图

不是单一的成分。因此，可用于鉴定抗原或抗体的纯度。

b. 抗原或抗体分子量的分析：抗原或抗体在琼脂内自由扩散，其速度受分子量的影响，分子量小者扩散快，反之则较慢。由于慢者扩散圈小，局部浓度较大，形成的沉淀线弯向分子量大的一方。图 4-13 中显示的左侧沉淀线为抗原分子量大于抗体，右侧沉淀线为抗体大于抗原，中间一条线则为两者相等。抗体多为 IgG，分子量约 15kDa，对未知抗原的分子量可做粗略估计。

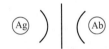

图 4-13　抗原抗体分子量示意图

c. 用于抗原性质的分析：两种受检抗原的性质完全相同、部分相同或完全不同，三种情况在双向扩散中表现的基本图形如图 4-14 所示。

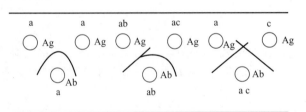

图 4-14　三种扩散基本图形

从图 4-14 可以分析出，左图中两种受检抗原（Ag-a）完全相同，形成一个完全融合的沉淀线；右图中抗体为双价，两种抗原完全不同（Ag-a 和 Ag-c）；中间图的抗体为双价，两种抗原（Ag-ab 和 Ag-ac）皆有相同的 a 表位，又有不同的 b 和 c 表位，所以沉淀线呈部分融合的形状。这种技术作为抗原的分析，是目前免疫化学中最常用的鉴定技术之一。

d. 用于抗体效价的滴定：双向扩散技术是抗血清抗体效价滴定的常规方法。固定抗原的浓度，稀释抗体，或者抗原、抗体双方皆做不同的稀释，经过自由扩散，形成沉淀线。出现沉淀线的最高抗体稀释度为该抗体的效价。

3. 凝胶免疫电泳

免疫电泳技术是电泳分析与沉淀反应的结合产物。这种技术有两大优点，一是加快了沉淀反应的速度，二是将某些蛋白质组分利用其所带电荷的不同而将其分开，再分别与抗体反应，以此做更细微的分析。

（1）免疫电泳

免疫电泳为区带电泳与免疫双向扩散的结合，是由 Grabar 和 Williams（1953）首先报道的。方法是先利用区带电泳技术将不同电荷和分子量的蛋白抗原在琼脂内分离开，然后与电泳方向平行在两侧开槽，加入抗血清。置室温或 37℃ 使两者扩散，各区带蛋白在相应位置与抗体反应形成弧形沉淀线（图 4-15）。根据各蛋白所处的电泳位置，可分为白蛋白区以及球蛋白 α_1 区、α_2 区、β 区和 γ 区。各区带常见血浆蛋白见表 4-4 和图 4-16。

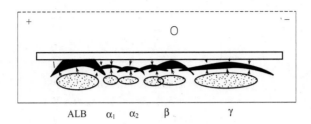

图 4-15　免疫电泳扩散模式图

ALB—白蛋白

表 4-4　血浆免疫电泳各区带所含蛋白成分

ALB	α_1	α_2	β	γ
白蛋白	α_1-抗胰蛋白酶	触珠蛋白	转铁蛋白	IgG
前白蛋白	α_1-酸糖蛋白	铜蓝蛋白	C3a、C3b	CRP（C 反应蛋白）
α_1-脂蛋白	抗糜蛋白酶	α_2-巨球蛋白	IgA、IgM、IgD、纤维蛋白原、β_1 脂蛋白、血凝素	

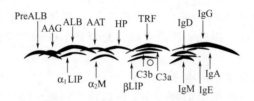

图 4-16　血浆蛋白各区带位置示意图

PreALB—前白蛋白；HP—触珠蛋白；α_1 LIP—α_1-脂蛋白；ALB—白蛋白；TRF—转铁蛋白；

βLIP—β 脂蛋白；AAT—抗胰蛋白酶；AAG—酸糖蛋白；α_2 M—α_2-巨球蛋白

免疫电泳沉淀线的数目和分辨率受许多因素影响。首先是抗原与抗体的比例，与其他沉淀反应一样，要预测抗体与抗原的最适比；其次是抗血清的抗体谱，一只动物的抗血清往往缺乏某些抗体，如将几只动物或几种动物的抗血清混合使用，则效果更好；电泳条件，如缓冲液、琼脂和电泳等皆可直接影响沉淀线的分辨率。对于免疫电泳的分析，更重要的是经验的积累，只有多看、多对比分析，才能做出恰当的结论。

免疫电泳目前大量应用于纯化抗原和抗体成分的分析及正常和异常体液蛋白的识别等方面。

（2）对流免疫电泳

对流免疫电泳是在琼脂扩散基础上结合电泳技术而建立的一种简便而快速的方法，它实质上是定向加速度的免疫双扩散技术，其基本原理是：在琼脂板上打两排孔，左侧各孔加入待测抗原，右侧孔内放入相应抗体，抗原在阴极侧，抗体在阳极侧。通电后，带负电荷的抗原泳向阳极抗体侧，而抗体借电渗作用流向阴极抗原侧，在两者之间或抗体的另一侧（抗原过量时）形成沉淀线（图 4-17）。

对流免疫电泳能在短时间内出现结果，故可用于快速诊断，敏感性比双向扩散技术高 10～15 倍。血清蛋白在 pH 8.6 条件下带负电荷，所以在电场作用下都向正极移动。但由于抗体分子在这样的 pH 条件下只带微弱的负电荷，而且它的分子量又较大（为 γ 球蛋

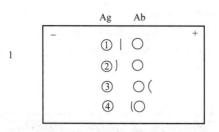

图 4-17 对流免疫电泳结果示意图
① Ag 为阳性；② Ag 为弱阳性；③，④ Ag 为强阳性

白），所以游动慢。更重要的是抗体分子受电渗作用影响较大，也就是说电渗作用大于它本身的迁移率。电渗作用是指在电场中溶液对于一个固定固体的相对移动。琼脂是一种酸性物质，在碱性缓冲液中进行电泳，它带有负电荷，而与琼脂相接触的水溶液就带正电荷，这样的液体便向负极移动。抗体分子就是随着带正电荷的液体向负极移动的。而一般的蛋白质（如血清抗原）也受电渗作用的影响，使泳动速度减慢，但它的电泳迁移率远远大于电渗作用。这样抗原抗体就达到了定向对流，在两者相遇且比例合适时便形成肉眼可见的沉淀线。

IgG 作为蛋白质在电泳中比较特殊，4 个亚型有不同的表现。G3 和 G4 与一般蛋白无异，泳向阳极；而 G1 和 G2 则因其带电荷少，受电渗的作用力大于电泳，所以被水分子携裹向阴极移动。这就形成了 IgG 的特殊电泳形式：一部分泳向阳极，另一部分泳向阴极，在抗体孔两侧皆有抗体存在。因此，所谓对流只是部分 IgG 的电渗作用造成。

（3）火箭免疫电泳

火箭免疫电泳技术又称作单向电泳扩散免疫沉淀试验，它是由单向扩散发展起来的一项定量技术，实质上是加速度的单向扩散。在含抗体的琼脂板一端打一排抗原孔，加入待测标本后，将抗原置阴极端，用横距 2～3mA/cm 的电流强度进行电泳。抗原泳向阳极，在抗原抗体比例恰当处发生结合沉淀。随着泳动抗原的减少，沉淀逐渐减少，形成峰状的沉淀区，状似火箭（图 4-18）。抗体浓度保持不变，峰的高度与抗原量呈正比，可推算标本中的抗原含量。

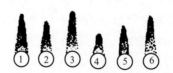

图 4-18 火箭免疫电泳图
①～③为标本；④～⑥为标准抗原

火箭电泳操作时应注意以下几点：所用琼脂可选择无电渗或电渗很小的，否则火箭形状不规则。注意电泳终点时间，如火箭电泳顶部呈不清晰的云雾状或圆形皆提示未达终点。标本数量多时，电泳板应先置电泳槽上，搭桥并开启电源（电流要小）后再加样，否则易形成宽底峰形，使定量不准。做 IgG 定量时，由于抗原和抗体的性质相同，火箭峰因电渗呈纺

锤状，为了纠正这种现象，可用甲醛与 IgG 上的氨基结合（甲酰化），使本来带两性电荷的 IgG 变为只带负电荷，加快了电泳速度，抵消了电渗作用，而出现伸向阳极的火箭峰。

火箭电泳作为抗原定量手段只能测定 $\mu g/ml$ 以上的含量，如低于此水平则难以形成可见的沉淀峰。加入少量 ^{125}I 标记的标准抗原共同电泳，则可在含抗体的琼脂中形成不可见的放射自显影。根据自显影火箭峰降低的程度（竞争法）可计算出抗原的浓度。放射免疫自显影技术可测出 ng/ml 的抗原浓度。

（4）免疫固定电泳

免疫固定电泳（immunofixation electrophoresis，IFE）是 Alper 和 Johnson（1969）推荐的一项有实用价值的电泳加沉淀反应技术，可用于各种蛋白质的鉴定。该法原理类似免疫电泳，不同之处是将血清直接加于电泳后蛋白质区带表面，或将浸有抗血清的滤纸贴于其上，抗原与对应抗体直接发生沉淀反应，形成的复合物嵌于固相支持物中。将未结合的游离抗原或抗体洗去，则出现被结合固定的某种蛋白质。区带电泳支持物选用滤纸、醋纤膜、琼脂或聚丙烯酰胺皆可。

免疫固定电泳最常用于 M 蛋白的鉴定。方法是：先将患者血清或血浆在醋纤膜上或琼脂上做区带电泳（一般做 6 条标本），达到预定时间后取下，加抗血清，由上而下依次加抗人全血清、抗 IgG、抗 IgA、抗 IgM、抗 κ 轻链和抗 λ 轻链。必要时还可加抗 Fab、抗 Fc 等特殊抗血清。作用 30min 后洗去游离蛋白质，染色后则可鉴定是否有相应 M 蛋白成分。

二、项目实施

任务一　ABO 血型鉴定

1. 抗原和抗体反应

抗原在与特异性抗体相遇后，由于抗原和特异性抗体分子表面存在着相互对应的化学基团，因而发生特异性结合，发生抗原抗体反应。抗原与抗体结合后生成抗原抗体复合物，这些抗原抗体复合物聚集成团，形成了肉眼可见的絮片或颗粒，出现凝集现象。临床上根据凝集现象是否出现，可用于鉴定 ABO 血型或判定一种未知细菌是否存在。

2. ABO 血型鉴定简介

红细胞作为颗粒性抗原与相应的抗体血清混合后，在电解质参与下，经过一定时间，抗原、抗体凝聚成肉眼可见的凝集块，这种现象称为凝集反应。血清中的抗体称为凝集素，抗原称为凝集原。

根据这一原理，我们在临床上用凝集反应判定 ABO 血型。

3. 血型鉴定一般使用标准血清

A 型标准血清（含抗 B 凝集素，使 B 型、AB 型红细胞的凝集原凝集）。

B 型标准血清（含抗 A 凝集素，使 A 型、AB 型红细胞的凝集原凝集）。

4. 结果判定

用标准的血清鉴定 ABO 血型时，根据凝集反应的结果可推测血型（"＋"表示有凝集反应，"－"表示无凝集反应）。

5. 所需设备和材料（见表 4-5）

6. 鉴定过程

表 4-5　ABO 血型鉴定所需设备和材料

设备或材料	数量	设备或材料	数量
采血针	1 支(每组)	毛细吸管	5 支(每组)
小试管	3 支(每组)	双凹载玻片	5 片(每组)
无菌生理盐水	1000ml(共用)	记号笔	1 支(每组)
A 型标准血清	1 支(共用)	B 型标准血清	1 支(共用)

（1）配制红细胞悬液

① 消毒受检者的指尖。

② 捏紧指尖，用消毒过的采血针迅速刺破皮肤。

③ 待血流出后用小滴管吸 1 滴，放入盛有 1ml 浓度为 0.9% 的生理盐水的小试管中，摇匀，即成为红细胞悬液。

（2）玻片法鉴定血型

① 取 1 双凹载玻片，用特种铅笔在左上角写"A"字，右上角写"B"字，中间写受检者的名字。

② 用小滴管吸 A 型标准血清，滴 1 滴在左侧凹内，用另一小滴管吸 B 型标准血清，滴 1 滴在右侧凹内。

③ 用小滴管取红细胞悬液，各滴 1 滴在左侧和右侧的凹内。

④ 使用两根消毒牙签，分别用来混合 A 型和 B 型标准血清和红细胞悬液。

⑤ 静置数分钟后，放在低倍镜下观察凝集现象。

7. 结果判断

根据观察到的凝集现象推测受检者的血型，如图 4-19 所示。

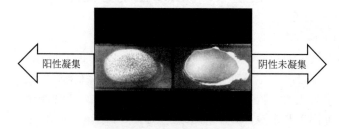

图 4-19　阴性与阳性结果对照

任务二　玻片凝集反应检测未知细菌

1. 玻片凝集反应检测未知细菌简介

（1）玻片凝集反应

玻片凝集反应一般用于未知细菌的定性，所以又称为定性凝集反应。实践中常用于新分离的大肠杆菌和沙门菌的鉴定和分型。反过来，也可用已知的细菌抗原去鉴定未知抗体，如鸡白痢沙门菌病的菌群就是采用已知鸡白痢菌抗原去检测鸡白痢抗体。

（2）细菌凝集反应

细菌作为一种颗粒性抗原与相应的特异性抗体结合后，由于细菌或其他凝集原都带有相同的电荷（负电荷），在悬液中相互排斥而呈均匀的分散状态。抗原与抗体相遇后，由于抗原和抗体分子表面存在着相互对应的化学基团，因而发生特异性结合，成为抗原抗体复合物。由于抗原与抗体结合，降低了抗原分子间的静电排斥力，抗原表面的亲水基团减少，由亲水状态变为疏水状态，此时已有凝集的趋向。在电解质（如生理盐水）参与下，由于离子的作用，中和了抗原抗体复合物外面的大部分电荷，使之失去了彼此间的静电排斥力，分子间相互吸引，凝集成大的絮片或颗粒，出现了肉眼可见的凝集反应。

一般细菌凝集均为菌体凝集（O凝集），抗原凝集呈颗粒状。有鞭毛的细菌如果在制备抗原时鞭毛未被破坏（鞭毛抗原在56℃时即被破坏），则反应出现鞭毛凝集（H凝集），鞭毛凝集时呈絮状凝块。

2. 所需设备和材料（见表4-6）

表4-6　玻片凝集反应检测未知细菌所需设备和材料

设备或材料	数量	设备或材料	数量
待测细菌	3支(每组)	已知诊断血清	1支(共用)
铂金耳勺	2支(每组)	载玻片	5片(每组)
无菌生理盐水	1000ml(共用)	记号笔	1支(每组)
酒精灯	2个(每组)		

3. 鉴定过程

① 取洁净载玻片一张，用铂金耳勺取已知诊断血清1滴置于载玻片一端，另一端置生理盐水1滴作对照。

② 然后用铂金耳勺取被检细菌少许，置生理盐水滴中研磨混匀，再将铂金耳勺灭菌后冷却，取被检菌少许置于血清滴中研磨混匀。

4. 结果判定

在1~3min内，血清滴出现明显可见的凝集块，液体变为透明，盐水对照滴仍均匀浑浊，即为凝集反应阳性，说明被检菌与已知诊断血清是相对应的。注意如环境温度过低，则可将玻片背面与手背轻轻摩擦或在酒精灯火焰上空拖几次，以提高反应温度，促进结果出现。

任务三　布氏杆菌病平板凝集反应

1. 平板凝集反应检测布氏杆菌简介

布氏杆菌病（Brucellosis）是重要的人畜共患传染病，也是奶牛重要的传染病之一。在本任务中，可用平板凝集法诊断本病。

2. 所需设备和材料（见表4-7）

表4-7　平板凝集反应检测布氏杆菌所需设备和材料

设备或材料	数量	设备或材料	数量
布氏杆菌平板凝集抗原	1支(共用)	布氏杆菌标准阳性血清	1支(共用)
刻度吸管	2支(每组)	玻璃板	5片(每组)
烘箱	1个(共用)	记号笔	1支(每组)
玻璃铅笔	2支(每组)	移液枪(200μl)	2支(每组)

3. 鉴定过程

① 取洁净玻璃板一块，用玻璃铅笔划成方格，并注明待检血清号码。

② 取0.2ml吸管分别吸取待检血清0.08ml、0.04ml、0.02ml和0.01ml各放入一方格

内。大规模检验时，可只做 2 个血清量，大动物用 0.04ml 和 0.02ml，中小动物用 0.08ml 和 0.04ml。每检一个样品需换一只吸管。

③ 每格内加布氏杆菌平板凝集抗原 0.03ml，滴在血清附近而不要与血清接触。用牙签自血清量最小的一格起，将血清与抗原混匀，每份血清用一根牙签。

④ 混合完毕，将玻璃板置凝集反应箱上均匀加温或采用别的办法适当加温，使温度达到 30℃左右。3～5min 内记录结果。

4. 结果判定

＋＋＋＋：出现大的凝集块，液体完全清亮透明，即 100％凝集。

＋＋＋：有明显的凝集片，液体几乎完全透明，即 75％凝集。

＋＋：有可见的凝集片，液体不甚透明，即 50％凝集。

＋：液体浑浊，有小的颗粒状物，即 25％凝集。

－：液体均匀浑浊，即不凝集。

以出现＋＋凝集的血清最高稀释倍数作为该份血清的凝集价。大动物（牛、马、骆驼等）以 0.02ml 出现凝集价判为布氏杆菌病血清阳性，0.04ml 出现凝集价判为可疑。中小动物（猪、山羊、绵羊等）以 0.04ml 出现凝集价判为该份血清为布氏杆菌病阳性血清，0.08ml 出现凝集价判为可疑。

任务四 环状沉淀反应测定血清效价

1. 环状沉淀反应检测血清效价简介

（1）沉淀反应

可溶性抗原，例如细菌的提取物、血清、病毒溶液等与相应抗体反应，在有电解质的情况下，会产生细微的沉淀，称为沉淀反应。由于沉淀反应抗原多系胶体溶液，沉淀物主要是由抗体蛋白所组成。

沉淀反应与凝集反应的原理基本相同，所不同的是使用的抗原是可溶性的。正因为是可溶性抗原，其单个抗原分子体积小，在单位体积的溶液内所含抗原量多，其总反应面积大，出现反应所需要的抗体量多。因此，试验时是稀释抗原，而不是稀释抗体。引起沉淀反应的抗原称为沉淀原，相应的抗体称为沉淀素。

（2）环状沉淀反应

环状沉淀反应是使抗原与抗体在沉淀管内形成交界面，然后在此交界处出现一环状乳白色沉淀物，出现此环状反应的抗原最高稀释度为沉淀素的效价。

环状沉淀反应广泛应用于法医学的血迹鉴别和食物掺假的测定中。通常这些可疑材料作为抗原，用标准抗血清加以鉴定。它具有用材少的优点，例如衣服等物品上的血迹用生理盐水洗下就可作为抗原进行检测。

2. 所需设备和材料（见表 4-8）

表 4-8 环状沉淀反应测定血清效价所需设备和材料

设备或材料	数量	设备或材料	数量
小鼠血清(抗原)	1 支(共用)	兔抗小鼠免疫血清(抗体)	1 支(共用)
小牛血清(对照)	1 支(共用)	无菌肝素生理盐水	250ml(共用)
沉淀管(内径 2.5～3.0mm，长约 30mm)	10 个(每组)	记号笔	1 支(每组)
移液枪(200μl)	3 支(每组)	移液枪(5ml)	2 支(每组)

3. 检测过程

① 取小鼠血液加入肝素生理盐水中，稀释度约为1∶25（即小鼠血液体积∶肝素生理盐水约为1∶25）。

取1∶25的小鼠血清1ml于2ml离心管中，用倍比稀释法在小试管中按表4-9稀释成各种浓度。

表 4-9   小鼠血清稀释表

试　　管	1	2	3	4	5	6	7
生理盐水/ml	1	1	1	1	1	1	1
1∶25 小鼠血清/ml	1	1♯1*	1♯2*	1♯3*	1♯4*	1♯5*	1♯6*
血清稀释度	1/50	1/100	1/200	1/400	1/800	1/1600	1/3200

注：1. 1♯1*、1♯2*……分别表示自第1管、自第2管……中吸取1ml，余类推。

2. 将9个干燥而洁净的沉淀管插在试管架的小孔上，使直立。

3. 用移液枪吸取1∶2的兔抗小鼠血清，加入沉淀管底部，每管约2滴。

4. 用另一毛细吸管吸取上面已稀释好的小鼠血清（抗原），按表4-10加入各管。

表 4-10   沉淀管加样表

试管		1	2	3	4	5	6	7	8	9
兔抗鼠免疫血清1∶2		2滴	2滴	2滴	2滴	2滴	2滴	2滴	2滴	2滴
小鼠血清（抗原）	稀释度	1/50	1/100	1/200	1/400	1/800	1/1600	1/3200	生理盐水	小牛血清1∶50
	量	2滴	2滴	2滴	2滴	2滴	2滴	2滴	2滴	2滴

从最高稀释度加起，加入时，沿管壁徐徐加入，使与下层兔抗小鼠免疫血清之间形成界面，切勿摇动。

② 于室温中静置15~30min后观察结果，在两液面交界处看有无沉淀环出现。

4. 结果判断

观察液面有无乳白色沉淀环出现，若有则为阳性，找出阳性与阴性分界处，其中的阳性样品稀释度即为血清效价。

任务五　单向琼脂扩散检测人血清中的免疫球蛋白

1. 单向琼脂扩散检测人血清中的免疫球蛋白简介

（1）琼脂扩散

琼脂扩散是抗原、抗体在凝胶中所呈现的一种沉淀反应。抗原抗体在含有电解质的琼脂凝胶中相遇时，便出现可见的白色沉淀线。这种沉淀线是一组抗原、抗体的特异性复合物。如果凝胶中有多种不同抗原、抗体存在，便依各自扩散速度的差异，在适当部位形成独立的沉淀线，因此广泛地用于抗原成分的分析。

（2）单向琼脂扩散检测人血清中的免疫球蛋白

琼脂扩散试验可根据抗原抗体反应的方式和特性分为单向免疫扩散、双向免疫扩散、免疫电泳、对流免疫电泳、单向及双向火箭电泳试验，通过单向扩散是否出现沉淀线可判定多种临床检测物，人血清中的免疫球蛋白也可用此方法检测。

2. 所需设备和材料（见表4-11）

表 4-11　单向琼脂扩散检测人血清中的免疫球蛋白所需设备和材料

设备或材料	数量	设备或材料	数量
玻璃板	3 片(每组)	打孔器	1 套(每组)
微量进样器	3 支(每组)	琼脂粉	1 瓶(共用)
无菌生理盐水	250ml(共用)	记号笔	1 支(每组)
诊断血清(抗体):抗人 IgG 或 IgA 免疫血清	1 支(共用)	待检血清(抗原):人血清	1 支(共用)
全国统一人血清免疫球蛋白参考血清	1 支(共用)	湿盒	2 个(每组)
水浴锅	3 个(共用)	生化培养箱	1 个(共用)

3. 检测过程

① 将适当稀释（事先滴定）的诊断血清与预融化的 2%琼脂在 60℃水浴预热数分钟后等量混合均匀，制成免疫琼脂板。

② 在免疫琼脂板上按一定距离（1.2～1.5cm）打孔，见图 4-20。

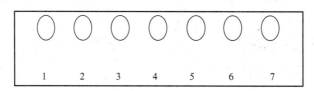

图 4-20　单向琼脂扩散试验抗原孔位置示意图
1～5—加参考血清；6,7—加待检血清

③ 向孔内滴加 1∶2、1∶4、1∶8、1∶16、1∶32 稀释的参考血清及 1∶10 稀释的待检血清，每孔 10μl，此时加入的抗原液面应与琼脂板相平，不得外溢。

④ 已经加样的免疫琼脂板置湿盒中于 37℃温箱扩散 24h。

4. 结果判断

测定各孔形成的沉淀环直径（mm），用参考血清各稀释度测定值绘出标准曲线，再由标准曲线查出被检血清中免疫球蛋白的含量。

任务六　双向琼脂扩散试验检测未知细菌

1. 双向琼脂扩散试验简介

双向琼脂扩散试验常用于定性检测，也可用于半定量检测。将抗原与抗体分别加入琼脂凝胶板上相邻近的小孔内，让它们相互向对方扩散。当两者在最适当比例处相遇时，即形成一条清晰的沉淀线。根据有否出现沉淀线，可用已知的抗体鉴定未知的抗原，或用已知的抗原鉴定未知的抗体。临床常用本方法检查原发性肝癌患者血清中的甲胎蛋白，作为原发性肝癌的早期辅助诊断。

2. 所需设备和材料（见表 4-12）

3. 检测过程

① 取一清洁载玻片，倾注 3.5～4.0ml 加热熔化的 1%食盐琼脂制成琼脂板。

② 凝固后，用直径 3mm 打孔器打孔，孔间距为 5mm，孔的排列方式如图 4-21 所示。

表 4-12 双向琼脂扩散试验所需设备和材料

设备或材料	数量	设备或材料	数量
玻璃板	3 片(每组)	打孔器	1 套(每组)
微量进样器	3 支(每组)	琼脂粉	1 瓶(共用)
无菌生理盐水	250ml(共用)	记号笔	1 支(每组)
待测血清:人血清	1 支(共用)	阴性对照血清	1 支(共用)
诊断血清:兔抗人血清	1 支(共用)	湿盒	2 个(每组)
水浴锅	3 个(共用)	生化培养箱	1 个(共用)

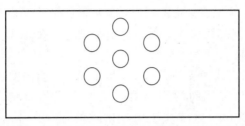

图 4-21 双向琼脂扩散抗原抗体孔位置示意图

③ 用微量进样器于中央孔加抗体,于周围孔加各种抗原。加样时勿使样品外溢或在边缘残存小气泡,以免影响扩散结果。

④ 加样后的琼脂板收入湿盒内置 37℃温箱中扩散 24~48h。

4.结果观察与分析

(1) 结果观察

若凝胶中抗原、抗体是特异性的,则形成抗原抗体复合物,在两孔之间出现一清晰致密白色的沉淀线,为阳性反应。若在 72h 仍未出现沉淀线则为阴性反应。实验时至少要做一阳性对照。出现阳性对照沉淀线与被检样品的沉淀线发生融合,才能确定待检样品为真正阳性。

(2) 结果分析

琼脂扩散结果受许多因素影响。

① 抗原特异性与沉淀线形状的关系 在相邻两完全相同的抗原与抗体反应时,则可出现两单沉淀线的融合。反之,如相邻抗原完全不同时,则出现沉淀线之交叉;两种抗原部分相同时,则出现沉淀线的部分融合,如图 4-22 所示。

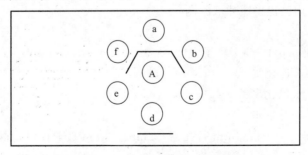

图 4-22 双扩散试验结果示意图

A—已知抗体;a,b—阳性对照;c~f—被检材料

② 抗原浓度与沉淀线形状的关系 两相邻抗原浓度相同,形成对称相融合的沉淀线;

如果两抗原浓度不同，则沉淀线不对称，移向低浓度的一边。如图 4-23 所示。

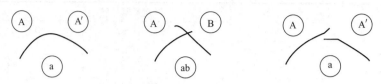

图 4-23　抗原特异性与沉淀线形状的关系

a，ab—抗体；A、A′、B—抗原

图上所示 A、B 完全不同，A、A′部分相同

③ 温度对沉淀线的影响　在一定范围内，温度高扩散快。通常反应在 0～37℃下进行。在双向扩散时，为了减少沉淀线变形并保持其清晰度，可在 37℃下形成沉淀线，然后置于室温或冰箱（4℃）中为佳。

④ 琼脂浓度对沉淀线形成速度的影响　一般来说，琼脂浓度越大，沉淀线出现越慢。

⑤ 参加扩散的抗原与抗体间的距离对沉淀线形成的影响　抗原、抗体相距越远，沉淀线形成得越慢。所以在微量玻片法中，孔间距离以 0.25～0.5cm 为好，距离远影响反应速度。当然孔距过远，沉淀线的密度过大，容易发生融合，有碍对沉淀线数目的确定。

⑥ 时间对沉淀线的影响　沉淀线形成一般在 1～3 天出现，14～21 天出现的数目最多。玻片法可在 1～2h 出现，一般观察 72h，放置过久可出现沉淀线重合消失。

任务七　免疫电泳实验检测抗原

1. 免疫电泳实验检测抗原简介

免疫电泳实验是先将抗原物质在琼脂凝胶中做电泳分离，然后于凝胶槽中加入抗体血清，使抗原、抗体进行双向扩散，在比例适宜部位形成特的抗原、抗体沉淀弧线。每条沉淀弧线代表一组抗原抗体复合物，故可用抗原成分分析，且可以根据其迁移率与抗体所出现的特异反应进行鉴定。

2. 所需设备和材料

① 待检标本（抗原）：正常人血清。

② 抗体：正常人血清的家兔免疫血清。

③ 1.5％琼脂（用巴比妥缓冲液配制）。

④ 电泳仪。

⑤ 巴比妥缓冲液（pH 8.6，离子强度 0.05mol/L）

巴比妥　　　1.84g

巴比妥钠　　10.3g

蒸馏水　　　1000ml

⑥ 其他：载物玻片，直径 3mm 打孔器，2mm×2mm 玻璃铸型，微量进样器。

3. 检测过程

① 取载物玻片（7.5cm×2.5cm）加上 3.5ml 1.5％琼脂凝胶，制成 2mm 厚的琼脂板。

② 按图 4-24 位置，在琼脂板未凝固时，放入抗血清槽铸型，注意勿使铸型全部浸入琼脂中，待凝固时再打孔。

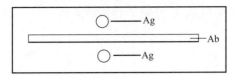

图 4-24 免疫电泳抗原孔和抗体槽位置示意图

③ 加待检标本：用微量进样器往孔中加 1～5μl。

④ 电泳：电压 7～9V/cm，泳动 15～20h。

⑤ 电泳后取出抗血清槽铸型，加入抗血清，进行双扩散，一般在 24h 内沉淀弧出全。

4. 结果观察与分析

（1）观察结果

或描绘、拍照或进行染色，染色后的标本便于结果分析及保存。

（2）结果分析

每条沉淀弧线代表一组抗原抗体复合物，故可用抗原成分分析；且可以根据其迁移率与抗体所出现的特异反应进行鉴定。

任务八 对流免疫电泳检测人血清

1. 对流免疫电泳检测人血清简介

对流免疫电泳是在琼脂扩散基础上结合电泳技术而建立的一种简便而快速的方法，它实质上是定向加速度的免疫双扩散技术。其基本原理是：在琼脂板上打两排孔，左侧各孔加入待测抗原，右侧孔内放入相应抗体，抗原在阴极侧，抗体在阳极侧。通电后，带负电荷的抗原泳向阳极抗体侧，而抗体藉电渗作用流向阴极抗原侧，在两者之间或抗体的另一侧（抗原过量时）形成沉淀线。

2. 所需设备和材料

① 诊断血清：兔抗人免疫血清。

② 待检血清：人血清。

③ 阴性对照血清。

④ pH 8.6、离子强度 0.05mol/L 的巴比妥缓冲液，配方如下：

<blockquote>

巴比妥钠	10.3g
巴比妥	1.84g
蒸馏水	1000ml

</blockquote>

⑤ 缓冲琼脂板：将纯化的琼脂用 pH 8.6、离子强度 0.025mol/L 的巴比妥缓冲液（用 0.05mol/L 的巴比妥缓冲液稀释一倍即可）配成 1.5% 的琼脂，加入 0.01%～0.02% 的硫柳汞防腐，保存冰箱内备用。

⑥ 电泳仪。

⑦ 其他：生理盐水、打孔器、微量进样器。

3. 检测过程

（1）琼脂板的制备

根据需要可选用大玻板（6cm×9cm）和小玻片两种。大玻板约需琼脂 10ml，小玻片约需 3.5ml，凝固后按图 4-25 打孔，方法同琼脂扩散试验。

（2）加样

左侧孔内加患者血清（原血清及10倍稀释血清各占一孔），右侧内加抗血清，每片应有阳性对照。

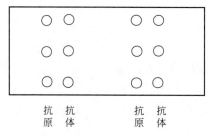

抗　抗　　　抗　抗
原　体　　　原　体

图 4-25　对流免疫电泳抗原孔、抗体孔位置示意图

（3）电泳　用国产普通电泳仪。其内加 0.05mol/L pH 8.6 的巴比妥缓冲液，加至电泳槽高度的三分之二处，注意两槽内液面尽量水平。将加好样品的玻板置于电泳槽上，抗原端接负极，抗体端接正极，用 2～4 层滤纸浸湿作盐桥，滤纸与琼脂板连接处为 0.5cm。以板宽度计算电流，以板的长度计算电压。要求电流量为 2～3mA/cm，即大板为 20mA，小板为 10mA。电压为 4～6V/cm。通电 45min 至 2h 后观察结果。

4. 结果观察与分析

（1）实验结果

在黑色背景上方，用散射光多个角度观察，在对孔之间有白色的明显的沉淀线即为阳性对照。如果沉淀条纹不清晰，于 37℃ 保温数小时可增强沉淀条纹的清晰度。

（2）影响结果的因素

① 抗原与抗体的比例　抗原与抗体比例适宜时容易出现沉淀带，反之不易发生。当抗体浓度恒定时，被检血清含甲胎蛋白浓度高时，做 10 倍、20 倍或更高倍数稀释可以提高阳性率。随稀释度的增加，抗原抗体的比例发生变化，沉淀线由靠近抗血清孔逐步移向两孔中间，并可出现不典型的沉淀线，如弧形、八字须形、斜线形，这些也是阳性，应予注意。

② 几组电泳缓冲液其电泳结果以巴比妥钠-盐酸缓冲液灵敏度最高，巴比妥-巴比妥钠次之，Tris 缓冲液最差。

③ 电压与电流较小时，电泳时间需要长些　电压、电流增大时，电泳时间可更短。但电压过高则孔径变形，电流过大抗原抗体蛋白易变性，干扰实验结果。一般选择每厘米 5ml，电泳时间为 1.5h。

任务九　火箭电泳试验检验血清中抗原的含量

1. 火箭电泳试验检验血清中抗原的含量简介

火箭电泳实际是一种定量免疫电泳。其原理为：在电场作用下，抗原在含定量抗体的琼脂介质中泳动，二者比例合适时在较短时间内形成状似火箭或锥形的沉淀线，而此沉淀线的高度常与抗原量成正比关系，因此本法可以测定样品中抗原的含量。

2. 所需设备和材料

① 诊断血清（抗体）：抗人 IgG 或 IgA 免疫血清。

② 待检血清（抗原）：人血清。

③ 参考血清。

④ pH 8.6，离子强度 0.05mol/L 巴比妥缓冲液（配制见对流免疫电泳试验）。

⑤ 其他：琼脂粉，微量进样器，打孔器，玻璃板，电泳仪。

3. 检测过程

① 抗体琼脂板的制备同单向扩散法，但注意稀释液应用 pH 8.6、离子强度 0.05mol/L 的巴比妥缓冲液。

② 打孔。

③ 将用缓冲液稀释的适宜浓度的参考血清及适当稀释的抗原（人血清）分别加入各孔中，每孔 10μl 或 20μl，要求加量准确而不外溢。

④ 把加完样的免疫琼脂板放入电泳槽中进行电泳，电压 4~6V/cm，电泳时间 1~5h，直到大部分抗原孔前端出现顶端尖窄而完全闭合的火箭状沉淀线，关闭电源。

⑤ 取下琼脂板，以抗原孔中心为起点，量出各火箭状沉淀线的高度。

4. 结果观察与分析

同单向琼脂扩散法，绘制标准曲线，查出待检血清中 Ig 含量。

三、项目拓展

（一）血型的概念

血型（blood groups；blood types）是对血液分类的方法，通常是指红细胞的分型，是根据人的红细胞表面同族抗原的差别而进行的一种分类。抗原物质可以是蛋白质、糖类、糖蛋白或者糖脂。由于人类红细胞所含凝集原的不同，而将血液分成若干型，故称血型。它是以血液抗原形式表现出来的一种遗传性状。

狭义地讲，血型专指红细胞抗原在个体间的差异；但现已知道除红细胞外，在白细胞、血小板乃至某些血浆蛋白，个体之间也存在着抗原差异。因此，广义的血型应包括血液各成分的抗原在个体间出现的差异。通常人们对血型的了解往往仅局限于 ABO 血型以及输血问题等方面，实际上，血型在人类学、遗传学、法医学、临床医学等学科中都有广泛的实用价值，因此具有重要的理论和实践意义，同时，动物血型的发现也为血型研究提供了新的问题和研究方向。

（二）血型的种类

人类血型有很多种型，而每一种血型系统都是由遗传因子决定的，并具有免疫学特性。最多而常见的血型系统为 ABO 血型，分为 A、B、AB、O 四型；其次为 Rh 血型系统，主要分为 Rh 阳性和 Rh 阴性；再次为 MN 及 MNSs 血型系统。据目前国内外临床检测，发现人类血型有 32 种之多。

在三十多种人类血型系统中，最为重要的是"ABO 血型系统"和"Rh 血型系统"。通常医院中进行的血型检查也只有这两项指标，例如，一位血液是 AB 型同时是 Rh 阳性的人，其血型可以简写为 AB＋。

1. ABO 血型系统

人类的血液内有以下的抗原、抗体，组成不同的血型。

A 型血的人红细胞表面有 A 型抗原；他们的血清中会产生对抗 B 型抗原的抗体。一个血型为 A 型的人只可接受 A 型或 O 型的血液。

B 型血的人与 A 型血的人相反，他们红细胞表面有 B 型抗原；血清中会产生对抗 A 型抗原的抗体。血型为 B 型的人亦只可接受 B 型或 O 型的血液。

AB 型血的人的红细胞表面同时有 A 型及 B 型抗原；他们的血清不会产生对抗 A 型或 B

型抗原的抗体。因此，若在受血前有将送血者血液中的抗体分离的话，AB 型血的人是"全适受血者"。然而，他们只可捐血给同样血型的人。

O 型血的人红细胞表面 A 或 B 型抗原都没有。他们的血清对两种抗原都会产生抗体。因此，若在受血前有将送血者血液中的抗体分离的话，O 型血的人是"全适捐血者"。然而，他们只可接受来自同样血型的血，例如，O 型的人只能接受 O 型的血。

基本上，O 型是世界上最常见的血型。但在某些地方，如挪威、日本，A 型血型的人较多。A 型抗原一般比 B 型抗原较常见。AB 型血型因为要同时有 A 及 B 抗原，故此亦是 ABO 血型中最少的。ABO 血型分布与地区和种族有关。

人类为何会对未接触过的抗原产生抗体的原因未知。一般相信可能是与某些细菌的抗原与 A 及 B 型的糖蛋白相似有关。也有说法是红细胞表面的糖链分子不同造成的，如图 4-26 所示。

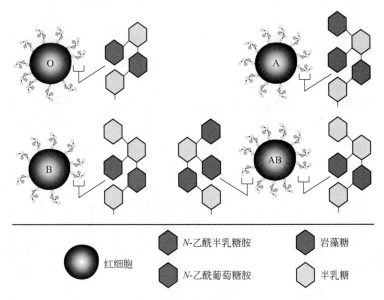

图 4-26　ABO 血型系统——糖链分子确定 ABO 血型

2. Rh 血型系统

血液中另一主要特点是恒河猴因子，恒河猴因子（Rhesus factor）也被读作 Rh 抗原、Rh 因子，因与恒河猴红细胞上的抗原相同而得名，最初于 1940 年被发现。每个人的红细胞上只可能有或没有 Rh 因子，通常会与 ABO 结合起来，写的时候放在 ABO 血型后面。其中 O＋型是最常见的。

Rh＋，称作"Rh 阳性"或"Rh 显性"，表示人类红细胞"有 Rh 因子"；

Rh－，称作"Rh 阴性"或"Rh 隐性"，表示人类红细胞"没有 Rh 因子"。

ABO 血型中配合 Rh 因子是非常重要的，错配（Rh＋的血捐给 Rh－的人）会导致溶血。不过 Rh＋的人接受 Rh－的血是没有问题的。

和 ABO 血型系统的抗体不同，Rh 血型系统的抗体比较小，可以透过胎盘屏障。当一名 Rh－的母亲怀有一个 Rh＋的婴儿，然后再怀有第二个 Rh＋的婴儿，就可能出现 Rh 症（溶血病）。母亲于第一次怀孕时产生对抗 Rh＋红细胞的抗体。在第二次怀孕时抗体透过胎盘把第二个婴儿的血液溶解，一般称新生婴儿溶血症。这反应不一定发生，但如果婴儿有 A 或

B 抗原而母亲没有则机会较大。以往，Rh 因子不配合会引起小产或母亲死亡。以前多数会以输血救治刚出生的婴儿，现在一般会在 24h 内以抗 Rh＋的药物注射医治，最常见的为 Rhogam 或 Anti-D。每位 Rh－的怀孕母亲的婴儿的血型都要找出，如果是 Rh＋的话，母亲便要注射 Anti-D。用意为在母体产生抗体前先将抗原消灭，使母体记忆性 B 细胞不致记忆并自行产生大量抗体。

华人当中大约每 370 人才有一个是 Rh－，其他都是 Rh＋。欧洲某些地区则可能七个人便有一个 Rh－。

3. 其他血型系统

包括亚孟买血型系统、米田堡（Miltenburger）血型系统、Hh/孟买血型系统、P 血型系统等。

（三）ABO 血型系统的遗传

一般来说血型是终生不变的。血型遗传借助于细胞中的染色体。人类细胞中共有 23 对染色体，每对染色体分别由两条单染色体组成，其中一条来自父亲，另一条来自母亲。染色体的主要成分是决定遗传性状和功能的 DNA。DNA 可分为很多小段，每一小段都具有专一的遗传性状及功能，这些小段称为基因。一对染色体中两条单染色体上相同位置的 DNA 小片段，称为等位基因。

ABO 血型系统的基因位点在第 9 对染色体长臂上（9q34）。人的 ABO 血型受控于 A、B、O 三个基因，但每个人体细胞内的第 9 对染色体上只有两个 ABO 系统基因，即为 AO、AA、BO、BB、AB、OO 中的一对等位基因，其中 A 和 B 基因为显性基因、O 基因为隐性基因。

体细胞上的染色体如果来自父母双方的等位基因是相同的叫纯合子（例如有的 A 型人染色体上的等位基因为 A 及 A）；如果所含的基因不相同则叫杂合子（例如有的 A 型人染色体上的等位基因为 A 及 O）。换句话说，每一个体，在某位点上，有两个而且也只有两个等位基因，每个等位基因来自父母各一方。如果来自父母双方的基因是相同的，此个体即称为纯合子，如不相同，则称为杂合子。不论是纯合子还是杂合子，一对染色体上基因的总和称为遗传式。如上述两种人的遗传式分别为 AA 和 AO。但是，遗传下来的基因不一定都表现出来，把能够表现出来的性状称为表现式。如无论遗传为 AA 和 AO，其表现式均为 A，这就是我们平常所说的 A 型。可见血型实际上是指它的表现形式而言的。血型的表现式和遗传式之所以不同，是因为有些基因无论是纯合子还是杂合子，它所控制的性状都可以表现出来，这种基因叫显性基因。这种基因所控制的性状只有在纯合子时才表现出来，而在杂合子时不能表现出来，这种基因则称为隐性基因。在 ABO 血型系统中，A 和 B 基因是显性基因，而 O 基因则是隐性基因。例如，在一对染色体中，一个染色体带 A 基因，另一个带 O 基因，这个人的遗传式为 AO，但表现式为 A，即是 A 型，而不是 O 型。一对染色体中都带有 O 基因才能表现为 O 型血（表 4-13）。

（四）相容的血型

捐血及接受血者的血型必须相容。表 4-14 列出了各相容的血型。例如，A－的人可接受 O－或 A－，可捐给 AB＋、AB－、A＋或 A－。

一般来说，O－型是"全适捐血者"，他们的血可捐给任何人（临床实际仅在特殊紧急情况下会少量输入异型血用于急救，度过危险期后仍然会坚持使用同型血，因为异种血型输入可能会造成严重溶血反应）。所以血库及医院对 O－型血要求最多。AB＋型血是"全适受血者"，可接受任何血型。不过大量的异型输血仍然会有副作用，因此在可能情况下，输同型的血液仍然是比较理想的（表 4-14）。

表 4-13　父母血型的遗传性

父母血型	子女可能	子女不可能
A 及 A	A,O	B,AB
A 及 B	A,B,AB,O	
A 及 AB	A,B,AB	O
A 及 O	A,O	B,AB
B 及 B	B,O	A,AB
B 及 AB	A,B,AB	O
B 及 O	B,O	A,AB
AB 及 AB	A,B,AB	O
AB 及 O	A,B	AB,O
O 及 O	O	A,B,AB

表 4-14　红细胞相容性表

受	供							
	O−	O+	A−	A+	B−	B+	AB−	AB+
O−	√	×	×	×	×	×	×	×
O+	√	√	×	×	×	×	×	×
A−	√	×	√	×	×	×	×	×
A+	√	√	√	√	×	×	×	×
B−	√	×	×	×	√	×	×	×
B+	√	√	×	×	√	√	×	×
AB−	√	×	√	×	√	×	√	×
AB+	√	√	√	√	√	√	√	√

要点解读

➢ 知识体系构建（图 4-27）

➢ 抗原抗体反应（antigen-antibody reaction）是指抗原与相应抗体之间所发生的特异性结合反应。抗原与抗体能够特异性结合是基于两种分子间的结构互补性与亲和性。抗原-抗体的特异性结合，发生在抗原表位和抗体分子超变区之间，是一种分子表面的结合。

➢ 抗原抗体反应特点：①特异性。抗原抗体反应具有高度的特异性，即一种抗原只能与由它刺激机体所产生的抗体结合。抗原抗体的结合实质上是抗原表位与抗体超变区中抗原结合点之间的结合。②可逆性抗原与抗体的结合并不牢固。在一定条件下，如低 pH 、冻

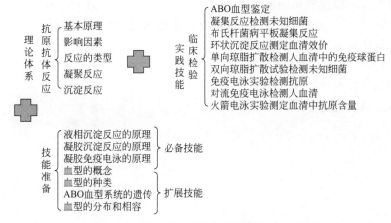

图 4-27 抗原抗体反应的临床检验知识体系图

融、高浓度盐类等，抗原抗体复合物可以解离，这种特性称为抗原抗体结合的可逆性。③比例性。抗原-抗体结合能否出现肉眼可见的反应，取决于二者分子比例是否合适。

➢ 凝集反应是细菌、红细胞等颗粒性抗原，或表面覆盖抗原（或抗体）的颗粒状物质（如红细胞、聚苯乙烯胶乳等），与相应抗体（或抗原）结合，在适当电解质存在条件下，出现肉眼可见的凝集现象，称为凝集反应（agglutination）。

➢ 沉淀反应是一种血清学反应，是指可溶性抗原（如细菌浸出液、含菌病料浸出液、血清以及其他来源的蛋白质、多糖质、类脂体等）与相应抗体在适当条件下发生特异性结合而出现的沉淀现象。

➢ 液相沉淀试验是指抗原抗体在以生理盐水或其他无机盐缓冲液为反应介质的液相内自由接触，短时间可出现反应。包括环状沉淀试验、絮状沉淀试验、免疫浊度测定等。

➢ 凝胶沉淀反应是指该试验利用可溶性抗原和相应抗体在凝胶中扩散，形成浓度梯度，在抗原与抗体浓度比例恰当的位置形成肉眼可见的沉淀线或沉淀环。凝胶内沉淀试验可根据抗原与抗体反应的方式和特性，分为单向扩散试验和双向扩散试验。

➢ 专业词汇英汉对照表

抗原抗体反应	antigen-antibody reaction	凝集反应	agglutination
凝集原	agglutinogen	凝集素	agglutinin
沉淀反应	precipitation	沉淀原	precipitinogen
沉淀素	precipitin	免疫固定电泳	immuno fixation electrophoresis
单向琼脂扩散	simple agar diffusion	双向琼脂扩散	double agar diffusion
血型	blood groups；blood types		

项目思考

1. 试画出凝集反应阴阳性结果对照。

2. 试画出环状免疫沉淀测血清示意图。

3. 玻片凝集反应检测未知细菌的原理是什么？

4. 什么是凝集素？与抗体有什么关系？什么是凝集原？与抗原有什么关系？

5. 抗原与抗体特异性结合的机理有哪些？

6. 凝集反应测 ABO 血型的原理是什么？

7. 比较凝集反应与沉淀反应的异同。

8. 环状沉淀试验有何特点？

血清中补体的检测

项目介绍

1. 项目背景

×××医院检验科的临床检验人员要检验血清中补体的含量，需要该临床检验人员理解补体基本知识，熟悉补体各种途径，掌握血清中补体检测方法，从而能顺利开展临床检验。

2. 项目任务描述

任务一　观察溶血反应

任务二　补体结合实验

任务三　血清总补体溶血活性（CH_{50}）测定

任务四　透射比浊法测定血清 C3 含量

学习指南

【学习目标】

1. 能正确进行溶血反应、补体结合实验、血清总补体溶血活性（CH_{50}）测定以及血清中 C3 和 C4 含量测定。

2. 能正确理解补体的种类及各种途径。

3. 理解补体的生理功能。

【学习方法】

1. 通过网络课程开展预习和复习。

2. 任务实施前，加强理论知识学习，记忆和理解补体概念及反应过程是学习的关键。

3. 任务实施中，加强实验过程规范，实验设计和实验操作规范程度是实验成败的关键。

4. 任务实施后，加强理论归纳总结，思考和讨论实验原理及补体知识是掌握的重点。

5. 任务完成后，学生通过撰写实验报告来总结实验结果。

一、项目准备

（一）知识准备

在血液或体液内除 Ig 分子外，还发现另一族参与免疫效应的大分子，即对抗体溶细胞有辅助作用的球蛋白称为补体分子。早在 19 世纪末，发现在新鲜免疫血清内加入相应细菌，无论进行体内或体外实验，均证明可以将细菌溶解，将这种现象称之为免疫溶菌现象。如将免疫血清加热 60℃ 30min 则可丧失溶菌能力。进一步证明免疫血清中含有两种物质与溶菌现象有关，一种是抗体，另一种即是补体（complement，C）。其后又证实了抗各种动物红细胞的抗体加入补体成分亦可引起红细胞的溶解现象。自此建立了早期的补体概念，即补体为正常血清中的单一组分，它可被抗原与抗体形成的复合物所活化，产生溶菌和溶细胞现象。而单独的抗体或补体均不能引起细胞溶解现象。

1. 补体系统的组成和理化性质

（1）补体分子的组分和命名

进入 20 世纪 60 年代后，由于蛋白质化学和免疫化学技术的进步，自血液中分离、纯化补体成分获得成功，现已证明补体是单一成分的论点是不正确的，它是由三组球蛋白大分子组成。

① 第一组分　是由 9 种补体成分组成，分别命名为 C1、C2、C3、C4、C5、C6、C7、C8、C9。其中 C1 是由三个亚单位组成，命名为 C1q、C1r、C1s，因此第一组分是由 11 种球蛋白大分子组成（图 5-1）。

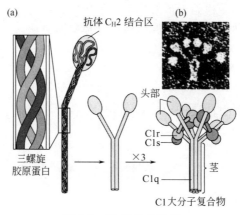

图 5-1　C1 结构示意图

② 第二组分　在 20 世纪 70 年代又发现一些新的血清因子参与补体活化，但它们不是经过抗原抗体复合物的活化途径，而是通过旁路活化途径。这些因子包括 B 因子、D 因子、P 因子，它们构成补体的第二组分。

③ 第三组分　随后科学家发现多种参与控制补体活化的抑制因子或灭活因子，如 C1 抑制物、I 因子、H 因子、C4 结合蛋白、过敏毒素灭活因子等。这些因子可控制补体分子的活化，对维持补体在体内的平衡起调节作用，它们构成了补体的第三组分。

补体系统是由将近 20 多种血清蛋白组成的多分子系统，具有酶的活性和自我调节作用。它至少有两种不同的活化途径，其生物学意义不仅是抗体分子的辅助或增强因子，也具有独立的生物学作用，对机体的防御功能、免疫系统功能的调节以及免疫病理过程都发挥着重要作用。

1968 年，世界卫生组织（WHO）的补体命名委员会对补体进行了统一命名，分别以 C1……C9 命名，1981 年，对新发现的一些成分和因子也进行了统一命名（表 5-1）。每一补体的肽链结构用希腊字母表示，如 C3α 和 β 链等。每一分子的酶解片段可用小写英文字母表示，如 C3a 和 C3b 等酶解片段，具有酶活性分子可在其上画横线表示，如 C1 为无酶活性分子，而 $\overline{C1}$ 为有酶活性分子。对具有酶活性的复合物则应用其片段表示，如 C3 转化酶可用 C4b2a 表示。

补体分子是分别由肝细胞、巨噬细胞以及肠黏膜上皮细胞等多种细胞产生的，其理化性质及其在血清中的含量差异甚大。全部补体分子的化学组成均为多糖蛋白，各补体成分的分子量变动范围很大，其中 C4 结合蛋白的分子量最大，为 550×10^4，D 因子分子量最小，仅为 2.3×10^4。大多数补体成分的电泳迁移率属 β 球蛋白，少数属 α 球蛋白及 γ 球蛋白。血清

表 5-1　WHO 对部分补体成分的命名（1981）

统一名称	曾用名称
B 因子	C3 激活剂前体,热稳定因子等
D 因子	C3 激活剂前体转化酶,GBGase 等
P 因子	备解素
H 因子	C3bINA 促进因子
I 因子	C3b 灭活因子,KAF 等

中补体蛋白约占总球蛋白的 10%，其中含量最高的为 C3，约含 1mg/ml，而 D 因子仅含 1μg/ml，二者相差约千倍。人类某些疾病使得总补体含量或单一成分含量发生变化，因而对体液中补体水平的测定，或组织内补体定位观察，对一些疾病的诊断具有一定的意义。

（2）补体的理化性质

补体系统中各成分的理化性状概括列于表 5-2。由表可见，补体成分大多是 β 球蛋白，少数几种属 α 或 γ 球蛋白，分子量在 25～550kDa 之间。在血清中的含量以 C3 为最高，达 1300μg/ml，其次为 C4、S 蛋白和 H 因子，各约为 C3 含量的 1/3；其他成分的含量仅为 C3 的 1/10 或更低。

补体成分的产生部位如表 5-3 所示，其中 C7 的产生部位尚不清楚。

表 5-2　补体系统各成分的理化性状

补体成分	分子量/kDa	电泳区带	肽链数目	血清含量/(μg/ml)	裂解片段
C1q	390	γ_2	18	70	
C1r	95	β	1	35	
C1s	85	α	1	35	
C2	117	β_1	1	30	C2a,C2b
C3(A 因子)	190	β_1	2	1300	C3a,C3b C3c,C3d
C4	180	β_2	3	430	C4a,C4b C4c,C4d
C5	190	β_1	2	75	C5a,C5b
C6	128	β_2	1	60	
C7	120	β_2	1	55	
C8	163	γ_1	3	55	
C9	79	α	1	200	
B 因子(C3PA)	95	β	1	240	Ba,Bb
D 因子(C3PA 酶原)	25	α	1	2	
P 因子(备解素)	220	γ_2	4	25	
C1INH	105	α	1	180	
C4bp	550		6～8	250	
I 因子(C3bINA)	93	β	2	50	
H 因子	150	β	1	400	
S 蛋白	80	α	1	500	

表 5-3　补体系统各成分产生部位

补体成分	产生部位
C1	小肠上皮细胞、脾、巨噬细胞
C2	巨噬细胞
C3	巨噬细胞、肝
C4	巨噬细胞、肝
C5	巨噬细胞
C6	肝、巨噬细胞
C7	尚不清楚
C8	脾、肺、肝、小肠、肾
C9	肝
B因子	巨噬细胞、肝
D因子	巨噬细胞、血小板
P因子	巨噬细胞
I因子	巨噬细胞
H因子	巨噬细胞、血小板

2. 补体系统的激活

补体系统各成分通常多以非活性状态存在于血浆中，当其被激活物质活化之后，才表现出各种生物学活性。补体系统的激活可以从 C1 开始；也可以越过 C1、C2、C4，从 C3 开始。前一种激活途径称为经典途径（classical pathway）或传统途径。"经典"、"传统"只是意味着人们早年从抗原抗体复合物激活补体的过程来研究补体激活的机制时，发现补体系统是从 C1 开始激活的连锁反应。从种系发生角度而言，旁路途径是更为古老的、原始的激活途径。从同一个体而言，在尚未形成获得性免疫，即未产生抗体之前，经旁路途径激活补体，即可直接作用于入侵的微生物等异物，作为非特异性免疫而发挥效应。由于对旁路途径的认识远远晚在经典之后，加上人们先入为主的观念，造成了命名的不合理。

（1）经典激活途径

参与补体经典激活途径的成分包括 C1～C9。按其在激活过程中的作用，人为地分成三组，即识别单位（C1q、C1r、C1s）、活化单位（C4、C2、C3）和膜攻击单位（C5～C9），分别在激活的不同阶段即识别阶段、活化阶段和膜攻击阶段中发挥作用。

① 识别阶段　C1 与抗原抗体复合物中抗体的补体结合点相结合至 C1 酯酶形成的阶段。C1 是由三个单位 C1q、C1r 和 C1s 依赖 Ca^{2+} 结合成的牢固的非活性大分子。

C1q：C1q 有 6 个能与免疫球蛋白分子上的补体结合位点相结合的部位。当两个以上的结合部位与免疫球蛋白分子结合时，即 C1q 桥联免疫球蛋白之后，才能激活后续的补体各成分（图 5-2）。IgG 为单体，只有当其与抗原结合时，才能使两个以上的 IgG 分子相互靠拢，提供两个以上相邻的补体结合点不能与 C1q 接触，只有当 IgM 与抗原结合，发生构型改变，暴露出补体结合部位之后，才能与 C1q 结合。一个分子的 IgM 激活补体的能力大于IgG。C1q 与补体结合点桥联后，其构型发生改变，导致 C1r 和 C1s 的相继活化。

C1r：C1r 在 C1 大分子中起着连接 C1q 和 C1s 的作用。C1q 启动后可引起 C1r 构型的改变，导致 C1r 具有活性，可使 C1s 活化。

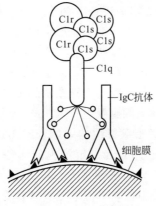

图 5-2　C1q 示意图

C1s：C1r 使 C1s 肽链裂解，C1s 其中一个片段具有酯酶活性，此酶活性可被 C1INH 灭活。在经典途径中，一旦形成 C1s，即完成识别阶段，并进入活化阶段。

② 活化阶段　C1 作用于后续的补体成分，至形成 C3 转化酶（C42）和 C5 转化酶（C423）的阶段。

C4：C4 是 C1 的底物。在 Mg^{2+} 存在下，C1 使 C4 裂解为 C4a 和 C4b 两个片段，并使被结合的 C4b 迅速失去结合能力。C1 与 C4 反应之后能更好地显露出 C1 作用于 C2 的酶活性部位。

C2：C2 虽然也是 C1 的底物，但 C1 先在 C4 作用之后明显增强了与 C2 的相互作用。C2 在 Mg^{2+} 存在下被 C1 裂解为两个片段 C2a 和 C2b。当 C4b 与 C2a 结合形成 C4b2a，即为经典途径的 C3 转化酶。

C3：C3 被 C3 转化酶裂解为 C3a 和 C3b 两个片段，分子内部的硫酯基（—S—CO—）外露，成为不稳定的结合部位。硫酯基经加水分解，成为—SH 和—COOH，也可与细菌或细胞表面的—NH₂ 和—OH 反应而共价结合。因此，C3b 通过不稳定的结合部位，结合到抗原抗体复合物上或结合到 C4b2a 激活 C3 所在部位附近的微生物、高分子物质及细胞膜上。这一点，对于介导调理作用和免疫黏附作用具有重要意义。C3b 的另一端是一个稳定的结合部位。C3b 通过此部位与具有 C3b 受体的细胞相结合（图 5-3）。C3b 可被 I 因子灭活。C3a 留在液相中，具有过敏毒素活性，可被羟肽酶 B 灭活。

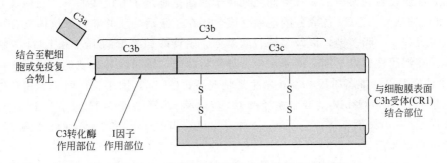

图 5-3　C3 分子及其裂解产物生物活性示意图

C3b 与 C4b2a 相结合产生的 C4b2a3b 为经典途径的 C5 转化酶。至此完成活化阶段。

③ 膜攻击阶段　C5 转化酶裂解 C5 后，继而作用于后续的其他补体成分，最终导致细胞受损、细胞裂解的阶段。

C5：C5 转化酶裂解 C5 产生出 C5a 和 C5b 两个片段。C5a 游离于液相中，具有过敏毒素活性和趋化活性。C5b 可吸附于邻近的细胞表面，但其活性极不稳定，易于衰变成 C5bi。

C6～C9：C5b 虽不稳定，当其与 C6 结合成 C5b6（可简写为 C56）复合物则较为稳定，但此 C5b6 并无活性。C5b6 与 C7 结合成三分子的复合物 C5b67（可简写为 C567）时，较稳定，不易从细胞膜上解离。C5b67 既可吸附于已致敏的细胞膜上，也可吸附在邻近的、未经致敏的细胞膜上（即未结合有抗体的细胞膜上）。C5b67 是使细胞膜受损伤的一个关键组分，它与细胞膜结合后，即插入膜的磷脂双层结构中。若 C5b67 未与适当的细胞膜结合，则其中的 C5b 仍可衰变，失去与细胞膜结合和裂解细胞的活性。C5b67 虽无酶活性，但其分子排列方式有利于吸附 C8 形成 C5b678（可简写为 C5678）。其中 C8 是 C9 的结合部位，因此继续形成 C5～9，即补体的膜攻击单位，可使细胞膜穿孔受损。

目前已经证明，仅 C5b、C6、C7 结合到细胞膜后，细胞膜仍完整无损；只有在吸附 C8 之后才出现轻微的损伤，细胞内容物开始渗漏。再结合 C9 以后才加速细胞膜的损伤，因而认为 C9 是 C8 的促进因子（图 5-4）。

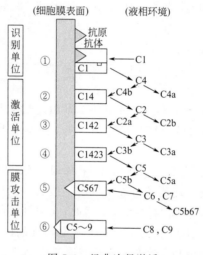

图 5-4　经典途径激活

（2）旁路激活途径

旁路激活途径与经典激活途径不同之处在于激活是越过了 C1、C4、C2 三种成分，直接激活 C3 继而完成 C5 至 C9 各成分的连锁反应，还在于激活物质并非抗原抗体复合物而是细菌的细胞壁成分——脂多糖，以及多糖、肽聚糖、磷壁酸和凝聚的 IgA 和 IgG4 等物质。旁路激活途径在细菌性感染早期，尚未产生特异性抗体时，即可发挥重要的抗感染作用。

① 生理情况下的准备阶段　在正常生理情况下，C3 与 B 因子、D 因子等相互作用，可产生极少量的 C3B 和 C3bBb（旁路途径的 C3 转化酶），但迅速受 H 因子和 I 因子的作用，不再能激活 C3 和后续的补体成分 [图 5-5(a)]。只有当 H 因子和 I 因子的作用被阻挡之际，旁路途径方得以激活 [图 5-5(b)]。

C3：血浆中的 C3 可自然地、缓慢地裂解，持续产生少量的 C3b，释放入液相中的 C3b 迅速被 I 因子灭活。

B 因子：液相中缓慢产生的 C3b 在 Mg^{2+} 存在下，可与 B 因子结合形成 C3bB。

D 因子：体液中同时存在着无活性的 D 因子和有活性的 D 因子（B 因子转化酶）。D 因子作用于 C3bB，可使此复合物中的 B 因子裂解成 C3bBb 和 Ba 游离于液相中。C3bBb 可使

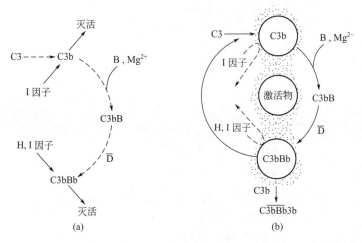

图 5-5 旁路途径的激活

（a）在正常生理情况下，可产生出少量 C3bBb，但迅速受 H 因子和 I 因子的使用，不再能激活 C3 和后续的补体成分；
（b）在激活物存在下，C3b 不易被 I 因子灭活，C3bBb 中的 Bb 不易被 H 因子置换，使激活过程得以进行

C3 裂解为 C3a 和 C3b，但实际上此酶效率不高亦不稳定，H 因子可置换 C3bBb 复合物中的 Bb，使 C3b 与 Bb 解离，解离或游离的 C3b 立即被 I 因子灭活。因此，在无激活物质存在的生理情况下，C3bBb 保持在极低的水平，不能大量裂解 C3，也不能激活后续补体成分。但是这种 C3 的低速度裂解和低浓度 C3bBb 的形成，具有重大的意义，可比喻为处于"箭在弦上，一触即发"的状态。

② 旁路途径的激活　旁路途径的激活在于激活物质（例如细菌脂多糖、肽聚糖，病毒感染细胞、肿瘤细胞，痢疾阿米巴原虫等）的出现。目前认为，激活物质的存在为 C3b 或 C3bBb 提供不易受 H 因子置换 Bb、不受 I 因子灭活 C3b 的一种保护性微环境，使旁路激活途径从和缓进行的准备阶段过渡到正式激活的阶段（图 5-5）。

P 因子：P 因子旧称备解素（properdin）。正常血浆中有可以互相转换的两种 P 因子。C3bBb 的半衰期短，当其与 P 因子结合成为 C3bBbP 时，半衰期可延长。这样可以获得更为稳定的、活性更强的 C3 转化酶。

C3bBb3b：C3bBb 与其裂解 C3 所产生的 C3b 可进一步形成多分子复合物 C3bBb3b。C3bBb3b 像经典途径中的 C5 转化酶 C423 一样，也可使 C5 裂解成 C5a 和 C5b。后续的 C6～C9 各成分与其相互作用的情况与经典途径相同。

③ 激活效应的扩大　C3 在两条激活途径中都占据着重要的地位。C4 是血清中含量最多的补体成分，这也正是适应其作用之所需。不论在经典途径还是在旁路途径，当 C3 被激活物质激活时，其裂解产物 C3b 又可在 B 因子和 D 因子的参与作用下合成新的 C3bBb。后者又进一步使 C3 裂解。由于血浆中有丰富的 C3，又有足够的 B 因子和 Mg^{2+}，因此这一过程一旦被触发，就可能激活并产生显著的扩大效应。有人称此为依赖 C3bBb 的正反馈途径，或称 C3b 的正反馈途径（图 5-6）。

（3）两条激活途径的比较

补体的两条激活途径有共同之处，又有各自的特点。在补体激活过程中，两条途径都是补体各成分的连锁反应，许多成分在相继活化后被裂解成一大一小两个片段；不同的片段或片段的复合物可在靶细胞表面向前移动，如 C42、C423、C5b、C567，虽然也可以在原始激活部位就地形成复合物，但仍以移动为主。在激活过程中，补体成分和（或）

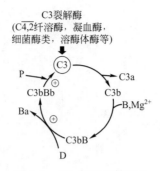

图 5-6 C3b 的正反馈途径

其裂解产物组成更大的复合物，同时又都在扩大其激活效应，这一过程可形象地比喻为"滚雪球"。

两条途径的不同之处参见表 5-4 及图 5-7。

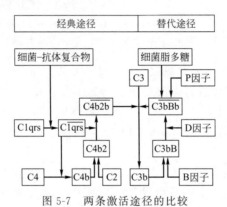

图 5-7 两条激活途径的比较

表 5-4 两条激活途径的主要不同点

比较项目	经典激活途径	旁路激活途径
激活物质	抗原与抗体(IgM、IgG3、IgG1、IgG2)形成的复合物	细菌脂多糖及凝聚的 IgG、IgA 等
参与的补体成分	C1～C9	C3，C5～C9，B 因子，D 因子，P 因子等
所需离子	Ca^{2+}，Mg^{2+}	Mg^{2+}
C3 转化酶	C42(C4b2a)	C3bBb
C5 转化酶	C423(C4b2a3b)	C3bBb3b
作用	参与特异性体液免疫的效应阶段	参与非特异性免疫，在感染早期即发挥作用

（4）补体激活过程的调节

机体通过一系列的复杂因素调节补体系统的激活过程，使之反应适度。例如经 C3b 的正反馈途径即可扩大补体的生物学效应。但补体系统若过度激活，不仅无益地消耗大量补体成分，使机体抗感染能力下降；而且在激活过程中产生的大量生物活性物质，会使机体发生剧烈的炎症反应或造成组织损伤，引起病理过程。这种过度激活及其所造成的不良后果，可通过调控机制而避免。这种调控机制包括补体系统中某些成分的裂解产物易于自行衰变以及多种灭活因子和抑制物的调节作用。

① 自行衰变调节 某些补体成分的裂解产物极不稳定，易于自行衰变，成为补体激活

过程中的一种自控机制。例如 C42 复合物中的 C2b 自行衰变即可使 C42 不再能持续激活 C3，从而限制了后续补体成分的连锁反应。C5b 亦易于自行衰变，影响到 C6～C9 与细胞膜的结合。

②　体液中灭活物质的调节　血清中含有多种使部分补体成分被抑制或灭活的成分，这些成分也是补体成分的一部分。

a. C1 抑制物　C1 抑制物（C1 inhibitor，C1INH）可与 C1 不可逆地结合，使后者失去酯酶活性，不再裂解 C4 和 C2，即不再形成 C42（C3 转化酶），从而阻断或削弱后续补体成分的反应。遗传性 C1INH 缺陷的患者，可发生多以面部为中心的皮下血管性水肿，并常以消化道或呼吸道黏膜的局限性血管性水肿为特征。其发生机制是 C1 未被抑制，与 C4、C2 作用后产生的 C2a（旧称 C2b 的小片段）为补体激肽，或增强血管通透性，因而发生血管性水肿。

C1INH 缺陷时，C4、C2 接连不断地被活化，故体内 C4、C2 水平下降；因其不能在固相上形成有效的 C42（C3 转化酶），所以 C3 及其后续成分不被活化。因此本病不像 C3～C8 缺陷那样容易发生感染。

大部分 C1INH 缺陷病人与遗传有关，另有约 15% 的病人无遗传史，其 C1INH 虽有抗原性但无活性（部分可产生正常的 C1INH，并非完全缺陷）。前者称为Ⅰ型血管性水肿，后者称为Ⅱ型血管性水肿。

血管性水肿可用提纯的 C1INH 治疗，据称有效，亦可给以男性激素制剂以促进肝合成 C1INH，预防水肿的发生。

b. C4 结合蛋白　C4 结合蛋白（C4 binding protein，C4bp）能竞争性地抑制 C4b 与 C2b 结合，因此能抑制 C42（C3 转化酶）的形成。

c. I 因子　I 因子又称 C3b 灭活因子（C3b inactivator，C3bINA），能裂解 C3b，使其成为无活性的 C3bi，因而使 C42 及 C3bBb 失去与 C3b 结合形成 C5 转化酶的机会。

当遗传性 I 因子缺陷时，C3b 不被灭活而在血中持续存在，可对旁路途径呈正反馈作用，陆续使 C3 裂解并产生出更多的 C3b。因此血中 C3 及 B 因子的含量因消耗而降低。当发生细菌性感染时，因补体系统主要成分 C3 和 B 因子严重缺乏，削弱了抗感染作用，可因条件致病菌惹发严重的甚至致命性后果。

d. H 因子　H 因子虽能灭活 C3b，但不能使 C3bBb 中的 C3b 灭活。H 因子（factor H）不仅能促进 I 因子灭活 C3b 的速度，更能竞争性地抑制 B 因子与 C3b 的结合，还能使 C3b 从 C3bBb 中置换出来，从而加速 C3bBb 的灭活。由此可见，I 因子和 H 因子在旁路途径中确实起到了重要的调节作用。

e. S 蛋白　S 蛋白（S protein）能干扰 C5b67 与细胞膜的结合。C5b67 虽能与 C8、C9 结合，但它若不结合到细胞膜（包括靶细胞的邻近的其他细胞）上，就不会使细胞裂解。

f. C8 结合蛋白　C8 结合蛋白（C8 binding protein，C8bp）又称为同源性限制因子（homologous restriction factor，HRF）。C56 与 C7 结合形成 C567 即可插入细胞膜的磷脂双层结构之中，但两者结合之前，可在体液中自由流动。因此，C567 结合的细胞膜不限于引起补体激活的异物细胞表面，也有机会结合在自身的细胞上，再与后续成分形成 C5～C9 大分子复合物，会使细胞膜穿孔受损。这样会使补体激活部位邻近的自身细胞也被殃及。

C8bp 可阻止 C5678 中的 C8 与 C9 的结合，从而避免危及自身细胞膜的损伤作用。C8 分子与 C8bp 之间的结合有种属特异性，即 C5678 中的 C8 与同种 C8bp 反应；但与异性种动物的 C8 不反应，所以又称为 HRF。据称 C8bp 也能抑制 NK 细胞和 Tc 细胞的杀伤作用，值得注意。

3. 补体受体及其免疫学功能

补体成分激活后产生的裂解片段，能与免疫细胞表面的特异性受体结合。这对于补体发挥其生物学活性具有重要意义。

补体受体（complement receptor，CR）曾按其所结合配体而命名为 C3b 受体、C3d 受体等；但经详细研究后发现，补体受体并非仅与 C3 裂解产物反应，因而按其发现先后依次命名为 CR1（CD35）、CR2（CD21）、CR3（CD11b/CD18）、CR4（gp150/95，CD11c/CD18）。其主要特征列于表 5-5。此外，尚有其他补体成分的受体，如 C1q 受体、C3a 受体、C5a 受体等。因对其了解不够清楚，不予介绍。

表 5-5 补体受体的特征

名称	别名	CD 分类	配体特异性	细胞分布
CR1	IA 受体 C3b 受体 C4b/C3b 受体	CD35	iC3b、C3b C4b、iC4b C3c	红细胞、中性粒细胞 单核细胞、巨噬细胞 B 细胞、树突状细胞 肾小球上皮细胞
CR2	C3d 受体 EB 病毒受体	CD21	iC3b、C3dg C3d、EB 病毒、 IFN-α	B 细胞、树突状细胞
CR3	iC3b 受体 Mac-1 抗原	CD11b/CD18	IC3b、植物凝集素、 某些细胞多糖	中性粒细胞、单核细胞、巨噬细胞、树突状细胞、NK 细胞
CR4	gp150/95	CD11c/CD18	iC3b、C3d、C3dg	中性粒细胞、单核细胞、巨噬细胞、血小板

（1）CR1（CD35）

CR1 作为免疫黏附受体而引起免疫黏附现象早已熟知。此受体也称为 C3b 受体或 C3b/C4b 受体。据报道，红细胞上的 CR1 为 50～1400 个/细胞，其数目显著少于 B 细胞和吞噬细胞，但体内 90% 的 CR1 却存在于红细胞上。

提纯的 CR1 为分子量约 200kDa 的糖蛋白，但后来发现它有 4 种分子量不同的同种异型。最近，Wong 等（1986）已经阐明，分子量的差异是由于基因不同所致。

CR1 的免疫功能可能有以下几方面：①中性粒细胞和单核-巨噬细胞上的 CR1，可与结合在细菌或病毒上的 C3b 结合，促进吞噬细胞的吞噬作用；②促进两条激活途径中的 C3 转化酶（C42）、C3bBb 的激活；③作为 I 因子的辅助因子，促使 C3b 和 C4b 灭活；④红细胞上的 CR1 可与被调理（结合有 C3b）的细胞、病毒或免疫复合物等结合，以便运送到肝、脾进行处理，SLE（systemic lupus erythematosus，系统性红斑狼疮）病人免疫复合物量明显增多，其红细胞膜上的 CR1 在体内有运送免疫复合物的作用；⑤B 淋巴细胞膜上的 CR1 与 CR2 协同作用，可促使 B 细胞活化。

（2）CR2（CD21）

CR2 旧称 C3d 受体，已经证明，它是 B 细胞上的 EB 病毒受体。CR2 配体按其亲和性的高低程度依次为 C3dg、C3d、iC3b。C3b 亲和性虽低，但亦可与其反应。

CR2 的免疫功能尚未阐明，但实验表明，当加入 CR2 配体时可使 B 细胞活化。据此推想，在抗体的二次应答中它也许会有某种作用，即借结合在抗原复合物上的 C3 裂解产物，引起针对该抗原的二次抗体应答。

（3）CR3（CD11b/CD18）

CR3 亦称为 iC3b 受体，CR3 的配体是 iC3b，但 CR1、CR2 也和 iC3b 反应。CR3 与配体结合时尚需有二价离子存在，此为其特点。

CR3 是由分子量为 165kDa 的 α 链（CD11b）和 95kDa 的 β 链（CD18）以非共价结合的糖蛋白，识别此分子的单克隆抗体有 Mac-1 和 Mo-1 等。CR3 与 CR4（CD11c/CD18）有共同的 β 链，因此其功能也多有相似之处。白细胞黏附缺陷病病人缺乏这种共同的 β 链，病人的中性粒细胞虽正常，但不能停留在感染的部位，因此病人易反复遭受感染。这表明 CR3 和 CR4 均与吞噬功能密切相关。

（4）CR4（gp150/95，CD11c/CD18）

中性粒细胞和单核-巨噬细胞高度表达本受体。其配体为 iC3b，但针对其他补体受体的单克隆抗体不能阻断 CR4 与 iC3b 的结合，证明 CR4 的存在。CR4 与 gp150/95 为同一分子，对其功能尚有诸多不明之处。据认为 CR4 在排除组织内与 iC3b 的结合的颗粒上起作用。它和 CR3 一样，与配体结合需有二价离子的存在。CR4 很可能在机体防御上有重要作用。

4. 补体的生物学活性

补体系统是人和某些动物种属在长期的种系进化过程中获得的非特异性免疫因素之一，它也在特异性免疫中发挥效应，它的作用是多方面的。补体系统的生物学活性，大多是由补体系统激活时产生的各种活性物质（主要是裂解产物）发挥的。补体成分及其裂解产物的生物学活性列于表 5-6。

表 5-6　补体成分及其裂解产物的生物学活性和作用机制

补体成分或裂解产物	生物学活性	作用机制
C5～C9	细胞毒作用，溶菌、杀菌作用	嵌入细胞膜的磷脂双层结构中，使细胞膜穿孔、细胞内容物渗漏
C3b	调理作用	与细菌或细胞结合使之易被吞噬
C3b	免疫黏附作用	与抗原抗体复合物结合后，黏附于红细胞或血小板，使复合物易被吞噬
C1、C4	中和病毒作用	增强抗体的中和作用，或直接中和某些 RNA 肿瘤病毒
C2a	补体激肽	增强血管通透性
C3a、C5a	过敏毒素	与肥大细胞或嗜碱性粒细胞结合后释放组胺等介质，使毛细血管扩张
C5a	趋化因子	借其梯度浓度吸引中性粒细胞及单核细胞

（1）细胞毒及溶菌、杀菌作用

补体能溶解红细胞、白细胞及血小板等。当补体系统的膜攻击单位 C5～C9 均结合到细胞膜上，细胞会出现肿胀和超微结构的改变，细胞膜表面出现许多直径为 8～12mm 的圆形损害灶，最终导致细胞溶解。

补体还能溶解或杀伤某些革兰阴性菌，如霍乱弧菌、沙门菌及嗜血杆菌等，革兰阳性菌一般不被溶解，这可能与细胞壁的结构特殊或细胞表面缺乏补体作用的底物有关。

（2）调理作用

补体裂解产物 C3b 与细菌或其他颗粒结合，可促进吞噬细胞的吞噬，称为补体的调理作用。C3 裂解产生出的 C3b 分子，一端能与靶细胞（或免疫复合物）结合；其另一端能与细胞表面有 C3b 受体的细胞（单核细胞、巨噬细胞、中性粒细胞等）结合，在靶细胞与吞噬表面之间起到桥梁作用，从而促进吞噬。IgG 类抗体借助于吞噬细胞表面的 IgG-Fe 受体也能起到调理作用；为区别于补体的调理作用而称其为免疫（抗体）的调理作用。IgM 类抗体本身起调理作用，但在补体参与下才能间接起到调理作用。

（3）免疫黏附作用

免疫复合物激活补体之后，可通过 C3b 而黏附到表面有 C3b 受体的红细胞、血小板或某些淋巴细胞上，形成较大的聚合物，这可能有助于被吞噬清除。

（4）中和及溶解病毒作用

在病毒与相应抗体形成的复合物中加入补体，则明显增强了抗体对病毒的中和作用，阻止了病毒对宿主细胞的吸附和穿入。

近年来发现，不依赖特异性抗体，只有补体即可溶解病毒的现象。例如 RNA 肿瘤病毒及 C 型 RNA 病毒均可被灵长类动物的补体所溶解。据认为，这是由于此类病毒包膜上的 C1 受体结合 C1q 之后所造成的。

（5）炎症介质作用

炎症也是免疫防御反应的一种表现。感染局部发生炎症时，补体裂解产物可使毛细血管通透性增强，吸引白细胞到炎症局部。

① 激肽样作用　C2a 能增加血管通透性，引起炎症性充血，具有激肽样作用，故称其为补体激肽。前述 C1INH 先天性缺陷引起的遗传性血管神经水肿即因血中 C2a 水平增高所致。

② 过敏毒素作用　C3a、C5a 均有过敏毒素作用，可使肥大细胞或嗜碱性粒细胞释放组胺，引起血管扩张，增加毛细血管通透性以及使平滑肌收缩等。

C3a、C5a 的过敏毒素活性可被血清中的羧肽酶 B（过敏毒素灭活因子）所灭活。

③ 趋化作用　C5a 有趋化作用，故又称为趋化因子，能吸引具有 C5a 受体的吞噬细胞游走到补体被激活（即趋化因子浓度最高）的部位。

5. 血清补体水平与疾病

人血清补体含量相对稳定，只有在患某些疾病时，血清补体总量或各成分含量才可能发生变动。目前可以根据补体的溶血活性测定其总含量，亦可用免疫扩散法测定某些补体成分的含量。

恶性肿瘤等少数疾病病人血清补体总量可较正常人高 2～3 倍，对其意义并不清楚。在某些传染病中亦可见到代偿性增高。

血清补体总量低于正常值者，称为低补体血症。低补体血症可见于以下几种情况：①补体成分的大量消耗，可发生在血清病、链球菌感染后肾小球肾炎、系统性红斑狼疮、自身免疫性溶血性贫血、类风湿性关节炎及同种异体移植排斥反应等中。这些疾病患者除补体总量下降外，尚可伴有 C1q、C4、C2、C3 及 C5 各成分的减少。②补体的大量丢失，多见于外伤、手术和大失血的病人。补体成分随血清蛋白的扩大量丧失而丢失，发生低补体血症。③补体合成不足，主要见于肝病病人，例如肝硬化、慢性活动性肝炎和急性肝炎的重症病例。

（二）技能准备

1. 血清准备

（1）Hank's 液配制

Hank's 液是生物医学实验中最常用的无机盐溶液和平衡盐溶液（Balanced Salt Solutions，BSS），简称 HBSS。主要用于配制培养液、稀释剂和细胞清洗液，而不能单独作为细胞、组织培养液。其具体配制见表 5-7。

表 5-7　Hank's 液配制

原液 A		
	NaCl	160g
	$MgSO_4 \cdot 7H_2O$	2g
	KCl	8g
	$MgCl_2 \cdot 6H_2O$	2g
	$CaCl_2$	2.8g
	溶于 1000ml 双蒸水	
原液 B		
(1)	$Na_2HPO_4 \cdot 12H_2O$	3.04g
	KH_2PO_4	1.2g
	葡萄糖	20.0g
	溶于 800ml 双蒸水	
(2)	0.4%酚红溶液：取酚红 0.4g，置玻璃研钵中，逐滴加入 0.1mol/L NaOH 并研磨，直至完全溶解，约 0.1mol/L NaOH 10ml。将溶解的酚红吸入 100ml 量瓶中，用双蒸水洗下研钵中残留酚红液，并入量瓶，最后补加双蒸水至 100ml	
	将(1)液和(2)液混合，补加双蒸水至 1000ml，即为原液 B	
应用液		
	原液 A	1 份
	原液 B	1 份
	双蒸水	18 份
	混合后，分装于 200ml 小瓶中，0.2MPa 高压蒸汽灭菌 15min，临用前用无菌的 5.6% $NaHCO_3$ 调 pH 至 7.2～7.6	

（2）Alsever 血液保存液配制

抗凝血液若需要保存时间较长，则需加入 Alsever 血液保存液，具体配制方法见表 5-8。

表 5-8　Alsever 血液保存液配制表

成　分	含　量
葡萄糖	2.05g/100ml
柠檬酸钠	0.8g/100ml
NaCl	0.42g/100ml

依次加入成分表中的各成分于 70ml 三蒸水中，待全部溶解后，加柠檬酸调 pH 至 6.1，加三蒸水至 100ml，于 115℃高压蒸汽灭菌 10min，贴上标签于 4℃冰箱内保存。

（3）血清析出

① 采集的血液移入灭菌大试管（或平皿）后，尽量放成最大斜面，凝固后放入 4～6℃冰箱中，使其自然析出血清。

② 用已灭菌的毛细滴管吸出血清置无菌离心管中，离心沉淀除去红细胞，取上清液置无菌试管中。

③ 若需要，可缓缓加入 15%苯酚防腐，使其最后浓度为 0.25%～0.5%，分装血清于

试管中，标明制备日期，保存至冰箱中备用。

2. 补体系统的分离纯化

若需要对补体系统进行进一步的分离纯化，可用色谱法。

（1）色谱法简介

① 定义　色谱法是利用混合物中不同组分具有不同的理化性质，利用其理化性质的差异进行混合物分离的一种方法。色谱系由两个相组成：一是固定相，另一是流动相。

② 原理　当待分离的混合物随流动相通过固定相时，由于各组分的理化性质存在差异，与两相发生相互作用（吸附、溶解、结合等）的能力不同，在两相中的分配（含量比）不同，且随流动相向前移动，各组分不断地在两相中进行再分配。分部收集流出液，可得到样品中所含的各单一组分，从而达到将各组分分离的目的。

（2）色谱法分类

按色谱原理还可将色谱分为以下几种。

① 凝胶色谱　又称分子筛过滤或排阻色谱等。固定相是多孔凝胶，各组分的分子大小不同，因而在凝胶上受阻滞的程度也不同，从而实现分离。该法操作条件温和，不需要有机溶剂，对高分子物质有很好的分离效果。

② 离子交换色谱　这是采用具有离子交换性能的物质作固定相，利用它与流动相中的离子能进行可逆交换的性质来分离离子型化合物的方法。主要用于分离氨基酸、多肽及蛋白质，也可用于分离核酸、核苷酸及其他带电荷的生物分子。

③ 高效液相色谱　这是在经典液相色谱法基础上，引进气相色谱的理论而发展起来的一项新颖快速的分离技术。该技术具有分离能力强、测定灵敏度高、可在室温下进行以及应用范围广等优点，对分离蛋白质、核酸、氨基酸、生物碱、类固醇和类脂等尤其有利。根据流动相和固定相的相对极性，高效液相色谱分析可分为正相和反相两种。

④ 亲和色谱　利用待分离物质和它的特异性配体间具有特异的亲和力，从而达到分离的目的。具有专一亲和力的生物分子对主要有：抗原与抗体，DNA 与互补 DNA 或 RNA，酶与底物，激素与受体，维生素与特异结合蛋白，糖蛋白与植物凝集素等。亲和色谱可用于纯化生物大分子、稀释液的浓缩、不稳定蛋白质的贮藏以及分离核酸等。

二、项目实施

任务一　观察溶血反应

1. 溶血反应简介

免疫血清与其相应的抗原细胞（血细胞、细菌及其组织细胞）相遇，并在补体的参与下可出现溶细胞反应，依抗原、抗体的种类不同可有溶血反应、溶菌反应等。如抗原（红细胞）和抗体（溶血素）进行特异性的结合，并激活了补体，而使红细胞在补体的作用下被溶解，于是产生了溶血现象。细菌中只有部分会出现溶菌反应（如霍乱弧菌）。

2. 所需设备和材料（见表 5-9）

3. 实验过程

（1）取小试管 3 支，按表 5-10 加入各物（容量单位为 ml）。

（2）将上述 3 支试管放在 37℃水浴箱内 15～30min 后观察有无凝血现象。

表 5-9　溶血反应所需设备和材料

设备或材料	数量	设备或材料	数量
注射器	30 支	豚鼠	1 只
碘酒棉花	若干	鼠笼	1 个
酒精棉花	若干	一次性手套	1 袋
高压蒸汽灭菌锅	1 台	小鼠固定器	10 个
无菌生理盐水(可自制)	1 瓶	小试管	3 支/组
抗原:2%绵羊红细胞	1 瓶	手术刀	10 把
抗体:溶血素	1 瓶	补体:取健康豚鼠血清作为补体	1 瓶

表 5-10　各试管加入物质　　　　　　　　　　单位：ml

试管	2%红细胞	溶血素(2个单位)	补体(2个单位)	生理盐水	结果
1	0.5	0.5	0.5	0.5	
2	0.4	0.5	—	1.0	
3	0.5	—	0.5	1.0	

任务二　补体结合实验

1. 补体结合反应简介

当抗原与其对应的抗体结合时，所生成的抗原抗体复合物能从溶液中将补体吸着，此即谓补体结合。参与补体结合反应的抗原是透明的溶液，故补体结合现象不能被肉眼看出来，因此必须借助溶血系统（溶血素及相对应的羊血细胞）作为指示剂，来判定媒质中有无游离的补体，进而推定媒质中未知抗原（或抗体）和已知抗体（或抗原）是否进行了特异性的结合。本反应具有很高的敏感性及特异性，因此常应用于传染病的诊断，特别是诊断病毒疾病和梅毒。

由于参与本反应的各种成分间有着一定量的关系，因此在做本试验之前，必须通过一系列的预备实验来确定各成分的使用量，故本反应的实验方法较为复杂。本次实验以伤寒杆菌免疫血清与其相对应的抗原补体结合试验为例。

2. 所需设备和材料（见表 5-11）

表 5-11　补体结合反应所需设备和材料

设备或材料	数量	设备或材料	数量
注射器	30 支	豚鼠	1 只
碘酒棉花	若干	试管架	1 个
酒精棉花	若干	一次性手套	1 袋
水浴锅	1 台	溶血素:抗绵羊血细胞的兔血清	1 瓶
无菌生理盐水(可自制)	1 瓶	小试管	22 支/组
抗原:伤寒的抽出液	1 瓶	2%绵羊红细胞	1 瓶
抗体:伤寒杆菌的免疫血清	1 瓶	补体:取健康豚鼠血清作为补体	1 瓶

3. 实验过程

（1）预备试验

预备试验包括溶血素效价的滴定、补体效价的滴定、抗原效价的滴定及被检血清的处理。

第一步　溶血素效价的滴定。按照表 5-12 加入各组分。

表 5-12　补体结合反应各组分加入量

管号	溶血素/ml	溶血素稀释倍数	1∶20 补体/ml	生理盐水/ml	2％羊血细胞/ml		假定结果
1	0.5	1∶300	0.3	1.7	0.5		全溶解
2	0.5	1∶500	0.3	1.7	0.5		全溶解
3	0.5	1∶800	0.3	1.7	0.5		全溶解
4	0.5	1∶1000	0.3	1.7	0.5		全溶解
5	0.5	1∶1200	0.3	1.7	0.5	摇匀后置 37℃ 水浴 1h	全溶解
6	0.5	1∶1600	0.3	1.7	0.5		全溶解
7	0.5	1∶2000	0.3	1.7	0.5		全溶解
8	0.5	1∶2400	0.3	1.7	0.5		全溶解
9	0.5	1∶3200	0.3	1.7	0.5		全溶解
10	0.5	1∶4000	0.3	1.7	0.5		全溶解
11	0.5	1∶4800	0.3	1.7	0.5		全溶解
12	0.5	1∶6000	0.3	1.7	0.5		全溶解
对照		1	0.3	2.2	0.5		全溶解

凡最高稀释度的溶血素可呈现完全溶血者为一个单位。依表 5-12 结果第 10 管（即 1∶4000 倍稀释）0.5ml 溶血素为一个单位，在溶血反应中常用 0.5ml 中含有 2 个溶血素单位的溶液，所以试验时应取 1∶2000 倍稀释的溶液。

第二步　补体单位滴定。依表 5-13 加入各试剂。

表 5-13　补体结合反应中补体单位滴定加入试剂

管号	补体(1∶20)/ml	抗原/ml	生理盐水/ml		溶血素(2单位)/ml	2％羊血细胞悬液/ml		结果
1	0.20	0.5	1.30		0.5	0.5		不溶血
2	0.25	0.5	1.25		0.5	0.5		稍溶血
3	0.30	0.5	1.20	置于 37℃ 水浴 45min	0.5	0.5	置于 37℃ 水浴 15min	全溶血
4	0.35	0.5	1.15		0.5	0.5		全溶血
5	0.40	0.5	1.10		0.5	0.5		全溶血
6	0.45	0.5	1.05		0.5	0.5		全溶血
7	0.50	0.5	1.00		0.5	0.5		全溶血
8	—	0.5	1.50		0.5	0.5		不溶血

能引起完全溶血的最小补体量称为准确单位，即表 5-13 中第 3 管（即 0.3ml），但因补体的效价可能有部分损失，故普遍稍高的一管为实用单位，实际试验时需用两个实用单位。

表 5-13 的结果如下所述。

补体标准单位：0.3ml，补体实用单位：0.35ml，补体两个实用单位：0.70ml，因试验时是两个实用单位的补体0.5ml，可依下列比例关系换算：

$20:0.7=x:0.5$，$x=14.3$，即需将补体稀释14.3倍，用0.5ml则含有两个实用单位。

（2）抗原的滴定

在用已知抗原测定未知抗体时，必须先滴定抗原效价以决定本试验所需抗原的最适浓度（反之用已知抗体测定未知抗原时，则需滴定抗体效价）。补体结合反应中抗原加入量如表5-14所示。

表5-14　补体结合反应中抗原加入量

试剂 \ 管号	1	2	3	4	5	6
1:5稀释血清	0.5	0.5	0.5	—	—	—
伤寒抗原2U	0.5	—	—	0.5	—	—
痢疾抗原1:80	—	0.5	—	—	—	—
补体2U	0.5	0.5	0.5	0.5	0.5	0.5
生理盐水	—	—	0.5	0.5	1.0	1.5
摇匀放置37℃水浴中30min						
溶血素2U	0.5	0.5	0.5	0.5	0.5	0.5
2%羊血细胞	0.5	0.5	0.5	0.5	0.5	0.5
摇匀放置37℃水浴中15min						
说明	试验管	特异性对照	血清对照	抗原对照	溶血素对照	羊血细胞对照

如血清对照管呈完全或部分不溶血时为抗补体现象。若血清严重污染细菌、混有淋巴液或显著溶血时，常产生很强的抗补体作用。又如试管、吸管不清洁，也可出现抗补体。若有抗补体发生，应抽血重新试验。

任务三　血清总补体溶血活性（CH$_{50}$）测定

绵羊红细胞（SRBC）与相应抗体（溶血素）结合后，可激活待检血清中的补体而导致SRBC溶血。其溶血程度与血清中补体的含量和功能有关。由于补体含量与溶血程度之间呈正相关，但不是直线关系，而呈S曲线关系，故通常取反应曲线中间部位，即50%溶血（CH$_{50}$）为判定终点。由于抗原抗体复合物激活的是补体的经典途径，C1～C9任何一种成分缺陷都可使CH$_{50}$降低，所以此实验反映了总补体的活性。

1. 所需设备和材料（见表5-15）

表5-15　血清总补体溶血活性（CH$_{50}$）测定所需设备和材料

设备或材料	数量	设备或材料	数量
磷酸盐缓冲液（PBS，pH 7.4）	200ml/组	溶血素：抗绵羊血细胞的兔血清	1瓶
试管架	1个	小试管	11支/组
吸管	5个/组	2%绵羊红细胞	1瓶
水浴锅	1台	待检血清	1瓶

2. 实验过程

（1）标准曲线的制备

① 2%血红素溶液的配制：吸取5ml 2%绵羊红细胞悬液加入离心管，2000r/min离心

5min，去除上清液，加蒸馏水 2.5ml，待绵羊红细胞溶解后，再加 1.7％NaCl 溶液 2.5ml，混匀，即为 2％血红素溶液。

② 取小试管 11 支，按表 5-16 分别加入各成分。

表 5-16　CH_{50} 测定的标准曲线制备各组分加入量

试管号	1	2	3	4	5	6	7	8	9	10	11
2％血红素/ml	—	0.1	0.2	0.3	0.4	0.5	0.6	0.7	0.8	0.9	1.0
2％SRBC/ml	1.0	0.9	0.8	0.7	0.6	0.5	0.4	0.3	0.2	0.1	—
PBS/ml	2.0	2.0	2.0	2.0	2.0	2.0	2.0	2.0	2.0	2.0	2.0
溶血/％	0	10	20	30	40	50	60	70	80	90	100

③ 混匀后以 2000r/min 离心 5min，取上清液用分光光度计（波长 540nm）测光密度值。

④ 以光密度值为纵坐标、溶血百分率为横坐标，绘出标准曲线。

（2）待检血清测定

① 取病人血清 0.1ml，加 PBS 3.9ml，使成 1∶40 稀释液，混匀后分装 4 个小试管，每管 1ml。

② 加 2 单位溶血素，每管 1ml。

③ 加 2％绵羊红细胞，每管 1ml。

④ 于 37℃水浴 30min。

⑤ 2000r/min 离心 5min。

⑥ 取上清液测光密度值（540nm 波长）。

3. 结果

按下法计算每毫升待检血清中的补体含量（计算 4 管的平均值）。

例：病人血清稀释度 1∶40，测得光密度值为 0.48（平均值），自标准曲线查出溶血百分率为 60，则：40∶X = 50∶60

$$X = \frac{40 \times 60}{50} = 48 \text{ 单位/ml}$$

此结果主要反映通过经典途径活化的总补体的活性。

任务四　透射比浊法测定血清 C3 含量

血样本中 C3 与抗 C3 血清在液相中反应，比例合适时形成可溶性免疫复合物。聚乙二醇（PEG 6000）可沉淀其免疫复合物，使溶液的透光率（T）下降。免疫复合物的量与 C3 和抗 C3 量呈函数关系，当固定抗 C3 浓度时，免疫复合物的形成量主要取决于样本中 C3 的含量，并与其呈正相关。故通过检测溶液吸光度值即可判定样本中的 C3 含量。

1. 所需设备和材料（见表 5-17）

表 5-17　透射比浊法测定血清 C3 含量所需设备和材料

设备或材料	数量	设备或材料	数量
稀释液	200ml/组	抗 C3 血清	1 瓶
96 孔板	1 个/组	C3 标准品	1 瓶
微量取样器	1 套/组	酶标仪	1 台
Tip 头	3 盒	待检血清	1 瓶

2. 实验过程

（1）配制稀释液

PEG 6000 20.00g，NaF 10.00g，$Na_2HPO_4 \cdot 12H_2O$ 101.50g，$NaH_2PO_4 \cdot 2H_2O$ 10.00g，NaN_3 1.0g，加蒸馏水溶解至1000ml。用玻璃滤器过滤，室温保存。

（2）制备标准曲线

在5个反应板微孔中分别加入稀释抗C3血清$158\mu l$、$156\mu l$、$154\mu l$、$152\mu l$、$150\mu l$，再将C3含量标准品溶解后取$2\mu l$、$4\mu l$、$6\mu l$、$8\mu l$、$10\mu l$分别加至相应各孔，最终体积各为$160\mu l$。于微型混合器上振荡1min，置37℃水浴30min，取出后混匀，用酶标仪分别测定490nm处的吸光度。以C3含量为横坐标、吸光值为纵坐标，制成标准曲线。

（3）将抗C3血清按所示效价稀释，加到聚苯乙烯反应板孔中，$156\mu l$/孔，然后每孔加入不同稀释度的待测血清$4\mu l$，于微型混合器上振荡混匀1min，置37℃水浴30min后，取出混匀，用酶标仪测定其490nm处的吸光度。用抗C3血清溶液作空白调零。根据标准曲线即可得知样本中C3的含量，正常值为(1.017 ± 0.2396)g/L$(X\pm SD)$。

三、项目拓展

（一）补体C4溶血活性的测定（试管法）

将豚鼠血清用水合肼或氨水处理去除其中的C4，这种C4缺乏血清（简称R4）不能使致敏的SRBC溶解，当加入含有C4的受检血清后，级联酶促反应发生即可导致致敏的SRBC溶解。溶血的程度与待测血清中C4的活性相关。

1. 所需设备和材料（见表5-18）

表5-18　补体C4溶血活性测定所需设备和材料

设备或材料	数量	设备或材料	数量
磷酸盐缓冲液(PBS,pH 7.4)	200ml/组	新鲜豚鼠血清	1瓶
1mol/L HCl	1瓶	小试管	11支/组
溶血素	1瓶	0.15mol/L氨水	1瓶
水浴锅	1台	5%SRBC	1瓶

2. 实验过程

（1）无补体C4抗原抗体复合物（EAR4）的制备

在新鲜豚鼠血清中按每毫升加0.15mol/L氨水0.25ml或0.075mol/L水合肼0.25ml，混合后置37℃水浴30～90min，灭活其中的C4。用1mol/L HCl调节至pH 7.2备用，取5%SRBC悬液与等体积4U溶血素混合为EA，然后按EA 4ml与R4 0.25ml混合，室温放置15min后使用。

（2）在试管中加入反应物。

（3）结果判定

按CH_{50}方法进行。正常范围为(8.270 ± 2.087)U/ml。

（二）补体介导的细胞毒试验

带有特异抗原的靶细胞（如正常细胞、肿瘤细胞、病毒感染细胞）与相应抗体结合后，在补体的参与下，引起靶细胞膜损伤，导致细胞膜的通透性增加、细胞死亡。染料（例如伊红 Y、台盼蓝）可通过细胞膜进入细胞内使细胞着色，故可用于指示死细胞或濒死细胞，而活细胞不着色。此即补体依赖性细胞毒试验，利用细胞毒试验可以检测细胞膜抗原，亦可鉴定抗体的特异性。

本实验中，Thy-1 抗原是小鼠胸腺 T 细胞特异的表面抗原，在体外利用抗小鼠 Thy-1 的单克隆抗体通过补体的协同作用，可杀伤 95% 以上的胸腺细胞。

1. 所需设备和材料（见表 5-19）

表 5-19　补体介导的细胞毒试验所需设备和材料

设备或材料	数量	设备或材料	数量
解剖器械（眼科剪、眼科镊）	1 套/组	溶血素:抗绵羊血细胞的兔血清	1 瓶
试管架	1 个/组	小试管	11 支/组
1ml 吸管、尖吸管	各 5 个/组	2% 绵羊红细胞	1 瓶
平皿	5 套/组	80~100 目不锈钢网	1 个/组
载玻片、盖玻片	各 10 个/组	C57BL/6J 小鼠	1 只/组
含 5%NBS 的冷 Hank's 液	1 瓶/组	抗小鼠 Thy-1 的单克隆抗体(最适稀释度)	1 瓶/组
补体(豚鼠新鲜血清并经小鼠胸腺细胞吸收,预先测定效价并稀释为最佳稀释度)	1 瓶/组	1% 伊红 Y 染液	1 瓶/组

2. 实验过程

（1）小鼠胸腺细胞悬液的制备

将 4~6 周龄小鼠采用颈椎脱臼法处死，取出胸腺放入已加入约 4ml 冷 Hank's 液的平皿中，在 100 目的不锈钢网上研磨后，过筛，放入试管，1000r/min 离心 5min，用 Hank's 液洗两次。将沉淀的细胞重悬于 Hank's 液中，配成 1×10^7/ml 细胞悬液。

（2）取试管 3 支，标明顺序，依据表 5-20，依次加入 1×10^7/ml 胸腺细胞悬液、抗小鼠 Thy-1 的单克隆抗体（最适稀释度）及 Hank's 液，放入 37℃ 水浴 30min。

表 5-20　补体介导的细胞毒试验各组分加入列表

实验材料	试验管	补体对照管	细胞对照管
1×10^7/ml 胸腺细胞悬液	0.1ml	0.1ml	0.1ml
Thy-1 单克隆抗体	0.1ml	—	—
Hank's 液	—	0.1ml	0.2ml
1:3 补体	0.1ml	0.1ml	—

（3）取出后每管加入 1% 伊红-Y 染液 1 滴，混匀，室温放置 2min。

（4）重新混匀后分别在一张载玻片上滴片，加盖玻片镜检。先在低倍镜下观察，再用高倍镜观察，比较三管中细胞死活情况。

3. 实验结果

死细胞呈红色，无光泽且肿胀变大；活细胞不着色、有光泽且形态正常。高倍镜下计数 200 个细胞并计算其中死细胞的百分数。计算公式如下：

$$死细胞百分数 = \frac{实验管死细胞数(\%) - 对照管死细胞数(\%)}{100\% - 对照管死细胞数(\%)}$$

4. 注意事项

（1）胸腺细胞制备速度要快，且需在冰浴中进行操作，以保持细胞活力。

（2）抗 Thy-1 的单克隆抗体和补体的效价要在预实验中确定。

（3）细胞对照管死细胞数若超过 5%，实验需重做。

（4）细胞滴加到载玻片上后长时间放置不检测也可导致假阳性反应。

要点解读

➢ 知识体系构建（图 5-8）

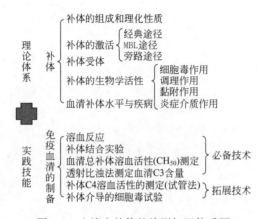

图 5-8　血清中补体的检测知识体系图

➢ 补体系统是由 30 余种蛋白质分子共同组成的高级生化级联反应体系，其中包括补体固有成分、可溶性及膜表面调节蛋白以及补体受体。

➢ 补体系统激活的途径共有 3 条：①始于分子自发裂解的替代途径。②凝集素的介导途径。③免疫复合物介导的经典途径。它们有共同的终末途径。

➢ 补体系统活化的关键步骤是 C3 转化酶（C3bBb 或 C4b2b）的产生以及 C3b 正反馈环路的形成。

➢ 补体活化受到精密的负反馈调节，包括补体的自身调控以及补体调节因子的作用。

➢ 补体系统活化过程中产生的不同活性片段，通过细胞表面的补体受体发挥多方面的生物学效应，主要有调理、引起炎症反应、清除免疫复合物以及免疫调节等。

➢ 专业词汇英汉对照表

补体系统	complement system	细胞因子	cell factor
免疫复合物	immune complex	免疫调节	immuno regulation
补体受体	complement receptor		

项目思考

1. 描述补体激活的三条途径。

2. 补体系统的概念、补体的性质是什么？

3. 简述补体系统激活的调节。

4. 6 种补体受体的生物学功能有哪些？

5. 补体的生物学功能有哪些？

6. 补体临床检验的应用有哪些？

项目六　免疫标记技术检测植物病毒

项目介绍

1. 项目背景

你作为×××生物技术公司的一名技术人员接到一个工作任务：应用免疫标记技术诊断植物病毒，包括酶联免疫技术和荧光免疫技术，需要你掌握必备知识和技能以完成对植物病毒的检测。

2. 项目任务描述

任务一　酶标抗体（抗原）的制备

任务二　双抗体夹心法诊断植物病毒

任务三　直接免疫荧光法测抗原

任务四　间接免疫荧光法测抗体

学习指南

【学习目标】

1. 能用酶标记抗原或抗体。

2. 能配制 ELISA 法中应用的各种试剂。

3. 能掌握酶免疫分析技术的定义、分类、原理，并了解临床上的应用。

4. 能进行组织切片。

5. 能用荧光免疫分析技术检测植物病毒。

6. 掌握荧光标记物的制备和应用原理，并了解其在临床上的应用。

【学习方法】

1. 通过网络课程开展预习和复习。

2. 任务实施前，学生通过教师示范和视频观看来了解实验步骤及具体的实验方法。

3. 任务实施中，应注意准确的加样操作和每一步洗涤的程度。

4. 任务完成后，学生通过撰写实验报告来总结实验结果。

一、项目准备

（一）知识准备

1. 免疫标记技术简介

免疫标记技术是利用抗原抗体反应进行的检测方法，即应用制备好的特异性抗原或抗体作为试剂，以检测标本中的相应抗体或抗原。它的特点是具有高度的特异性和敏感性。如将试剂抗原或试剂抗体用可以微量检测的标记物（例如放射性核素、荧光素、酶等）进行标记，则在与标本中的相应抗体或抗原反应后，可以不必测定抗原抗体复合物本身，而测定复合物中的标记物，通过标记物的放大作用，进一步提高了免疫技术的敏感性。这种标记免疫技术一般分为两类，一类用于组织切片或其他标本中抗原或抗体的定位，另一类用于液体标本中抗原或抗体的测定。前者属于免疫组织化学技术范畴，后者则称为免疫测定。

首先被用作标记免疫技术中的标记物的是荧光素。1941 年，Coons 建立的荧光抗体技术使组织和细胞中抗原物质的定位成为可能。放射性核素作为标记物在免疫技术中的应用又开创了特异性的超微量测定。1956 年，Yalow 和 Berson 建立的放射免疫测定很快普遍应用于体液中的激素、微量蛋白及药物的测定。酶用作免疫技术标记物是从抗原定位开始的。

荧光抗体技术、放射免疫分析和酶免疫技术，即经典的三大标记技术，又可根据标记物是否为放射性物质分为放射性免疫测定和非放射性免疫测定两大类。后者消除了应用放射性物质在测定中带来的不便，受到使用者的欢迎。新的方法不断出现，化学发光免疫技术和金免疫技术等得到了很大的发展。这些方法已普遍应用于临床检验。

1966 年，Nakene 和 Pierce 利用酶使底物显色的作用而得到与荧光抗体技术相似的结果；1971 年，Engvall 和 Perlmann 发表了酶联免疫吸附测定（enzyme linked immune sorbent assay，ELISA）用于 IgG 定量测定的文章，使得 1966 年开始用于抗原定位的酶标抗体技术发展成液体标本中微量物质的测定方法，为免疫学检验的研究开辟了一条新途径。1975 年，Kohler 和 Milstein 所建立的杂交瘤技术制备了针对不同抗原表位的单克隆抗体，显著提高了酶免疫技术的特异性和灵敏度。这一方法的基本原理是：①使抗原或抗体结合到某种固相载体表面，并保持其免疫活性；②使抗原或抗体与某种酶连接成酶标抗原或抗体，这种酶标抗原或抗体既保留了其免疫活性，又保留了酶的活性。在测定时，把受检标本（测定其中的抗体或抗原）和酶标抗原或抗体按不同的步骤与固相载体表面的抗原或抗体起反应。用洗涤的方法使固相载体上形成的抗原抗体复合物与其他物质分开，最后结合在固相载体上的酶量与标本中受检物质的量成一定的比例。加入酶反应的底物后，底物被酶催化变为有色产物，产物的量与标本中受检物质的量直接相关，故可根据颜色反应的深浅来进行定性或定量分析。由于酶的催化效率很高，故可极大地放大反应效果，从而使测定方法达到很高的敏感度。

（1）免疫标记技术定义

免疫标记技术是将已知抗体或抗原标记上易显示的物质，通过检测标记物来反映抗原抗体反应的情况，从而间接地测出被检抗原或抗体的存在与否或量的多少。常用的标记物有荧光素、酶、放射性原子及胶体金等。免疫标记技术具有快速、定性或定量甚至定位的特点，是目前应用最广泛的免疫学检测技术之一。

（2）免疫标记技术分类

目前，根据免疫标记物的不同，免疫学检验中的标记技术主要包括酶免疫技术、荧光免疫技术、放射免疫技术、金免疫技术、化学发光免疫技术等。其中酶免疫技术是以酶标记的抗体（抗原）作为主要试剂，将抗原抗体反应的特异性和酶催化底物反应的高效性和专一性结合起来的一种免疫检测技术。作为经典的标记技术之一，酶免疫技术在动物检验检疫技术的各个领域都得到了广泛应用并不断得到更新。

（3）免疫标记技术应用

免疫标记技术是利用抗原-抗体结合反应的特异性，加上各种标记物的可测量性来达到方便敏感地检测各种体内外微量物质，包括内分泌激素、蛋白质、多肽、核酸、神经递质、受体、细胞因子、细胞表面抗原、肿瘤标志物、血药浓度等，也可以检测食品和环境中的污染物。

2. 酶免疫分析技术

(1) 酶免疫分析技术定义

酶免疫分析技术是以酶标记的抗体（抗原）作为主要试剂，将抗原抗体反应的特异性与酶催化作用的高效性相结合的一种免疫检测技术。

(2) 酶免疫分析技术分类

根据实际应用目的，酶免疫分析技术可分为酶免疫组织化学技术和酶免疫测定两大类。

酶免疫组织化学技术与荧光抗体技术相似，酶标记抗体与组织切片上的抗原起反应，然后与酶底物作用，形成有色沉淀物，可以在普通光学显微镜下观察。如酶作用的产物电子密度发生一定的改变，则可用电子显微镜观察，称为酶免疫电镜技术，具体如图 6-1 所示。

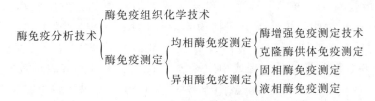

图 6-1　酶免疫分析技术分类图解

酶免疫测定根据抗原抗体反应后是否需要分离结合的与游离的酶标记物而分为均相（homogenous）和异相（heterogenous）两种类型，实际上所有的标记免疫测定均可分成这两类。如以标记抗体检测标本中的抗原为例，按照简单的形式是在试剂抗体过量的情况下进行，其反应式如下：

$$2Ab^* + Ag \longrightarrow Ab^* \cdot Ag + Ab^*$$

式中，$Ab^* \cdot Ag$ 代表结合的标记物；Ab^* 为游离的标记物。如在抗原反应后，先把 $Ab^* \cdot Ag$ 与 Ab^* 分离，然后测定 $Ab^* \cdot Ag$ 或 Ab^* 中的标记物的量，从而推算出标本中的抗原量，这种方法称为异相法。如在抗原抗体反应后 $Ab^* \cdot Ag$ 中的标记物 $*$ 失去其特性，例如酶失去其活力，荧光物质不显荧光，则不需要进行 $Ab^* \cdot Ag$ 与 Ab^* 的分离，可以直接测定游离的 Ab^* 量，从而推算出标本中的 Ag 含量，这种方法称为均相法。

在异相法中，抗原和抗体如在液体中反应，分离游离和结合的标记物的方法有好多种。与放射免疫测定相类似的液相异相酶免疫测定，在某些激素等定量测定中也有应用。但常用的酶免疫测定法为固相酶免疫测定，其特点是将抗原或抗体制成固相制剂，这样在与标本中抗体或抗原反应后，只需经过固相的洗涤，就可以达到抗原抗体复合物与其他物质的分离，大大简化了操作步骤。

酶联免疫吸附检测技术（ELISA）是目前临床检验应用中使用较广的免疫测定方法。ELISA 可用于测定抗原，也可用于测定抗体。在这种测定方法中有 3 种必要的试剂：①固相的抗原或抗体；②酶标记的抗原或抗体；③酶作用的底物。根据试剂的来源和标本的性状以及检测的具体条件，可设计出各种不同类型的检测方法。

(3) 酶免疫分析技术原理

利用酶标记抗体（抗原）形成酶标记抗体（抗原）结合物，此结合物既保留抗体（抗原）的免疫活性，又保留酶对底物的催化活性。酶标记抗体（抗原）与抗原（抗体）的免疫反应进行后，酶催化相应的底物显色，借助酶作用于底物的显色反应判断结果。

(4) 酶免疫标记技术具体方法

① 酶标抗体　酶标抗体制备的基本要求是将酶分子与抗体或二抗分子共价结合，此种

结合既不改变抗体的免疫反应活性，也不影响酶的生物化学活性。用于标记抗体的酶较多，常用的有辣根过氧化物酶、碱性磷酸酶、葡萄糖氧化酶和 β-半乳糖苷酶等。

a. 酶和酶底物具备的条件　酶活性高，催化反应速率快，纯度高；酶作用的专一性强，酶活性不受标本中其他成分影响；酶的性质稳定，易与抗原或抗体偶联，偶联后不影响抗原或抗体和酶的活性；酶催化底物后的产物易于测定，且测定方法简便易行、敏感、精确；酶和底物对人体无害；酶和底物价廉易得。

b. 酶

ⓐ 辣根过氧化物酶（HRP）：该酶广泛分布于植物中，因辣根中含量最高而得名，它是由无色酶蛋白和深棕色铁卟啉（辅基）构成的一种糖蛋白（含糖 18%）。此酶溶于水。

HRP 分子量较小（40kDa），标记物容易穿透入细胞内部；作用底物为 H_2O_2，以二氨基联苯胺（DAB）为供氢体的反应产物为不溶性的棕色吩嗪衍生物，可用普通光学显微镜观察；在 pH 3.5~12 稳定，对热及有机溶剂的作用亦较稳定，能耐受 63℃ 加热15min；用甲苯及石蜡包埋切片处理或用纯乙醇及 10% 甲醛水溶液固定做冰切片均不影响其活性；溶解性好，100ml 缓冲盐溶液中可溶解 5g HRP，并可溶解于 62% 饱和度以下的硫酸铵溶液中，故常用硫酸铵分级沉淀法分离纯化；氰化物、硫化物、氟化物及叠氮化物（NaN_3）等对 HRP 的活性有抑制作用，应避免使用 NaN_3 作为酶标试剂的防腐剂，以防止失活。

凡能在 HRP 和 H_2O_2 存在时被酶催化 H_2O_2 反应而合成有色产物的化合物（供氢体）都可以用作显色剂。供氢体的产物分不溶性和可溶性两类。前者最常用的为 $3,3'$-二氨基联苯胺（$3,3'$-diaminobenzidine，DAB），适用于免疫组化法。反应后的氧化型中间体迅速聚合，形成不溶性棕色吩嗪衍生物；这种多聚物还能还原和螯合四氧化锇，形成具有电子密度的产物，适用电镜检查。此外还有饱和联苯胺溶液，氧化后产物呈黄褐色，多用于酶免疫扩散的沉淀线显色。后者最常用的底物为邻苯二胺（o-phenylene diamine，OPD），产物橙色，可溶性、敏感性高，最大吸收值为 490nm，可用肉眼判别；易被浓酸终止反应，颜色可数小时不变，是 ELISA 中最常用的一种；但对光敏感，使用时要避光，并发现有致癌作用。其应用液稳定性差，需新鲜配制后在 1h 内使用。

四甲基联苯胺（$3,3',5,5'$-四甲基联苯胺，tetramethylbenzidine，TMB）也是一种常用的底物，产物深蓝色，稳定性好，最大吸收峰波长为 450nm，成色反应无需避光，无致癌性，但水溶性差。

ⓑ 碱性磷酸酶（AP）

优点：敏感性一般高于辣根过氧化物酶系统，空白值也较低。

缺点：较难得到高纯度制剂，稳定性较辣根过氧化物酶低，价格较 HRP 高，制备酶结合物时得率较 HRP 低等，故国内在 ELISA 中一般均采用 HRP。

ⓒ β-半乳糖苷酶：常用于均相酶免疫测定。

对应底物：4-甲基伞酮-β-D-半乳糖苷（经酶作用，产生高强度荧光，敏感性高）。

ⓓ 其他酶：葡萄糖氧化酶（GOD）、6-磷酸葡萄糖脱氢酶、溶菌酶、苹果酸脱氢酶等。

② 酶联免疫吸附实验过程

a. 夹心法

ⓐ 原理：如图 6-2 所示，将已知抗体包被固相载体，待检标本中的相应抗原与固相表面的抗体结合，洗涤去除未结合成分。然后再与抗原特异的酶标抗体结合，形成固相抗体-抗原-酶标抗体复合物，根据加底物后的显色程度确定待检抗原的含量。

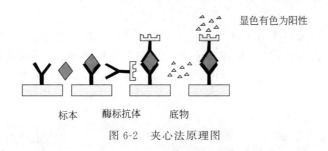

图 6-2 夹心法原理图

ⓑ 实验过程

包被：包被已知抗体
    ↓洗涤（去除未结合抗体）
加样：加待测标本（待测抗原）
    ↓洗涤（去除未结合物）
加酶标记物：酶标抗体
    ↓洗涤（去除未结合物、酶标抗体）
加酶底物
    ↓
加终止液
    ↓
结果判定：肉眼观察——定性分析
            酶标仪检测——定性或定量分析

b. 竞争法

ⓐ 原理：酶标抗体和待检抗体对固相特异性抗原具有相同的结合力，因此二者竞争结合固相特异性抗原。反应体系中，固相抗原和酶标抗体是固定限量，且前者的结合位点少于酶标和非酶标抗体的分子数量和。免疫反应后，与固相抗原结合的酶标抗体量与标本中待检抗体含量呈反比。待检抗体量越多，相应的结合特异性抗原越多，而酶标抗体与固相抗原结合越少，底物显色反应越浅；反之则显色越强。即底物显色与待检标本中抗体含量呈反比。如图 6-3 所示。

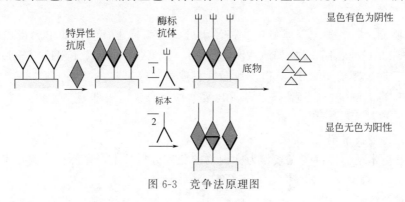

图 6-3 竞争法原理图

ⓑ 实验过程

包被：包被已知抗体
    ↓洗涤（去除未结合抗体）
加特异性抗原：与包被抗体形成抗原抗体复合物
    ↓洗涤（洗去游离抗原）
加标本和酶标抗体：标本中的抗体与酶标抗体竞争结合固相复合物中的抗原
    ↓洗涤（洗去血清蛋白和未结合的酶标抗体）
加酶底物
    ↓
加终止液
    ↓
结果判定：肉眼观察或酶标仪检测，判定标本中特异性抗体的有无或含量

c. 间接法

ⓐ 原理：将已知抗原吸附于固相载体上，待检标本中的相应抗体与之结合，形成固相抗原抗体复合物，再用酶标二抗与固相免疫复合物中的抗体结合，形成固相抗原-抗体-酶标二抗复合物，根据加底物后的显色程度确定待检抗体含量。如图 6-4 所示。

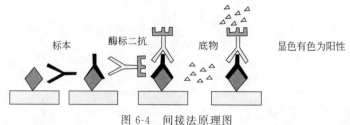

图 6-4　间接法原理图

ⓑ 实验过程

包被：包被已知抗原
　　↓ 洗涤（去除未结合抗原）
加样：加待测标本（待测抗体）
　　↓ 洗涤（去除未结合物）
加酶标记物：酶标二抗（抗抗体）
　　↓ 洗涤（去除未结合物、酶标抗体）
加酶底物
　　↓ 加终止液
结果判定：肉眼观察作定性分析，也可用酶标仪检测作定性或定量分析

（5）酶免疫标记技术应用

广泛用于检测多种病原体或抗体、血液及其他体液中的微量蛋白成分、细胞因子等。

① 病原体及其抗体测定　广泛应用于传染病的诊断，病毒如肝炎病毒、风疹病毒、轮状病毒等；细菌如链球菌、结核杆菌、幽门螺杆菌等；寄生虫如弓形虫、阿米巴虫、原虫等。

② 蛋白质测定　各种免疫球蛋白、补体组分、肿瘤标志物（例如甲胎蛋白、癌胚抗原等）、各种血浆蛋白质、同工酶（如肌酸激酶 MB）、激素（如 HCG、FSH、TSH）。

③ 非肽类激素测定　如 T_3、T_4、雌激素、皮质醇等。

④ 药物和毒品测定　如地高辛、苯巴比妥、庆大霉素、吗啡等。

3. 荧光免疫技术

（1）荧光免疫技术定义

荧光免疫技术是一种以荧光素作为标记物的免疫分析技术，是标记免疫技术中发展最早的一种。

（2）荧光免疫技术分类

① 荧光抗体技术（荧光显微镜技术）　抗原抗体反应后，利用荧光显微镜判定结果的检测方法。

② 免疫荧光测定技术　抗原抗体反应后，利用特殊仪器测定荧光强度而推算被测物浓度的检测方法。

（3）荧光免疫技术原理

荧光免疫技术是以荧光素标记的特异性抗体或抗原作为试剂，用于相应抗原或抗体的分析鉴定和定量测定。

（4）荧光免疫技术具体方法

① 荧光免疫标记技术材料准备

a. 荧光素：是具有光致荧光特性的染料，荧光染料种类很多，目前常用于标记抗体的荧光素有以下几种。

ⓐ 异硫氰酸荧光素　纯品为黄色或橙黄色晶体粉末，最大吸收光波长为 490～495nm，最大发射光波长为 520～530nm，呈现明亮的黄绿色荧光。

ⓑ 四乙基罗丹明　橘红色粉末，最大吸收光波长为 570nm，最大发射光波长为 595～600nm，呈现橘红色荧光。

ⓒ 四甲基乙硫氰酸罗丹明　橙紫红色粉末，最大吸收光波长为 550nm，最大发射光波长为 620nm，呈现橙红色荧光。

ⓓ 酶作用后产生荧光的物质　某些化合物本身无荧光，但经酶作用后便形成具有强荧光的物质。例如：4-甲基伞酮-β-半乳糖苷在酶的作用下分解成 4-甲基伞酮，后者可发出荧光，激发光波长为 360nm，发射光波长为 450nm。

ⓔ 镧系螯合物　某些 3 价稀土镧系元素如铕（Eu^{3+}）、铽（Tb^{3+}）等的螯合物可发射特征性的荧光。

b. 荧光抗体：常用的标记方法有搅拌法和透析法。

ⓐ 搅拌法　先将带标记的蛋白质溶液用 0.5mol/L（pH 9.0）碳酸盐缓冲液平衡，随后在磁力搅拌下逐滴加入荧光素溶液，在室温持续搅拌 4～6h 后，离心，上清即为标记物。此法适用于标记体积较大、蛋白质含量较高的抗体。

优点：标记时间短，荧光素用量少。

缺点：影响因素多，非特异性荧光染色较强。

ⓑ 透析法　先将待标记的蛋白质溶液装入透析袋中，置于含荧光素的 0.1mol/L（pH 9.4）碳酸盐缓冲液中反应过夜，以后再用 PBS 透析去除游离荧光素。低速离心，取上清即为标记物。

优点：适用于标记体积小、蛋白质含量低的抗体溶液。标记均匀，非特异性荧光染色较弱。

ⓒ 荧光抗体的保存　一般认为 0～4℃可保存 1～2 年，−20℃可保存 3～4 年。

② 荧光免疫检测直接法

a. 原理　直接法是用荧光素标记特异性抗体，将特异性荧光抗体直接滴加于待测标本上，直接与相应抗原反应。如图 6-5 所示。

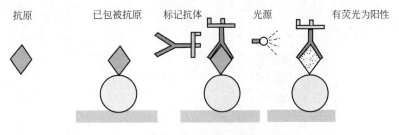

图 6-5　直接法原理图

b. 特点

优点：操作简便、特异性高、非特异性荧光干扰因素少。

缺点：敏感度偏低，而且每检查一种抗原需制备相应的特异性荧光抗体。

c. 检测过程

包被：包被已知抗原
    ↓洗涤（去除未结合抗原）
加荧光标记物：荧光标记抗体
    ↓洗涤（去除未结合的荧光标记抗体）
结果判定：光源照射观察荧光

③ 荧光免疫检测间接法

a. 原理　用荧光素标记一抗（抗球蛋白），待基质标本中的抗原与相应抗体反应，再用荧光素标记的二抗（抗抗体）结合第一抗体。如图 6-6 所示。

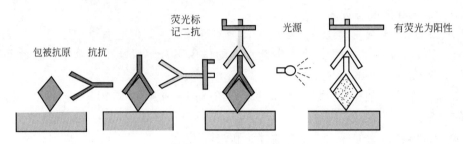

图 6-6　间接法原理图

b. 特点

优点：能够用简单的方法同时检测抗体和与抗体起特异反应的组织成分，并且能够在同一组织中同时检查抗不同组织成分的抗体。

c. 检测过程

包被：包被已知抗原
    ↓洗涤（去除未结合抗原）
加样：加待测标本（待测抗体）
    ↓洗涤（去除未结合物）
加荧光标记物：荧光标记抗体
    ↓洗涤（去除未结合荧光标记抗体）
结果判定：光源照射观察荧光

（二）技能准备

1. 二倍比稀释法

在 96 孔板第一孔中加入抗体或抗原原液，在随后的孔中加入等体积的缓冲液，将原液加入后续的孔中，混匀后再吸取等体积加入下一孔中，依次操作，这样得到的每个孔中浓度是前一个的一半，这种方法称为二倍比稀释法，如图 6-7 所示。

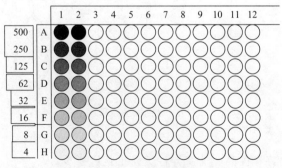

图 6-7　二倍比稀释法

2. 十倍比稀释法

在96孔板第一孔中加入抗体或抗原原液，在随后的孔中加入一定体积的缓冲液，从原液中取出后一孔体积的九分之一体积样品加入后续的孔中，混匀后再吸取九分之一体积样品加入下一孔中，依次操作，这样得到的每个孔中浓度是前一个的1/10，这种方法称为十倍比稀释法，如图6-8所示。

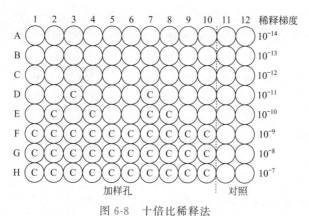

图6-8 十倍比稀释法

实验过程中可以根据实际需求，进行五倍比稀释，稀释度越大，数据跨度越大。

二、项目实施

任务一 酶标抗体（抗原）的制备

1. 改良过碘酸钠法制备辣根过氧化物酶（HRP）标抗体

（1）改良过碘酸钠法制备酶标抗体简介

辣根过氧化物酶分子中与酶活性无关的糖基被过碘酸钠氧化为醛基，再与抗体蛋白的氨基形成 Schiff 碱。为了防止酶蛋白的氨基与醛基反应发生自身偶联，在标记前先用2,4-二硝基氟苯（DNFB）封闭酶蛋白中残存的 α-氨基和 ε-氨基。酶与抗体的结合反应后，再加入硼氢化钠（$NaBH_4$）还原成稳定的结合物。

（2）所需设备和材料（见表6-1）

表6-1 改良过碘酸钠法制备辣根过氧化物酶标抗体所需设备和材料

设备或材料	数量	设备或材料	数量
辣根过氧化物酶	500mg(共用)	2,4-二硝基氟苯	1瓶(共用)
抗体	1支(共用)	碳酸氢钠	1瓶(共用)
碳酸钠	1瓶(共用)	$NaIO_4$	1瓶(共用)
无水乙醇	1瓶(每组)	透析袋	1个(每组)
乙二醇	1瓶(共用)	硫酸铵	1瓶(共用)
$NaBH_4$	1瓶(共用)	离心机	3台(共用)
甘油	1瓶(共用)	冰箱	1台(共用)

（3）制备过程

① 取 5mg 辣根过氧化物酶溶于 0.5ml 蒸馏水，加入 1% 2,4-二硝基氟苯（DNFB）无水乙醇溶液 0.1ml，于室温（20±1）℃下轻微搅拌作用 1h。

② 加入 1ml 0.06mol/L NaIO$_4$，于室温下避光轻搅 30min，溶液呈黄绿色。

③ 加入 1ml 0.16mol/L 乙二醇，于室温（20℃）下轻搅作用 1h，终止氧化反应。

④ 加入 5mg 抗体（Ig），装入透析袋，置于 0.05mol/L、pH 9.6 的碳酸盐缓冲液（无水碳酸钠 1.5g，碳酸氢钠 2.93g，蒸馏水加至 1000ml）1000ml 中，于 4℃透析过夜，更换 3 次。

⑤ 取出透析袋中液体（约 3ml），加入 5mg/ml NaBH$_4$ 0.2ml，于 4℃静置 2h 或过夜。

⑥ 加 50%饱和硫酸铵（NH$_4$）$_2$SO$_4$ 溶液（硫酸铵 850g，蒸馏水加至 1000ml，以 30%氨水调 pH 至 7.2）6ml 沉淀结合物，置 4℃ 30min 后，以 3000r/min 离心 30min，取沉淀（SPA 不需要进行此步）。

⑦ 将沉淀物溶于 PBS（0.02mol/L、pH 7.4）中，装入透析袋，并以此缓冲液透析平衡 6~12h，换液 3 次。

⑧ 在结合物内加入 BSA 至蛋白浓度为 10mg/ml，或加等量 60%甘油，测定工作效价后，小量分装（或冻干，不需加甘油），低温保存备用。

2. 戊二醛交联法制备辣根过氧化物酶标抗体

（1）戊二醛交联法制备辣根过氧化物酶标抗体简介

戊二醛是一种常用的同型双功能交联剂，通过它的两个醛基分别与 HRP 和抗体蛋白的氨基结合，形成 HRP-戊二醛-Ab 蛋白结合物。反应可在 4~40℃、pH 6.0~8.0 的缓冲溶液中进行，分为一步法和二步法。戊二醛一步法是将酶和待标记抗体混合，同时加入戊二醛进行交联反应。戊二醛二步法是将酶先与戊二醛作用，形成酶-戊二醛结合物，经过透析或色谱除去未结合的戊二醛，然后再与抗体结合。

（2）所需设备和材料（见表 6-2）

表 6-2 戊二醛交联法制备辣根过氧化物酶标抗体所需设备和材料

设备或材料	数量	设备或材料	数量
辣根过氧化物酶	500mg(共用)	戊二醛	1瓶(共用)
抗体	1支(共用)	NaCl	1瓶(共用)
碳酸钠	1瓶(共用)	碳酸氢钠	1瓶(共用)
赖氨酸	1瓶(共用)	透析袋	1个(每组)
Sephadex G-50 凝胶柱	1根(每组)	冰箱	1台(共用)

（3）制备过程

① 取 10mg HRP 溶于 0.2ml 1.25%戊二醛（用 0.01mol/L pH 6.8 PB 将 25%戊二醛稀释为 1.25%），于室温（20℃左右）反应结合 18h。

② 用 0.15mol/L NaCl 平衡过的 Sephadex G-50 凝胶柱洗脱，除去游离的戊二醛，或用 0.01mol/L pH 7.2 的 PBS 于 4℃透析过夜。

③ 将 5mg 抗体 IgG 溶于 1ml 0.15mol/L NaCl，再与醛化 HRP 溶液（10mg/ml）混合。

④ 加入 0.1ml 1mol/L pH 9.6 碳酸盐缓冲液（调节 pH 至 9.0～9.6），于 4℃电磁搅拌下结合 24h。

⑤ 加入 0.1ml 0.2mol/L 赖氨酸（0.29g 溶于 10ml 蒸馏水），于 4℃放置 2h，以封闭残留的醛基，终止反应。

⑥ 装入透析袋，以 0.01mol/L pH 7.2 PBS 于 4℃透析过夜，或通过 Sephadex G-200 凝胶柱，用 PBS 洗脱，收集第 1 峰洗脱液，加入等量 60％甘油，测工作效价后，小量分装，于 4℃或－20℃保存。

任务二　双抗体夹心法诊断植物病毒

1. 双抗体夹心法诊断植物病毒简介

（1）酶联免疫吸附试验需要的试剂

抗原与抗体具有特异性结合的性质，以此作为依据，检测相关的抗原或抗体。方法中有 3 种必要的试剂。

第一种试剂是固相的抗原或抗体。将抗原或抗体固定，使样品中的抗体或抗原通过特异性结合，同样被固定。一般以酶联板作为固相载体，抗原或是抗体以物理的方式吸附在板上。酶联板是一串相连的小孔，每孔的体积为 $300\mu l$，8×12 排列，每块板 96 孔。有完全固定的和可拆卸的两种，后者更为常用。可拆卸的，即将 12 个孔或是 8 个孔连在一起，酶联板只作为盛放小孔的架子，实验者可根据实验的具体情况来选择孔的使用数量，极为方便（反应中未用的孔必须封闭，不然会影响它的使用）。

第二种试剂是酶标记的抗体或抗原。将酶用化学的方法与抗原或是抗体连接在一起。酶采用碱性磷酸酶或辣根过氧化物酶的最多，但酶不同对应的底物也不同。

第三种试剂是底物。不同的酶可以催化相应的底物产生颜色，底物的浓度是固定的，酶的含量直接决定颜色的有无与深浅，可通过直接观察、酶标仪、分光光度计判定结果。

（2）具体使用方法

具体方法有两种，一种是双抗体夹心法，一般用于检测抗原，显示颜色的深浅与抗原含量成正比；另一种是竞争法、一般用于检测抗体，显示颜色的深浅与抗体含量成反比。

2. 所需设备和材料（见表 6-3）

表 6-3　双抗体夹心法诊断植物病毒所需设备和材料

设备或材料	数量	设备或材料	数量
酶标板	3 片(每组)	移液枪	3 支(每组)
抗体	1 支(共用)	酶标抗体	1 支(共用)
研钵	2 个(每组)	底物	1 瓶(共用)
离心机	3 台(共用)	恒温水浴锅	3 个(共用)
包被缓冲液	250ml(每组)	抽提缓冲液	250ml(每组)
酶标抗体缓冲液	250ml(每组)	底物缓冲液	250ml(每组)
PBST 洗液	250ml(每组)	生化培养箱	1 台(共用)

3. 配制相关溶液

（1）PBST 洗液

NaCl	8.0g
Na$_2$HPO$_4$（无水）	1.15g
KH$_2$PO$_4$（无水）	0.2g
KCl	0.2g
Tween-20（pH7.4）	0.5ml
Na$_2$HPO$_4$·12H$_2$O	2.89g
溶于蒸馏水中	至 100ml

（2）包被缓冲液

无水碳酸钠	1.59g
碳酸氢钠（pH 9.6）	2.93g
溶于蒸馏水中	至 100ml（4℃保存）

（3）pH 5.0 磷酸盐-柠檬酸缓冲液

柠檬酸（19.2g/L）	24.3ml
磷酸盐溶液（28.4g/L Na$_2$HPO$_4$）	25.7ml
两者混合后再加蒸馏水	50ml

4. 检测过程

（1）包被抗体

用移液枪吸取 100μl 包被抗体，沿孔壁准确滴加 0.1ml 至每个酶标板孔中，防止气泡产生。置于一个湿度大的盒子里，室温放置 4h 或于 4℃冰箱中过夜。

洗板：将孔中的包被抗体倒入水槽或废弃容器中，用 PBST 装满每个孔，然后快速将板倒空，重复 4~8 次。洗完后，将板在折叠的毛巾或纸上拍几次，使孔中不留液体。

（2）研磨、稀释样品

取植物组织（嫩的叶子）100mg，放入研钵中，加入 1ml 生理盐水研磨植物组织，达到人手无法将植物组织从中取出、基本混匀为止。6000r/min 离心 5min，取出上清液备用。

（3）加入样品

小心吸取稀释好的样品，按照加样表格，每孔加入 100μl 稀释的样品上清。设阴阳对照孔，加 100μl 阳性样品到阳性孔，加 100μl 洗涤液到阴性孔作为空白对照。将板放入湿度大的盒子中，于 37℃静置 2h 或于 4℃冰箱中过夜。

（4）加酶标抗体

用移液枪沿孔壁上部小心准确加入 0.1ml 酶标抗体，于 37℃放置 10min，同上倒空，洗涤三次。

（5）加底物

加 H$_2$O$_2$ 于配制好的底物溶液中，立即吸取此种溶液，分别加于孔板中，每孔 100μl，置 37℃，30min。

（6）加终止液

加入等体积的 1mol/L NaOH 溶液终止反应。

5. 结果判断

用肉眼观察或用酶标仪检测。注：无色为阴性孔，显色为阳性孔。对照孔必须符合预期检测结果才有效。

任务三 直接免疫荧光法测抗原

1. 直接免疫荧光法测抗原简介

将荧光素标记在相应的抗体上，直接与相应抗原反应。其优点是方法简便、特异性高，非特异性荧光染色少；缺点是敏感性偏低，而且每检查一种抗原就需要制备一种荧光抗体。此法常用于细菌、病毒等微生物的快速检查和肾炎活检、皮肤活检的免疫病理检查。

2. 所需设备和材料（见表6-4）

表 6-4 直接免疫荧光法测抗原所需设备和材料

设备或材料	数量	设备或材料	数量
磷酸盐缓冲液(PBS)0.01mol/L,pH 7.4	500ml(每组)	荧光标记的抗体	1瓶(共用)
缓冲甘油(分析纯无荧光的甘油9份＋pH 9.2 0.2mol/L 碳酸盐缓冲液1份配制)	500ml(共用)	搪瓷桶(内有 0.01mol/L pH 7.4 的 PBS 1500ml)	3只(共用)
有盖搪瓷盒(内铺一层浸湿的纱布垫)	1只(共用)	荧光显微镜	1台(共用)
37℃温箱	1台(共用)	玻片	5片(每组)
滤纸	若干张	玻片架	1个(每组)

3. 检测过程

① 滴加 0.01mol/L pH 7.4 的 PBS 于待检标本片上，10min 后弃去，使标本保持一定湿度。

② 滴加适当稀释的荧光标记的抗体溶液，使其完全覆盖标本，置于有盖搪瓷盒内，保温一定时间（30min）。

③ 取出玻片，置玻片架上，先用 0.01mol/L pH 7.4 的 PBS 冲洗后，再按顺序过 0.01mol/L pH 7.4 的 PBS 三缸浸泡，每缸 3～5min，不时振荡。

④ 取出玻片，用滤纸吸去多余水分，但不使标本干燥，加一滴缓冲甘油，以盖玻片覆盖。

⑤ 立即用荧光显微镜观察。

4. 结果判定

观察标本的特异性荧光强度，一般可用"＋"表示。

（－）无荧光；（±）极弱的可疑荧光；（＋）荧光较弱，但清楚可见；（＋＋）荧光明亮；（＋＋＋～＋＋＋＋）荧光闪亮。若待检标本特异性荧光染色强度达"＋＋"以上，而各种对照显示为（±）或（－），即可判定为阳性。

5. 注意事项

（1）对荧光标记的抗体的稀释，要保证抗体的蛋白有一定的浓度，一般稀释度不应超过 1∶20，抗体浓度过低，会导致产生的荧光过弱，影响结果的观察。

（2）染色的温度和时间需要根据各种不同的标本及抗原而变化，染色时间可以从 10min 到数小时，一般 30min 已足够。染色温度多采用室温（25℃左右），高于 37℃可加强染色效果，但对不耐热的抗原（如流行性乙型脑炎病毒）可采用 0～2℃的低温，延长染色时间。低温染色过夜较 37℃ 30min 效果好得多。

（3）为了保证荧光染色的正确性，首次试验时需设置下述对照，以排除某些非特异性荧光染色的干扰。

① 标本自发荧光对照 标本加 1～2 滴 0.01mol/L pH 7.4 的 PBS。

② 特异性对照（抑制试验） 标本加未标记的特异性抗体，再加荧光标记的特异性抗体。

③ 阳性对照 已知的阳性标本加荧光标记的特异性抗体。

如果标本自发荧光对照和特异性对照呈无荧光或弱荧光，阳性对照和待检标本呈强荧光，则为特异性阳性染色。

（4）一般标本在高压汞灯下照射超过 3min，就有荧光减弱现象，经荧光染色的标本最好在当天观察，随着时间的延长，荧光强度会逐渐下降。

任务四 间接免疫荧光法测抗体

1. 间接免疫荧光法测抗体简介

间接免疫荧光法测抗体就是用荧光标记抗原，并采用间接法检测与抗原特异性结合的抗体。具体荧光染色程序分为两步，第一步，用未知未标记的抗体（待检标本）加到已知抗原标本上，在湿盒中于 37℃ 保温 30min，使抗原抗体充分结合，然后洗涤，除去未结合的抗体。第二步，加上荧光标记的二抗或抗 IgG、IgM 抗体。如果第一步发生了抗原抗体反应，标记的二抗就会和已结合抗原的抗体进一步结合，从而可鉴定未知抗体。

2. 所需设备和材料（见表 6-5）

表 6-5 间接免疫荧光法测抗体所需设备和材料

设备或材料	数量	设备或材料	数量
磷酸盐缓冲液(PBS)0.01mol/L pH 7.4	500ml(每组)	荧光标记的抗人球蛋白抗体	1 瓶(共用)
缓冲甘油（分析纯无荧光的甘油 9 份＋pH 9.2 0.2mol/L 碳酸盐缓冲液 1 份配制）	500ml(共用)	搪瓷桶（内有 0.01mol/L pH 7.4 的 PBS 1500ml）	3 只(共用)
有盖搪瓷盒(内铺一层浸湿的纱布垫)	1 只(共用)	荧光显微镜	1 台(共用)
37℃ 温箱	1 台(共用)	玻片	5 片(每组)
滤纸	若干张	玻片架	1 个(每组)

3. 检测过程

① 滴加 0.01mol/L pH 7.4 的 PBS 于已知抗原标本片上，10min 后弃去，使标本片保持一定湿度。

② 滴加以 0.01mol/L pH 7.4 的 PBS 适当稀释的待检抗体标本，覆盖已知抗原标本片。将玻片置于有盖搪瓷盒内，于 37℃ 保温 30min。

③ 取出玻片，置于玻片架上，先用 0.01mol/L pH 7.4 的 PBS 冲洗 1～2 次，然后按顺序过 0.01mol/L pH 7.4 的 PBS 三缸浸泡，每缸 5min，不时振荡。

④ 取出玻片，用滤纸吸去多余水分，但不使标本干燥，滴加一滴一定稀释度的荧光标记的抗人球蛋白抗体。

⑤ 将玻片平放在有盖搪瓷盒内，于 37℃ 保温 30min。

⑥ 重复操作③。

⑦ 取出玻片，用滤纸吸去多余水分，滴加一滴缓冲甘油，再覆以盖玻片。

⑧ 荧光显微镜高倍视野下观察。

4. 结果判定

结果判定同直接法。

5. 注意事项

（1）荧光染色后一般在 1h 内完成观察，或于 4℃保存 4h，时间过长会使荧光减弱。

（2）每次试验时，需设置以下三种对照。

① 阳性对照　阳性血清＋荧光标记物；

② 阴性对照　阴性血清＋荧光标记物；

③ 荧光标记物对照　PBS＋荧光标记物。

（3）已知抗原标本片需在操作的各个步骤中始终保持湿润，避免干燥。

（4）所滴加的待检抗体标本或荧光标记物应始终保持在已知抗原标本片上，避免因放置不平使液体流失，从而造成非特异性荧光染色。

三、项目拓展

（一）过氧化物酶-抗过氧化物酶复合物制备技术

过氧化物酶-抗过氧化物酶复合物（PAP）法也称为非标记抗体酶法（unlabelled antibody enzyme method）。此法不需用任何化学交联剂处理酶和抗体，二者活性不受化学反应的影响，可大大提高免疫酶法的灵敏度。

具体制备过程如下。

① 取 5ml 抗 HRP 血清，于 16000r/min、4℃离心 20min，取上清液。

② 加入 1ml HRP（2mg/ml）溶液混匀，于室温（20℃）静置 1h，16000r/min、4℃离心 20min，取沉淀物。

③ 加冷生理盐水反复洗涤、离心（16000r/min、4℃离心 20min）3 次，弃上清，取沉淀物。

④ 加入过量 HRP 溶液（2mg/ml）4ml 混匀后，移至小烧杯内。

⑤ 在 pH 计监控下，边搅拌边加入 0.1mol/L 及 0.01mol/L HCl，调 pH 至 2.4 左右，使沉淀完全溶解。

⑥ 立即加入 0.01mol/L NaOH，调 pH 至 7.4，16000r/min、4℃离心 20min，取上清液。

⑦ 加入 1/10 体积的 0.075mol/L 醋酸钠和 0.15mol/L 醋酸铵的等量混合液后混匀。

⑧ 电磁搅拌下逐滴加入等量饱和硫酸铵溶液，并继续搅拌 10min，于 4℃放置 20min，16000r/min、4℃离心 20min，弃去上清，取沉淀物。

⑨ 以 50％饱和硫酸铵洗涤，4℃、16000r/min 离心 20min，离心 2 次，取沉淀物。

⑩ 加 5ml 蒸馏水将沉淀物溶解后装入透析袋，用 pH 6.75 醋酸盐缓冲液（75ml 1.5mol/L 醋酸钠及 3mol/L 醋酸铵）于 4℃透析 3 天，每天换液 2 次。

⑪ 17000r/min、4℃离心 20min，取上清液进行工作效价鉴定。

⑫ 加等量 60％甘油，小量分装，于－20℃保存。

（二）McAb-PAP 制备技术

用抗 HRP McAb 制备 PAP 复合物的工艺条件较为简便，而且不需严格的条件限制。

① 用小鼠抗 HRP McAb 制备的腹水，按一定的 HRP/IgG 摩尔比混合。一般以 HRP/IgG 摩尔比为 4∶1 制备为宜。

② 置 37℃水浴反应 2h，即成鼠 PAP 复合物。

（三）碱性磷酸酶标记抗体制备技术

1. 碱性磷酸酶标记抗体制备技术简介

碱性磷酸酶（AP）是小牛肠黏膜和大肠杆菌中提炼出来的一种磷酸酯的水解酶，由多个同工酶组成。从小牛肠黏膜提取的 AP 分子量为 100kDa，酶作用的最适 pH 为 9.6。从大肠杆菌中提取的酶分子量为 80kDa，最适 pH 为 8.0。它的作用底物较多，常用的酶底物有对硝基苯磷酸盐（PNP）、β-甘油磷酸钠、磷酸萘酯二钠盐等。AP 主要用作双标记染色，研究递质共存及酶免疫测定。AP 标记抗体，一般采用戊二醛作交联剂一步法，使酶和抗体蛋白的氨基分别与戊二醛的两个醛基结合。

2. 具体制备过程

（1）取抗体（2～5mg/ml）1ml，加入 AP 5mg 溶解。

（2）装入透析袋，用 0.01mol/L pH 7.2 PBS 于 4℃透析 18h，换液 3 次。

（3）加入 2.5%戊二醛 20μl，室温（20℃）放置 2h。于 4℃用 0.01mol/L pH 7.2 PBS 透析过夜，换液 3 次。

（4）移入 0.05mol/L pH 8.0 Tris-HCl 缓冲液中，于 4℃透析过夜，换液 3 次。

（5）取出标记抗体，用 1%BSA 和 0.02% NaN$_3$ 的 Tris-HCl 缓冲液稀释至 4ml，即为酶标记物原液。

（6）加入 1/3 量纯甘油，测定工作效价后，小量（0.1ml）分装，4℃保存（使用前以 pH 7.4 PBS-吐温溶液将结合物适当稀释）。

（四）碱性磷酸酶-抗碱性磷酸酶复合物制备技术

1. 碱性磷酸酶-抗碱性磷酸酶复合物制备技术简介

用碱性磷酸酶代替过氧化物酶，建立了碱性磷酸酶-抗碱性磷酸酶复合物（APAAP）桥联酶标技术。但以 AP 作为抗原用常规免疫方法制备的抗血清很难达到 APAAP 桥联酶标技术的质量要求，在一定程度上限制了此项技术的推广使用。

2. 具体制备过程

只需将 AP 和抗 AP 的 McAb 以适当比例混合，于 4℃结合过夜即可使用。采用改良的 ELISA 方法检测 APAAP 复合物中 AP 的最适含量。具体方法是：用羊抗鼠 Ig 包被微量滴定板；加入一定量的抗 AP McAb；分别加入不同量的 AP 作用后经过洗涤；加底物显色，测定光密度值（OD）。在一定范围内，APAAP 复合物溶液中 AP 含量增加的同时，相应地 OD 值也随之增大，当 AP 增加到一定量时（6～8mg/ml），OD 值保持稳定。

（五）荧光免疫检测补体结合法

1. 原理

让待测样品中的抗原与相应抗体反应后，加入新鲜豚鼠血清（富含补体），然后再加入荧光素标记的抗补体，用以定性和定量检测抗原。如图 6-9 所示。

2. 检测过程

包被：包被未知抗原
　　　↓洗涤（去除未结合抗原）
加样：加已知抗体
　　　↓洗涤（去除未结合物）
加补体：豚鼠血清
　　　↓洗涤（去除未结合物）
加荧光标记物：荧光标记抗补体抗体
　　　↓洗涤（去除未结合的荧光标记抗补体抗体）
结果判定：光源照射观察荧光

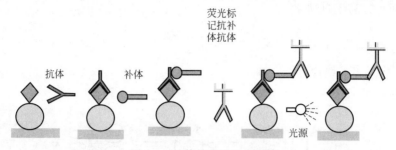

图 6-9　补体结合法示意图

（六）荧光免疫检测双标记法

用两种荧光素（FITC 和 RB200）分别标记不同抗体，对同一标本进行荧光染色，若有相应的两种抗原同时存在，可同时显示两种荧光（黄绿色和橘红色荧光）。

（七）荧光免疫标记技术应用

（1）直接法

常用于细菌、病毒等病原微生物的快速检测和肾活检以及皮肤活检的免疫病理检查。

（2）间接法

常用于检测各种自身抗体（如抗核抗体、抗线粒体抗体、抗平滑肌抗体、抗 dsDNA 抗体、抗甲状腺球蛋白抗体、抗骨骼肌抗体及抗肾上腺抗体等）。

（3）补体结合法

常用于检测各种抗原受体、补体受体和 Fc 受体等。

（4）双标记法

主要用于同时观察细胞表面两种抗原的分布与消长关系，区分末梢血或同一切片中 T 细胞和 B 细胞等。

（八）化学发光免疫标记技术

1. 化学发光

所谓化学发光（CL），就是化学反应的能量把体系中共存的某种分子从基态激发到激发态从而产生发光的现象。

2. 发光分类

（1）直接化学发光

$$A+B \longrightarrow C*+D$$
$$C* \longrightarrow C+h\nu$$

例如：

$$NO+O_3 \longrightarrow NO_2*+O_2$$
$$NO_2* \longrightarrow NO_2+h\nu$$

（2）无机物化学发光

例如：硫酸氢盐被铬酸氧化等。

3. 化学发光免疫技术的优点

① 高度敏感，便宜。

② 特异性强，重复性好。

③ 测定范围宽，可达 7 个数量级。

④ 试剂稳定性好，无污染，有效期 6～12 个月。

⑤ 操作简单，易于自动化。

⑥ 环保。

4. 化学发光免疫技术分类

（1）夹心法（用于检查大分子抗原）

如图 6-10 所示。

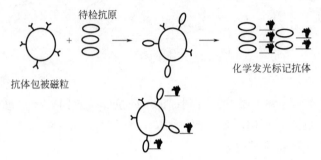

图 6-10　化学发光免疫技术夹心法示意图

第一步：Sp-Ab＋Ag $\longrightarrow$ Sp-Ab-Ag；第二步：Sp-Ab-Ag＋Ab-L $\xrightarrow{\text{启动发光试剂}}$ $h\nu$

其中，L 为发光标记物或发光底物；Ag 为抗原；Ab 为抗体；Sp 为固相。

（2）竞争法（用于检查小分子抗原）

如图 6-11 所示。

$$Ag＋Ag\text{-}L＋Ab \text{ 或 } Ag\text{-}Ab＋Ab\text{-}Ag\text{-}L \xrightarrow{\text{启动发光试剂}} h\nu$$

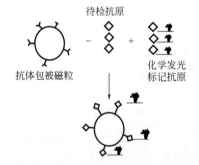

图 6-11　化学发光免疫技术竞争法示意图

5. 使用仪器

如图 6-12 所示为化学发光检测仪。主要包括：MPC-1 型微孔板单光子计数仪主机；计算机；操作软件；IC 卡阅读器。

图 6-12　化学发光检测仪

其工作原理如图 6-13 所示。

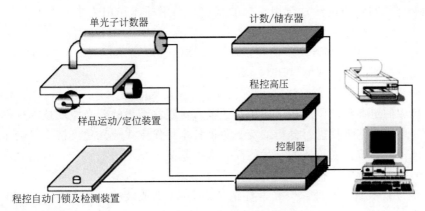

图 6-13　化学发光检测仪工作原理

6. 临床应用

化学发光免疫技术灵敏度高，可自动化操作，无污染。这些突出的优点使它在常规临床诊断中被广泛应用。目前，已有甲状腺功能、生殖生理、肿瘤标志物、药物检测及心血管等四十多个检测项目可供临床应用。

要点解读

➢ 知识体系构建（图 6-14）。

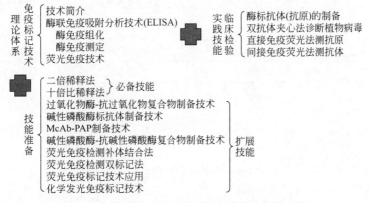

图 6-14　免疫标记技术检测植物病毒知识体系图

➢ 酶免疫技术是用酶标记抗体或抗原（即酶标志物）来检测标本中抗原或抗体的免疫检测技术。其特点是将抗原-抗体反应的特异性和酶的高效催化反应的专一性相结合，通过酶促反应中底物的颜色变化，对抗原、抗体进行定位、定性及定量的检查，提高了抗原抗体反应的敏感性。本章主要介绍了酶免疫组织化学技术（EIHCT）和酶免疫测定（EIA）基本原理、技术类型、方法评价和临床应用。

➢ 正常人血清中补体总量及单个成分的含量和活性，一般情况下总是维持相对稳定的状态。当患有某些疾病时，这种状态可能受到影响。通过体外检测补体总量或某个成分的含量及活性，可协助诊断某些疾病、观察疗效、估计预后等。

➢ 补体检测主要有总补体溶血活性（CH_{50}）测定、替代途径溶血活性（APH_{50}）测定，以及单个补体成分如 C3、C4、B 因子的含量或溶血活性的测定。

➤ 根据补体能与抗原抗体复合物结合的特点，利用补体作用为中介参与待检抗原或抗体的检测试验，此即补体结合试验。

➤ 循环免疫复合物的种类较多，其抗原、抗体的组成复杂，检测方法也多，临床上较多应用操作比较简便的聚乙二醇（PEG）法。

➤ 荧光免疫技术包括荧光抗体染色技术和荧光免疫测定两大技术类型。主要用于细胞、组织切片等抗原的定性和定位分析，应用显微镜直接观察结果的荧光免疫技术称作荧光免疫显微技术，而用流式细胞仪进行分析的荧光免疫技术称作流式荧光免疫技术。荧光免疫技术主要用于液体标本中抗原或抗体的定量检测，根据其基本原理的不同分为时间分辨荧光免疫测定和荧光偏振免疫测定两种方法类型。

➤ 荧光免疫技术基本原理：荧光素标记 Ag 或 Ab 形成荧光剂，与标本中 Ab 或 Ag 反应，根据荧光强度对标本中 Ab 或 Ag 做定性或定量分析。

➤ 荧光免疫显微技术主要应用于组织上抗原的定型和定位分析。据其工作原理的不同分为：直接法，间接法，补体法以及双标记法四种类型。

➤ 荧光免疫显微技术镜检时，根据荧光素的种类正确选择滤光片是获得良好荧光观察及效果的重要条件。

➤ 荧光免疫测定根据工作原理不同分为：①TR-FIA，②FRIAFIA。可广泛应用于多种激素、Ag、半 Ag 等微量物质的检测。荧光免疫技术均需用昂贵的仪器设备，因此在推广上受一定的限制。

➤ 专业词汇英汉对照表

二氨基联苯胺	diaminobenzidine，DAB	辣根过氧化物酶	horseradish peroxidase，HRP
双抗体夹心法	double antibody sandwich method	酶联免疫吸附试验	enzyme linked immunosorbent assay，ELISA
荧光免疫分析技术	fluoroimmuno assay technique	直接荧光免疫	direct immunofluorescence
间接荧光免疫	indirect immunofluorescence		

项目思考

1. 酶联免疫吸附实验常用的酶和底物都是什么？
2. 酶联免疫吸附实验的应用有哪些？
3. 简述双抗体夹心法的工作原理。
4. 酶标抗体（或抗原）是用什么方法制备出来的？
5. 目前临床常用的酶有多少种？
6. 实训前应做哪些器材和设备准备及做哪些溶液配制？实训后应做哪些清场工作？
7. 荧光免疫技术目前主要应用在哪些方面？
8. 人体组织切片还在哪些领域应用？

项目七　鸡胚流感疫苗的制备

项目介绍

1. 项目背景

某生物制品公司的研发人员和一线生产人员需要生产鸡胚流感疫苗，供免疫机构接种，另外某疾病控制中心或生物制品研发机构需要研制一种新的流感疫苗，这些都需要相关岗位的工作人员能够掌握并理解病毒性疫苗的生产工艺。

2. 项目任务描述

任务　鸡胚流感疫苗的制备

学习指南

【学习目标】

1. 能描述鸡胚流感疫苗的制备工艺。
2. 掌握病毒性疫苗的概念和分类、生产工艺和检定。
3. 了解细菌性疫苗的生产工艺和检定。
4. 能仿真制备鸡胚流感疫苗。

【学习方法】

1. 要扎实地掌握与本课程相关的基础知识，提高自主地分析问题与解决问题的能力。
2. 学习时一定要特别重视实验教学和实习教学，通过现场操作增强对基础知识的理解和对疫苗制备过程的掌握。
3. 由项目和任务引发的问题深刻理解与掌握疫苗制备的原理与操作方法。
4. 通过网络课程开展课下学习。

一、项目准备

（一）知识准备

1. 疫苗

（1）疫苗简介　疫苗可以说是目前在医学上最有潜力的防御物质，它可以在其接受者体内建立起对入侵物质感染的免疫抗性，从而保护疫苗接受者免受疾病侵染。接受者在注射或口服疫苗后，他们的免疫系统被激活，从而被诱导产生致病物质的抗体。这样，如果以后再遇到同样的致病物质侵入，那么免疫系统仍会被激活，使感染的致病物质中和失活或致死，这样病原物质的繁殖受到抑制，致病性降低或消失。

疫苗按其功能可分为预防性疫苗和治疗性疫苗两类。对疾病起预防作用的疫苗，称为预防性疫苗，包括牛痘苗、麻疹减毒活疫苗、卡介苗、人用狂犬病纯化疫苗、脊髓灰质炎灭活疫苗、流行性乙型脑炎活疫苗、白-百-破联合疫苗等。预防性疫苗对健康人群起到了很好的免疫保护作用，但对于已经感染了的机体，特别是长期带菌或携带病毒的慢性感染者往往不能诱发有效的免疫应答。因此，对一些病因不明又难以治疗的慢性感染、肿瘤、自身免疫病、移植排斥、超敏反应等的治疗就用到了治疗性疫苗。治疗性疫苗是对疾病起治疗作用的疫苗，包括感染性疾病的治疗性疫苗（包括由病毒、细菌、原虫、寄生虫等病原体感染的疾病）、肿瘤治疗性疫苗（如前列腺癌、肾癌、黑色素瘤、乳腺癌、膀胱癌等）、自身免疫性疾病治疗疫苗（如红斑狼疮、类风湿关节炎、自身免疫脑脊髓炎等）、移植用治疗性疫苗（通过封闭协同刺激分子，诱导对移植物的免疫耐受来延长移植物的存活期）、变态反应治疗疫苗（如各类过敏和哮喘病等）等。

疫苗按其生产工艺又可分为传统疫苗和新型疫苗。用病原体灭活或减毒以保留免疫原性，去除其传染性或毒性的方法制作的传统疫苗有效控制了多种传染病。但是，传统疫苗存在着很多的局限性，如有些致病物不能在培养基上生长，所以很多种疾病都没有办法得到疫苗；病毒需要在动物细胞中培养，操作成本高；需要对实验室以及参加实验的操作人员采取保护措施，以保证他们不被病毒物质污染；有效期短，且需要冷冻保存等，限制了它的推广应用。到了 20 世纪 80 年代中期，研究人员将基因工程等生物技术应用于疫苗的生产中，产生了一系列的新型疫苗（如重组疫苗），这些新型疫苗的应用克服了传统疫苗的一些缺陷，为疫苗的应用提供了更为广阔的发展前景。

（2）定义　疫苗（vaccine）是致病原的蛋白质（多肽、肽）、多糖或核酸，以单一成分或含有有效成分的复杂颗粒形式，或通过活的减毒病原体或载体进入机体后，能产生灭活、破坏或抑制病原体产生特异性免疫应答的生物制品。

（3）作用机理　疫苗的作用机理简单地说就是用已经失去毒性但仍保留免疫原性的抗原物质接种机体，使机体产生免疫应答，从而在体内产生特异性抗体或致敏 T 细胞，这样在再次遇到同种抗原物质时，机体就会具有免疫力，从而能抵御疾病。

要理解疫苗的作用机理首先要学习人体免疫系统作用机制（图 7-1）。人体免疫系统主要分为两大类，即体液免疫和细胞免疫。

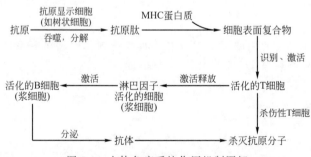

图 7-1　人体免疫系统作用机制图解

所谓体液免疫也就是通过形成抗体而产生的免疫能力，抗体是由血液和体液中的 B 细胞产生，主要存在于体液中，它可与入侵的外来抗原物质相结合，使其失活。

所谓细胞免疫是指主要由各种淋巴细胞来执行的免疫功能，它可以分为两类，即 MHC-Ⅰ型和 MHC-Ⅱ型。MHC-Ⅰ型是指抗原经过一系列复杂的传递过程，由 MHC-Ⅰ型分子（主要组织相容性抗原Ⅰ型）加工后，产生一些传递信号的小肽激活 CD8 T 细胞，而 CD8 T 细胞可以通过释放水解酶和其他化合物把受病原物感染或变异的细胞杀死。MHC-Ⅱ型是指外源抗原通过细胞内吞噬，经 MHC-Ⅱ型分子（主要组织相容性抗原Ⅱ型）加工后，激活 CD4 T 细胞。激活的 CD4 T 细胞可辅助激活抗原专一性的 B 细胞，它能产生杀伤性 T 细胞，并进一步激活更多种类的 T 细胞，从而杀死外来病原体。

（4）常见疫苗

① 灭活疫苗　灭活疫苗相对于其他疫苗而言，是最传统、最经典的疫苗。最基本的生产方法就是用灭活的病毒或病原体刺激人体免疫系统。其优点是研制周期短、生产成本低、使用效果好，其开发应用也获得了成功。其缺点是确保疫苗中的病毒全部被杀死而又保持刺激人体免疫系统产生抗体的能力比较困难。禽流感疫苗是一种病毒灭活疫苗，2008 年，通过了原国家食品药品监督管理总局审批并获准生产，是我国第一支人用 H5N1 禽流感疫苗。

② 减毒活疫苗　减毒活疫苗是降低病毒活性，保留其免疫原性，让病原体在人体内存活一段时间，刺激人体免疫系统产生反应，但又不至于发病。其优点是具有可诱发全身的免疫应答反应（体液免疫和细胞免疫）以及免疫力持久等。其缺点是减毒病原体可以通过基因突变成为致病病毒，因此减毒疫苗要防止毒力恢复。当前使用的病毒疫苗多数是减毒活疫苗，如脊髓灰质炎、麻疹、风疹和腮腺炎等活疫苗，以及近年来开发的甲型肝炎和乙型脑炎活疫苗等。

③ 重组亚单位疫苗　重组亚单位疫苗是指分离提取病原体中具有免疫功能的蛋白质或利用 DNA 重组技术使重组体表达这类蛋白质或多肽或合成肽制成的疫苗。由于这类疫苗不是完整的病毒，是一部分物质，故称亚单位疫苗。其优点是成分单一，效果明显，无致病性。其缺点是存在由人类的免疫压力而引起病毒基因组变异的风险。目前，国际上已进入临床观察的亚单位疫苗有巨细胞病毒、EB 病毒、人乳头瘤病毒等。

④ 核酸疫苗　核酸疫苗又称 DNA 疫苗，是将编码免疫原或与免疫原相关的外源基因克隆到真核质粒表达载体上，然后将重组的质粒 DNA 直接注射到动物体内，使外源基因在动物体内表达，产生的抗原激活机体的免疫系统，引发免疫反应，从而达到预防和治疗疾病的目的。其优点是高效、安全和制备简单、易于储存运输等。此类疫苗受到全世界的普遍关注，具有广阔的发展前景。有研究人员认为核酸疫苗的出现开创了疫苗学的新纪元，被誉为"第三代疫苗"。

2. 病毒类疫苗

（1）定义

用病毒制成，在进入人体后，使机体自身产生抵抗相应病毒能力的生物制品，称为病毒类疫苗。

（2）病毒类疫苗的分类

① 按疫苗所预防疾病的用途分类　目前广泛使用的疫苗有十余种，如脊髓灰质炎、麻疹、乙型脑炎、狂犬病、腮腺炎、风疹、水痘、流行性感冒（流感）等疫苗。

② 按疫苗病毒培养的组织来源和制造方法分类

a. 动物培养疫苗：如羊脑狂犬病疫苗、纯化鼠脑乙型脑炎疫苗等。

b. 鸡胚培养疫苗：如鸡胚全胚流感疫苗、鸡胚尿囊液流感疫苗、鸡胚尿囊液腮腺炎疫苗等。

c. 细胞培养疫苗：如猴肾细胞培养的脊髓灰质炎疫苗、二倍体细胞培养的脊髓灰质炎疫苗、鸡胚细胞培养的麻疹疫苗等。

d. 基因重组疫苗：如基因重组乙型肝炎疫苗。

③ 按疫苗的理化性状分类

a. 根据疫苗有无被灭活而分为灭活疫苗及减毒活疫苗。

b. 根据病毒有无被裂解可分为全病毒疫苗、裂解疫苗、亚单位疫苗、表面抗原疫苗等。

c. 按疫苗中有无佐剂可分为佐剂疫苗和无佐剂疫苗。

d. 按疫苗的物理状态分为液体疫苗、冻干疫苗等。

（3）病毒培养方法

① 细胞培养法

a. 细胞分类　细胞分为原代细胞、传代细胞和二倍体细胞及杂交瘤细胞等。原代细胞和二倍体细胞多用于建立制备疫苗的毒株，而传代细胞一般用作检定，杂交瘤细胞则用于单克隆抗体的制备。

b. 培养方式　可分为静止培养、转瓶培养、微载体培养、中空纤维培养等多种方法。

② 鸡胚培养法　黄热病疫苗、流感疫苗、斑疹伤寒疫苗等用鸡胚培养法生产。

③ 动物培养法　乙型脑炎鼠脑纯化疫苗、肾综合征出血热鼠脑纯化疫苗等采用动物培养结合纯化技术的方法。

（4）常用的病毒检测方法

① 血清学方法　血清学方法是鉴定病毒和诊断病毒感染的主要手段，其原理是利用病毒颗粒或病毒结构的某些抗原成分所制备的特异性免疫血清或单克隆抗体，进行特异性抗原抗体反应，来定性或定量检测相应的病毒。

a. 中和试验

ⓐ 原理：特异性抗病毒免疫血清或单克隆抗体与相应病毒结合后，使病毒不能吸附于敏感细胞或失去感染能力。

ⓑ 应用：细胞中和试验（如减毒活疫苗的病毒特异性检查，即鉴别试验）；蚀斑减少中和试验（如乙型脑炎灭活疫苗的效力试验）；小鼠脑内中和试验（如乙型脑炎灭活疫苗毒种的特异性检查）。

b. 血凝及血凝抑制试验

血凝试验，如检测血凝效价，用于鸡胚培养流感病毒的抗原测定；血凝抑制试验，如麻疹减毒活疫苗原代毒种的人体免疫原性试验。

c. 补体结合试验　即当抗原抗体复合物同补体结合时，含有已知浓度的补体反应液中的补体被消耗掉，从而使其浓度减低，通过补体浓度降低量，检出抗原或抗体以及其含量的试验。该试验灵敏度高，抗原抗体反应不能用沉淀反应或凝集反应观察时可使用。

d. 酶联免疫吸附试验　应用于定量检测抗体效价，测定可溶性抗原含量。目前多用于疫苗的免疫原性试验，如水痘减毒活疫苗的人体免疫原性试验等。

② 外源性病毒检查

a. 血吸附病毒检查　当细胞感染了具有血凝素的病毒时，就带有病毒的血凝物质，如加入敏感的人或动物的红细胞，可表现红细胞吸附在细胞表面的现象，即血吸附现象。利用这一试验可检查正常细胞是否带有外源性血吸附病毒。

应用：常规用于疫苗生产的细胞和毒种是否污染外源性血吸附病毒的检查。

b. 非血吸附病毒检查　多数非血吸附病毒通过在敏感细胞上培养，可引起细胞形态发生变化（如细胞圆缩、多形性细胞融合等），称细胞病变（CPE）。以此可检查正常细胞是否带有外源性非血吸附病毒。

应用：与血吸附试验一起常规用于疫苗生产的细胞和毒种是否污染外源性血吸附病毒的检查。

③ 活病毒量测定

a. $CCID_{50}$（50%细胞培养感染剂量）　某些病毒在敏感细胞上引起心包病变，通过一定稀释度的病毒液在细胞上出现病变的终点，可计算出活病毒的量。

应用：常规用于麻疹、腮腺炎、风疹等减毒活疫苗的活病毒含量测定。

b. PFU（蚀斑形成单位）法　某些病毒在敏感细胞上培养一定时间，加入琼脂或甲基纤维素营养覆盖液，经染色，可见由单个病毒引起的蚀斑。通过蚀斑形成数和病毒稀释度，可计算出活病毒的量。

应用：常用于乙型脑炎、水痘等减毒活疫苗的活病毒含量测定。

（5）病毒类疫苗的质量评价

① 疫苗的安全性。

② 疫苗的有效性。

（6）常用病毒类疫苗

常用的减毒活病毒类疫苗有麻疹减毒活疫苗、风疹减毒活疫苗、水痘减毒活疫苗、甲型肝炎减毒活疫苗、乙型脑炎减毒活疫苗等。

常用的病毒类灭活疫苗有乙型脑炎灭活疫苗、狂犬病疫苗、流行性感冒疫苗、乙型肝炎疫苗、肾综合征出血热疫苗等。

几种正在研究的病毒类疫苗有轮状病毒疫苗、登革热疫苗、单纯疱疹病毒疫苗、巨细胞病毒疫苗、呼吸道合胞病毒疫苗、艾滋病疫苗、丙型肝炎疫苗等。

（二）技能准备

1. 生产工艺流程

一般地，病毒疫苗生产工艺流程及环境区域划分具体如图 7-2 所示。

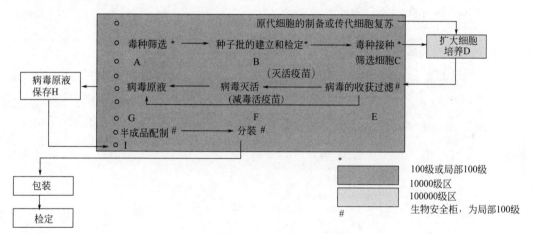

图 7-2　病毒疫苗生产工艺流程

（1）A——毒株

① 来源　毒株及毒株鉴定用的诊断血清应经过国家食品药品监督管理局的批准，由国家的药品检定机构或国家指定单位分发。

必须有建立毒株的完整历史资料，包括病毒分离、实验室减毒过程和全面质控及临床研究等资料。

② 主要质控项目　鉴别试验，病毒外源因子检查，猴体神经毒力试验，免疫原性检查，其他试验如无菌试验、病毒滴定、某些毒种的特定安全试验等。

（2）B——种子批的建立和检定

应建立种子批制度，跟踪各批种子，记录种子的历史、来源及生物学特性。要求原始种子批、主代种子批和工作种子批，各批之间要保持生物学特性一致（图 7-3）。

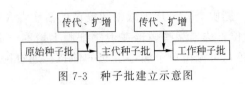

图 7-3　种子批建立示意图

（3）C、D——细胞

用于培养病毒的细胞，应详细记录细胞的来源、历史、细胞形态、细胞鉴定及外源因子检测结果，保证病毒培养的稳定性。并按《中国生物制品规程》要求开展对细胞的质量控制。

常用细胞主要有以下几类。

① 原代细胞　制备疫苗用细胞的小动物至少应达到清洁级标准，鸡胚来源的鸡群应达到 SPF 级标准。

② 二倍体细胞　要求建立三级细胞库，即原始细胞库、主细胞库和工作细胞库，并在规定传代水平内使用。

③ 传代细胞　一般不能用作疫苗生产。

（4）F——减毒灭活

减毒灭活工序中应对病毒进行毒株纯度检查，监测病毒滴度，若有需要还要进行无菌试验。

（5）G、H——病毒原液保存

病毒原液应保存在 -20℃ 条件下。

2. 减毒疫苗生产实例

（1）脊髓灰质炎减毒活疫苗生产

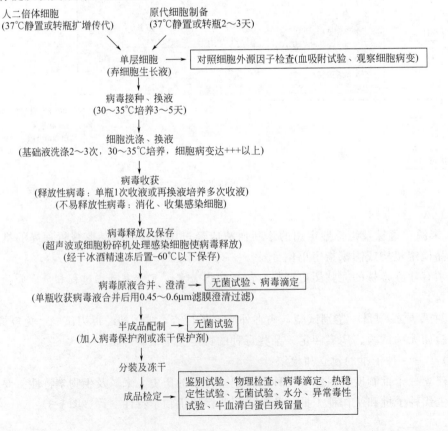

（2）脊髓灰质炎灭活疫苗生产

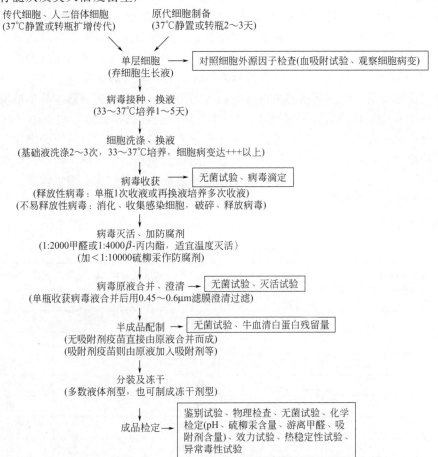

（3）生产工艺要点

① 毒株 早期用 Sabin 毒株，中国医学科学院医学生物研究所 20 世纪 60～70 年代用 Sabin I 型和 II 型株进行三次原代猴肾细胞培养，蚀斑纯化，选出毒力更低的 I 型 aca 株和 II 型 bb 株用于生产。

② 生产用细胞及培养方法 目前我国用原代猴肾细胞和 2BS 株人二倍体细胞静置或转瓶培养法。

③ 质量控制

a. 生产毒种的专项检定：家兔试验、Rct 特征试验、D 特征试验、SV40 序列测定。

b. 病毒原液的专项检定：MAPREC 试验、猴体神经毒力试验。

c. 成品疫苗检定：病毒滴定、热稳定性试验。

d. 剂型及有效期：疫苗有效期在 2～8℃ 为 5 个月，−20℃ 以下为 2 年。

二、项目实施

任务 鸡胚流感疫苗的制备

（一）鸡胚流感疫苗简介

流行性感冒（简称流感）是由流感病毒引起的急性呼吸道传染病。流感病毒属正黏病毒科，根据 NP 蛋白和 M 蛋白的不同，流感病毒可分为甲（A）、乙（B）、丙（C）三种类型；根据 HA 和 NA 的不同，甲型流感病毒又可分为不同的亚型。同其他病毒性疾病一样，流感的防治尚无特别有效的方法，接种流感疫苗被认为是预防流感发生与传播的最佳方法。流感病毒灭活疫苗是目前注册的唯一人用流感疫苗，目前用于免疫人群的疫苗主要是针对甲型流感病毒 H_1N_1 亚型、H_3N_3 亚型以及乙型流感病毒的三联灭活疫苗。

在这些流感疫苗中，鸡胚流感疫苗的生产工艺历史较长，工艺成熟。简单地说就是将流感病毒接种于 9～10 日龄鸡胚尿囊腔中，1～2 天后冷胚收获尿囊液，用福尔马林处理，灭活试验和无菌试验合格后，采用超速离心或柱色谱方法对尿囊液进行浓缩和纯化，得到病毒原液，各项检验合格后进行分包装，获得流感全病毒灭活疫苗。流感全病毒灭活疫苗具有较高的免疫原性和相对较低的生产成本，但是在接种过程中副反应发生率也较高。

（二）鸡胚流感疫苗制备

1. 所需设备和材料（见表 7-1）

表 7-1 鸡胚流感疫苗制备所需设备和材料

设备或材料	数　量	设备或材料	数　量
流感弱毒毒种	1 支（共用）	10 日龄鸡胚	2 个（每组）
孵化器	1 个（共用）	照蛋箱	1 个（共用）
蛋架	1 个（共用）	打孔器	1 套（每组）
注射器（1ml）	3 支（每组）	镊子	3 个（每组）
碘酊	1 瓶（每组）	酒精棉	若干（每组）
酒精灯	3 个（每组）	剪刀	3 把（每组）
眼科镊	3 把（每组）	灭菌疫苗瓶	5 个（每组）
灭菌吸管	10 支（每组）	固体石蜡	1 瓶（共用）

2. 实验过程

（1）鸡胚的接收

① 鸡胚接收前处理　打开孵化机设定温度 37.8℃，相对湿度为 70%。

② 拆盘　首先观察鸡胚上面是否干净、有无裂痕，然后两手拿四个鸡胚翻看下面是否干净，把合格的摆放到空盘上，气室向上。

③ 照检　一手拿照检灯，一手拿铅笔，将照蛋器罩压在鸡胚气室上，沿气室边缘画弧线，照检过程中剔除气室未在鸡胚上方、在侧面或下端的。（大头朝下小头朝上）。

④ 消毒　浸泡到装有 0.1% 新洁尔灭的消毒槽内，浸泡 1～2min，捞出放在桌子上，再由消毒人员摆放到蛋车上，推入 37.8℃ 的孵化器中。

（2）鸡胚的接种

① 鸡胚的消毒　将 10 日龄合格胚从孵化器中运到层流罩的入蛋口前，用除菌的 0.1% 新洁尔灭均匀喷洒消毒后，再用 5% 碘酒消毒鸡蛋的接种点，接种点在划线上方 0.1～0.2mm 处。消毒后转入层流罩交给打孔人员。

② 打孔　用打孔器在每个鸡胚接种点处打一个小孔，以可以看清楚为准，打孔的顺序为由上到下、由左到右，打孔时力度要适中，如有打破将其放在事先准备好的空盘上。

③ 接种　将连续流注射器的针头垂直插向已打好的接种孔内（即鸡胚尿囊内），按压注射器上端的按钮，然后迅速拔出，进行下一个接种过程。接种顺序由上往下、由左往右。如

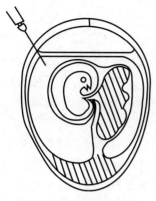

图 7-4 鸡胚接种示意图

图 7-4 所示。

接种后将卵壳外的钻孔用石蜡封好，置于 37.8℃孵化器内孵化。

（3）鸡胚液的收获

① 处理立瓶 安装时把 5L 立瓶口包装纸松开，打开管道灭菌袋，取出管道，一手拿管道，一手掀开 5L 立瓶包装纸，把管道放进立瓶中按紧塞子。安装完毕后放在操作台下边，接着连续安装直到完成，把拆散的灭菌袋整理好放入整理箱中，重新回收再利用。

② 灭菌 用 0.1%新洁尔灭均匀喷洒鸡胚表面。进入层流罩之前，用 75%酒精喷洒表面，再由入蛋口递交给层流罩内负责削壳的人员。

③ 削壳 用大镊子上部三分之一处敲击鸡胚壳气室部位。沿气室边缘敲出一道长缝后，用镊子尖沿气室边缘剥开，注意不要将气室弄破，剥下的蛋壳让其掉入大平皿中。

④ 收获

a. 第一步，收获时，管道连接，取一单根管道的进气口，一端连接真空泵，另一端连接空气过滤器，空气过滤器的另一端连接管道的进气口，用止血钳卡住出液口，打开收获头处的包装，开始收获。

b. 第二步，收获时用一手拿小镊子，一手拿收获头，先握住小镊子插进尿囊腔中，松开小镊子把尿囊膜划开一个小口，把收获头插进去吸干尿囊液。

c. 第三步，收获的顺序是由下到上、由左到右逐一收取，收到 3.6L 刻度后换取另一瓶，安装同上。装有尿囊液的 5L 立瓶罩上高压灭菌过的灭菌袋，让层流罩外边的辅助人员搬到车上。

（4）鸡胚收获液的灭活

① 物品处理 将连有硅胶管道的传液盖、滤器、止血钳、西林瓶、西林瓶塞、蠕动泵、电子天平、所需灭活剂等放入层流罩内。

② 灭活 将连有硅胶管道的传液盖安装在盛灭活剂的桶上，盛 1mol/L 枸橼酸三钠溶液的桶与蠕动泵连接，桶放在电子天平上。盛 1∶200 福尔马林溶液的桶与计量泵连接，用量筒进行校准，泵的速度调节为 280ml/min 左右。

（5）分装保存

将无菌生长的鸡胚液进行分装，注明名称与剂量后置低温保存。

三、项目拓展

（一）其他流感灭活疫苗

1. 裂解型流感灭活疫苗

裂解型流感灭活疫苗是建立在流感全病毒灭活疫苗的基础上，通过选择适当的裂解剂和裂解条件裂解流感病毒，去除病毒核酸和大分子蛋白，保留抗原有效成分 HA 和 NA 以及部分 M 蛋白和 NP 蛋白，经过不同的生产工艺去除裂解剂和纯化有效抗原成分制备而成。目前使用的裂解剂主要包括乙醚、3-N-丁基磷酸盐、聚山梨酸酯 80、脱氧胆酸钠及三硝基甲苯等，裂解型流感疫苗可降低全病毒灭活疫苗的接种副反应，并保持相对较高的免疫原性，可扩大疫苗的使用范围，但在制备过程中需添加和去除裂解剂。

2. 亚单位型流感灭活疫苗

20 世纪 70～80 年代，在裂解疫苗的基础上，又研制出了毒粒亚单位和表面抗原（HA 和 NA）疫苗。通过选择合适的裂解剂和裂解条件，将流感病毒膜蛋白 HA 和 NA 裂解下来，选用适当的纯化方法得到纯化的 HA 和 NA 蛋白。亚单位型流感疫苗具有很纯的抗原组分。英国在临床疫苗试用中，证实了其免疫效果与裂解疫苗相同，并可用于儿童。1980年英国首次批准使用，而后扩展到其他国家。

多年的临床应用表明，流感灭活疫苗具有很好的免疫效果和临床安全性，接种人体后可刺激机体产生相应抗体，但是不能刺激产生分泌型免疫球蛋白（sIg），这是灭活疫苗共有的缺点。此外，制备流感灭活疫苗必须使用特殊的无菌鸡胚，并且新流行的抗原变异株必须能在鸡胚中高效复制，才有可能生产大量流感病毒制备疫苗。随着制备疫苗所用的野生型病毒在鸡蛋中生长，其免疫原性在一定程度上被改变或降低。流感灭活疫苗对同型病毒感染有效，对异型病毒感染效果较差。

（二）人工主动免疫

机体受病原体感染后，能产生特异性抗体和效应 T 细胞，提高对该病原体的免疫力。根据这一基本原理，可采用人工方法使机体获得特异性免疫力，达到预防疾病的目的。接种牛痘苗成功地消灭了天花，是用免疫预防的方法消灭传染病的最好例证。随着卫生状况的改善和计划免疫的实施，人类在传染病的预防中取得了巨大成就，多种传染病的发病率大幅度下降，全球消灭脊髓灰质炎的目标也即将实现。目前，免疫预防已扩大到传染病以外的其他领域，未来疫苗的内涵及应用将进一步拓展。

人工主动免疫是用疫苗接种机体，使之产生特异性免疫，从而预防感染的措施。国内常将用细菌制作的人工主动免疫的生物制品称为菌苗，而将用病毒、立克次体、螺旋体等制成的称为疫苗。而国际上把细菌性制剂、病毒性制剂以及类毒素统称为疫苗（vaccine）。

（1）灭活疫苗（死疫苗）

灭活疫苗（死疫苗）是选用免疫原性强的病原体，经人工大量培养后，用理化方法灭活制成。死疫苗主要诱导特异抗体的产生，为维持血清抗体水平，常需多次接种。注射局部和全身的反应较重。由于灭活的病原体不能进入宿主细胞内增殖，难以通过内源性抗原加工提呈，诱导出 CD8$^+$ 的 CTL，故细胞免疫弱，免疫效果有一定局限性。

（2）减毒活疫苗

减毒活疫苗是用减毒或无毒力的活病原微生物制成。传统的制备方法是将病原体在培养基或动物细胞中反复传代，使其失去毒力，但保留免疫原性。例如，用牛型结核杆菌在人工培养基上多次传代后制成卡介苗，用脊髓灰质炎病毒在猴肾细胞中反复传代后制成活疫苗。活疫苗接种类似隐性感染或轻症感染，减毒病原体在体内有一定的生长繁殖能力，一般只需接种一次。多数活疫苗的免疫效果良好、持久，除诱导机体产生体液免疫外，还可产生细胞免疫，经自然感染途径接种还有黏膜局部免疫形成。其不足之处是疫苗可能在体内有回复突变的危险，但在实践中是十分罕见的。免疫缺陷者和孕妇一般不宜接受活疫苗接种。

（3）类毒素（toxoid）

类毒素是用细菌的外毒素经 0.3%～0.4% 甲醛处理制成。因其已失去外毒素的毒性，但保留免疫原性，接种后能诱导机体产生抗毒素。

表 7-2 所列为疫苗制剂及其研究现状。

表 7-2　疫苗制剂及其研究现状

分类		获准使用的疫苗	研制中的疫苗
细菌性疫苗	活疫苗	卡介苗	口服霍乱疫苗、口服痢疾疫苗、口服伤寒疫苗
	灭活疫苗	霍乱、百日咳、伤寒、钩端螺旋体疫苗	口服霍乱疫苗、霍乱毒素 B 亚单位、麻风疫苗
	亚单位疫苗	流感杆菌、脑膜炎球菌、肺炎球菌疫苗	伤寒疫苗
	DNA 疫苗		结核杆菌 DNA 疫苗
	类毒素	破伤风、白喉类毒素	
病毒性疫苗	活疫苗	牛痘、麻疹、腮腺炎、风疹、水痘、黄热病、巨细胞病毒、甲型肝炎病毒、流感病毒、副流感病毒、脊髓灰质炎、腺病毒、流感病毒、登革病毒、乙型脑炎病毒、轮状病毒疫苗	
	灭活疫苗	脊髓灰质炎、狂犬病、乙型脑炎、流感、甲型肝炎病毒疫苗	
	亚单位疫苗	乙型肝炎疫苗、流感疫苗、HIV 疫苗、乙型丙型肝炎病毒、流感病毒、疱疹病毒、巨细胞病毒疫苗	
	DNA 疫苗	狂犬病病毒 DNA 疫苗	

（三）细菌类疫苗

1. 定义

用细菌、螺旋体或其衍生物制成，进入人体后，使机体自身产生抵抗相应细菌能力的生物制品，称为细菌类疫苗。

2. 细菌类疫苗的分类

（1）按细菌名称分类

如由霍乱弧菌制成的称霍乱疫苗；由百日咳杆菌制成的称百日咳疫苗；由短小棒状杆菌制成的称短棒疫苗等。

（2）按所含菌体成分分类

有菌体疫苗；外膜疫苗；多糖体疫苗；核糖体疫苗；无细胞组分疫苗等。

（3）按细菌存活状态分类

有死疫苗；活疫苗。

3. 细菌类疫苗的用途

（1）主要用于防止传染病的发生和流行。

（2）预防生物武器　生产和储备相应高效的疫苗是战争时期反细菌战，以及和平时期反

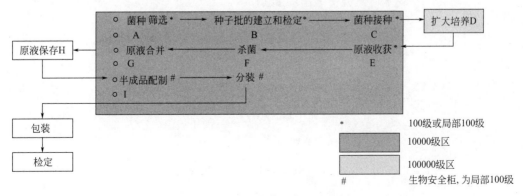

图 7-5　细菌性疫苗生产工艺流程

恐怖活动的有效预防手段之一。

4. 细菌类疫苗生产工艺流程

细菌类疫苗生产工艺流程如图 7-5 所示。

5. 细菌性疫苗具体生产过程

（1）准备

① 培养基的准备

a. 培养基的种类　天然培养基、半合成培养基、合成培养基等。

b. 培养基的制备

备料及配制［按照培养基处方和标准操作程序（SOP）规定制备］

↓

调节培养基 pH 值（25℃条件下，边搅拌边逐滴加入碱或酸）

↓

培养基的过滤和分装

↓

培养基的灭菌（115℃ 30min 或 121℃ 15～20min）和保藏

② 菌种准备和种子批建立

a. 菌种要求　安全性、免疫原性、遗传学稳定性、无致癌性和生产适用性。

b. 种子批　原始种子批→主种子批→工作种子批，要保持生物学特性与原始种子批一致。

③ 生物反应器准备

a. 构成　常用的搅拌式生物反应器组成有罐体、搅拌系统、加温和冷却系统、进出气系统、进出液系统、检测和控制系统、管线和接头等。

b. 工艺参数　温度、pH、溶解氧、搅拌和进出液流量等。

（2）生产过程

① 灭菌疫苗生产流程

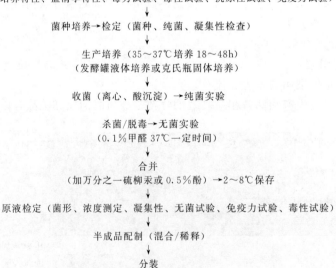

菌种→检定（培养特性、血清学特性、毒力试验、毒性试验、抗原性试验、免疫力试验）

↓

菌种培养→检定（菌种、纯菌、凝集性检查）

↓

生产培养（35～37℃培养 18～48h）
（发酵罐液体培养或克氏瓶固体培养）

↓

收菌（离心、酸沉淀）→纯菌实验

↓

杀菌/脱毒→无菌实验
（0.1%甲醛 37℃一定时间）

↓

合并
（加万分之一硫柳汞或 0.5%酚）→2～8℃保存

↓

原液检定（菌形、浓度测定、凝集性、无菌试验、免疫力试验、毒性试验）

↓

半成品配制（混合/稀释）

↓

分装

↓

成品检定（理化检查、无菌试验、安全试验、效力试验）

a. 菌种配备

ⓐ 菌种启开：冻干菌种启开后接种于适宜的培养基上，于 37℃±1℃ 培养一定时间（称

为一代）。

　　ⓑ 扩量转种：一代菌种扩量接种到适宜的培养基上，于$37℃±1℃$培养一定时间（称为二代）。以此类推，但菌种启开后用于生产时不应超过规定代次。

　　b. 培养　选择培养方法，于$37℃±1℃$培养一定时间。

　　c. 细菌采集　进行纯菌试验，发现杂菌生长应废弃。

　　d. 杀菌/脱毒　杀菌后的原液还要进行无菌实验。

　　e. 原液检定及保存　原液保存于$2～8℃$。原液自采集之日起有效期一般为3～4年。

　　◆ 浓度测定：应按"中国细菌浊度标准"测定浓度。

　　◆ 镜检：涂片染色镜检，至少观察10个视野，应菌形典型并无杂菌。

　　◆ 凝集试验：用相应血清做定性凝集试验，呈阳性反应。

　　◆ 无菌试验：需氧菌、厌氧菌及真菌试验应为阴性。

　　◆ 免疫力试验：以一定菌数的剂量免疫小鼠，再用攻击菌攻击小鼠，观察并记录小鼠死亡数，计算ED_{50}或LD_{50}结果，达到要求者判为合格。

　　f. 半成品配制（配合稀释及分装）。

　　g. 成品检定　按规程要求进行。

　　常用灭活疫苗：霍乱疫苗、伤寒疫苗、百日咳疫苗。

　　② 减毒活疫苗生产流程

菌种→传代检定（培养特性、毒力试验、安全试验、免疫力试验）

↓

生产培养（37～39℃培养一定时间）
（克氏瓶固体培养或发酵罐液体培养）

↓

收菌

↓

合并

↓

原液检定→（纯菌试验、浓度测定）

↓

半成品配制→（纯菌试验、浓度测定）
（稀释、加冻干保护剂）

↓

分装及冻干

↓

成品检定→（鉴别试验、物理检查、水分、无菌试验、活菌计数、热稳定性试验、效力试验）

　　常用减毒活疫苗：卡介苗、布氏杆菌病疫苗、鼠疫疫苗、炭疽疫苗。

　　③ 多糖类疫苗生产流程（以流脑疫苗为例）

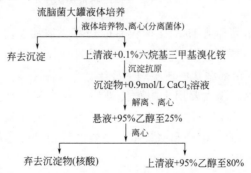

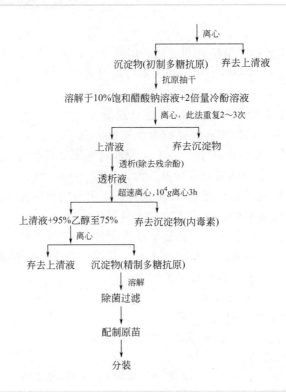

要点解读

➢ 知识体系构建（图 7-6）

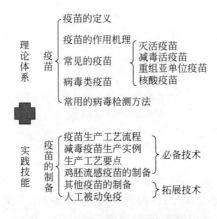

图 7-6　鸡胚流感疫苗的制备知识体系图

➢ 我国的细菌类疫苗品种从 1949 年前仅有的伤寒、霍乱疫苗少数几个，逐步发展到现在共 20 多个品种。生产工艺从手工操作转向发酵罐自动控制培养，疫苗组成从生产非菌体疫苗到研制组合疫苗，疫苗剂型从液体发展为冻干。

➢ 细菌类疫苗的用途：①主要用于防止传染病的发生和流行。减轻或免除机体被致病菌侵袭而患病（一般为特异性的）；调动机体的免疫系统，增强机体功能（一般为非特异性的）。②预防生物武器。因此，生产和储备相应高效的疫苗是战争时期反细菌战以及和平时期反恐怖活动的有效预防手段之一。

➤ 培养基的种类

① **按物质组成** 可分为天然培养基（由成分难以断定的天然有机物组成）；半合成培养基（由天然有机物和已知化学成分的化合物组成，亦称半综合培养基）；合成培养基（全部由已知化学成分的化合物组成，亦称综合培养基）。

② **按物理性状** 可分为液体培养基；半固体培养基；固体培养基；脱水培养基。

③ **按性质和用途** 可分为基础培养基；加富培养基；鉴别培养基；选择培养基和特殊培养基（特殊培养基在生物制品范畴中又有菌种保存培养基、疫苗生产培养基、毒素生产培养基、无菌试验培养基等）。

➤ 培养基的应用

① **菌种用培养基** 菌种用培养基主要用做菌种的保藏，要求能使菌种长期保藏，并能保持菌种原有的各种特性，包括形态学、生物学、生物化学、免疫学和血清学等特性。

② **疫苗生产用培养基** 疫苗生产用培养基主要用做细菌的扩量繁殖，要求既能使细菌保持原有的各种特性，又能使细菌扩量繁殖，达到生产的目的。

③ **毒素生产用培养基** 这类培养基大多数是液体的，适合细菌用发酵罐进行产毒培养，常用的有白喉棒状杆菌、破伤风梭状杆菌的产毒培养基。

④ **检定用培养基** 疫苗类等制品中不得含有杂菌，因此，必须用这类培养基进行无菌试验培养检查。

➤ 病毒类疫苗的发展史划分为三个时期：①古典疫苗时期，即在病原体发现前据反复观察和摸索经验而制出疫苗的时期，以牛痘苗和狂犬病疫苗为代表。②病毒培养疫苗时期，即利用动物、鸡胚及细胞培养技术制备疫苗的时期，目前所使用的大多数疫苗属于此类，又称为传统疫苗。③基因重组疫苗时期，即采用基因重组技术研制的疫苗，其中重组亚单位疫苗已成功应用于人体，基因重组载体活疫苗和核酸（DNA 质粒）疫苗则还在广泛的研究和发展之中。

➤ 血清学方法是鉴定病毒和诊断病毒感染的主要手段，其原理是利用病毒颗粒或病毒结构的某些抗原成分所制备的特异性免疫血清或单克隆抗体，进行特异性抗原抗体反应，来定性或定量检测相应的病毒。

➤ 中和试验原理是特异性抗病毒免疫血清或单克隆抗体与相应病毒结合后，使病毒不能吸附于敏感细胞而失去感染能力。

➤ 血凝及血凝抑制试验原理是某些病毒的表面物质（血凝素）能选择性地引起人或动物的红细胞发生凝集，称血凝现象。这种血凝现象可通过加入特异性抗病毒免疫血清被抑制，即为血凝抑制。

➤ 补体结合试验原理是病毒抗原与特异性抗体形成复合物时能结合补体，再加入羊红细胞和溶血素，如无游离补体存在则不产生溶血，即表示阳性结果。

➤ 酶联免疫吸附试验原理是以酶作为标记物，当酶标记抗原或抗体与相应抗体或抗原特异性结合后，在底物的催化作用下显示颜色反应。

➤ 血吸附病毒检查原理是当细胞感染了具有血凝素的病毒时，就带有病毒的血凝物质，如加入敏感的人或动物的红细胞，可表现红细胞吸附在细胞表面的现象，即血吸附现象。利用这一试验可检查正常细胞是否带有外源性血吸附病毒。

➤ 非血吸附病毒检查原理是多数非血吸附病毒通过在敏感细胞上培养，可引起细胞形态发生变化（如细胞圆缺、多形性细胞融合等），称细胞病变（CPE）。以此可检查正常细胞是否带有外源性非血吸附病毒。

➤ 原代细胞、二倍体细胞和传代细胞保持生物学特性一致。

➤ 原始种子批、主代种子批和工作种子批三批病毒之间要保持生物学特性的一致。

➤ 专业词汇英汉对照表

疫苗	vaccine	灭活	inactivate
病毒性疫苗	viral vaccines	细菌性疫苗	bacterial vaccines

项目思考

1. 试描述鸡胚流感疫苗的生产工艺过程。
2. 如果你是科研人员，如何生产抗 HIV 疫苗？请说明设计原理和生产过程。
3. 什么是疫苗？如何分类？
4. 什么是病毒类疫苗？如何分类？如何评价？
5. 疫苗的主要应用是什么？

项目八　人体免疫球蛋白的制备

项目介绍

1. 项目背景

某生物制品生产企业研发中心的研究开发人员和车间一线生产人员应当具备开发血液制品并能够生产出血液制品的能力，以供应临床上人工被动免疫的需要，这就需要相应岗位人员掌握人工被动免疫的知识和具备开发免疫球蛋白的技能，并能对免疫球蛋白进行合理经济的分离纯化。

2. 项目任务描述

任务一　Cohn 法制备人体免疫球蛋白

任务二　牛血清免疫球蛋白的制备

学习指南

【学习目标】

1. 能仿真车间生产人体免疫球蛋白。
2. 能描述并理解人体免疫球蛋白的制备工艺和检验工艺。
3. 掌握免疫球蛋白和其他蛋白的特点和提取工艺。

【学习方法】

1. 通过网络课程开展预习和复习。
2. 通过仿真模拟，学习人体免疫球蛋白的生产工艺流程。
3. 学生通过撰写实验报告来总结实验结果。

一、项目准备

（一）知识准备

1. 血液制品

（1）定义

血液制品（blood products）从狭义上讲是对从人血浆中分离制备的有明确临床疗效和应用意义的蛋白质制品的总称，也称为血浆制剂（plasma products），国际上将这部分制品称为血浆衍生物（plasma derrivatives）。从广义上讲，血液制品应包括所有从人血中分离提取的成分。随着现代生物技术的不断发展和日趋成熟、完善，国外已用基因工程技术制造出了人的血浆蛋白（如凝血因子、免疫球蛋白等）。这些用基因工程技术制造的产品在分子结构以及生物学功能上和人血浆中正常存在的相应蛋白质十分相似，有的甚至完全相同，并有相同的临床疗效和应用价值，现在也将其归入血液制品之列。

（2）血液制品的优缺点

血液制品有如下优点：

① 纯度高，使用安全。

② 生物活性效价高，疗效可靠。

③ 稳定性好，便于保存和运输。

当然，血液制剂也有不足之处，主要是由于其为大量血浆混合制备，难免可能污染病原物和同种抗原性物质。

（3）血液制品的分类和应用

① 蛋白类制剂主要有两种：一种是人血白蛋白，另一种是血浆蛋白成分。

② 免疫球蛋白制剂有五种：IgG、IgM、IgA、IgE 和 IgD。其中最重要的是 IgG，其缺乏可导致机体防御功能低下。

③ 凝血因子制剂。

④ 几种主要的微量蛋白制剂。具体见表 8-1。

表 8-1　部分常用血浆制品及用途

名　称	用　途	名　称	用　途
白蛋白	休克、低蛋白血症、脑水肿、胸腹水	凝血酶制剂	外科局部及上消化道止血
肌注免疫球蛋白	预防某些传染病	因子 XIII 制剂	因子 XIII 缺乏症
静注免疫球蛋白	预防或治疗感染症、免疫缺陷性疾病	抗凝血酶 III 制剂	弥散性血管内凝血症
组胺免疫球蛋白	支气管哮喘、过敏症	纤维蛋白溶酶原制剂	血栓、新生儿纤维肺
特异性免疫球蛋白	预防和治疗相应传染病、感染症	纤维结合蛋白制剂	疱疹性角膜炎及溃疡
纤维蛋白原制剂	低纤维蛋白血症	C_1 酯酶抑制剂	遗传性血管神经水肿
纤维蛋白黏合剂	局部止血、组织修补、软骨粘连	α_1-抗胰蛋白酶制剂	某些肺气肿、急性肺损伤
因子 VIII 制剂	A 型血友病	α_1-巨球蛋白酶制剂	放射性损伤及溃疡
凝血酶原复合物（PCC）	因子 II、VII、IX、X 缺乏症	转铁蛋白制剂	低转铁蛋白症
因子 IX 制剂	B 型血友病		

2. 人工被动免疫

人工被动免疫（artificial passive immunization）是给人体注射含特异性抗体的免疫血清或细胞因子等制剂，以治疗或紧急预防感染的措施。因这些免疫物质并非由被接种者自己产生，缺乏主动补充的来源，而且易被清除，故维持时间短暂，为 2～3 周。

（1）抗毒素

抗毒素（antitoxin）是用细菌外毒素或类毒素免疫动物制备的免疫血清，具有中和外毒素毒性的作用。一般选择健康马匹免疫，待马体内产生高效价抗毒素后，采血分离血清，提取免疫球蛋白制成。该制剂对人来说是异种蛋白，使用时应注意 I 型超敏反应的发生。常用的有破伤风抗毒素及白喉抗毒素等。

（2）人免疫球蛋白制剂

人免疫球蛋白制剂是从大量混合血浆或胎盘血中分离制成的免疫球蛋白浓缩剂。该制剂中所含的抗体即人群中含有的抗体，因不同地区和人群的免疫状况不同而不完全一样，不同批号制剂所含抗体的种类和效价不尽相同。肌内注射剂主要用于甲型肝炎、丙型肝炎、麻疹、脊髓灰质炎等病毒性疾病的预防。静脉注射用免疫球蛋白（ivIg）须经特殊工艺制备，主要用于原发性和继发性免疫缺陷病的治疗。特异性免疫球蛋白则是由对某种病原微生物具有高效价抗体的血浆制备，用于特定病原微生物感染的预防，如抗乙型肝炎病毒免疫球蛋白。

（3）细胞因子制剂

细胞因子制剂是近年来研制的新型免疫治疗剂，主要有 IFN-γ、IFN-α、G-CSF、GM-CSF 和 IL-2 等，可望成为治疗肿瘤、艾滋病等的有效手段。

（4）单抗制剂

单抗制剂用基因工程及现代生物技术产生的人源单克隆抗体为免疫治疗开辟了广阔前景。例如，用毒素、放射性核素、抗癌药物等连接单抗的肿瘤导向治疗正在应用及开发之中。

3. 计划免疫

计划免疫（planed immunization）是根据某些特定传染病的疫情监测和人群免疫状况分析，按照规定的免疫程序有计划地进行人群预防接种、提高人群免疫水平、达到控制以至最终消灭相应传染病的目的而采取的重要措施。免疫程序的制定和实施是计划免疫工作的重要内容。应从实际出发，制定合理的免疫程序，严格按照程序实施接种，提高接种率，才能充分发挥疫苗的效果，使人群达到和维持较高的免疫水平，有效地控制相应传染病的流行。

由于活疫苗的效果一般优于死疫苗，使活疫苗的研制成为重要发展方向。例如，采用人工变异技术制作的营养缺陷变异株疫苗、温度敏感变异株疫苗等还有利用基因工程技术在核酸水平上造成病原体毒力有关基因的缺失，避免疫苗株的返祖而恢复毒力的基因缺失疫苗（如狂犬病疫苗）。以往死疫苗和活疫苗的制作均采用了完整的病原体，故称全细胞疫苗。全细胞疫苗中含有很多与保护性免疫无关的成分，如何去除这些成分而保留有效免疫原，是亚单位疫苗的发展方向。基因工程疫苗是现代生物技术的热点之一，其发展的重点对象是难（或不能）培养、有潜在危险、常规免疫效果差的病原体。尽管迄今为止获准生产的基因工程疫苗仅有少数几种，但它解决的是多年来常规疫苗不能解决的难题，而且在简化免疫程序的多价疫苗制作方面具有显著优势。

4. 免疫球蛋白简介

免疫球蛋白（immunoglobulin，Ig）是由淋巴细胞合成、分泌的一组糖蛋白，主要存在于循环系统中，细胞表面也有分布。免疫球蛋白的主要功能在于抵抗各种病原微生物对人体的感染。

人体内的免疫球蛋白有 5 类，分别是 IgG、IgM、IgA、IgE 和 IgI。它们各有其特殊的功能。免疫球蛋白制剂中的主要成分是 IgG，另外可能含有少量的 IgA。免疫球蛋白制剂按照注射方式可分为肌内注射用和静脉注射用两大类。

（二）技能准备

1. 免疫球蛋白的制备

（1）采血

制备人血免疫球蛋白所用的血浆是通过单采血浆技术获得的，生产企业接收的人血浆处于冰冻状态，温度应在 -20℃ 以下。通过复检的人血浆保存 90 天后（从采集日开始计算），未接到禁止使用的通知可投入生产。冰冻血浆经过外袋清洗、消毒处理后，就可以去掉外袋。去掉外袋的冰冻血浆通常放在夹层罐中融化，夹层中通入温水（水温一般控制在 40℃ 以下），在搅拌状态下冰冻血浆就会逐渐融化，融化后的血浆输送到反应罐内进行分离。

（2）低温乙醇法粗提免疫球蛋白

免疫球蛋白可采用低温乙醇蛋白分离法或经批准的其他蛋白质分离方法从健康人血浆中

分离制得。低温乙醇蛋白分离法是目前我国最常用的血浆蛋白分离法，该方法由美国军方专家和哈佛大学医学院的 Edwin J. Cohn 教授于 1940 年发明，因此又称 Cohn 法。

Cohn 法的原理是：在介电常数大的溶液中蛋白质的溶解度大，在介电常数小的溶液中蛋白质的溶解度则小。乙醇能显著地降低蛋白质水溶液的介电常数，从而使蛋白质从溶液中沉淀析出（参见图 8-1）。

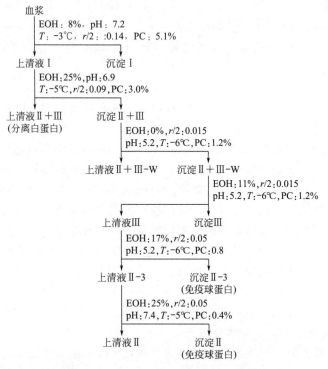

图 8-1 Cohn 法制备免疫球蛋白工艺流程

在低温乙醇法中影响蛋白质沉淀反应的因素主要有 5 个，称为五变系统。

① pH 当溶液 pH 值等于蛋白质等电点时，蛋白质溶解度最小，最容易沉淀析出。不同的蛋白质等电点不同，如白蛋白等电点为 pH4.7，IgG 为 pH5.8～7.3。通常低温乙醇法是在 pH4.4～7.4 之间进行分离的。

② 乙醇浓度（EOH） 乙醇能降低蛋白质溶液的介电常数，随着乙醇浓度的增加，蛋白质溶液的介电常数逐渐降低，而其溶解度急剧下降。在低温乙醇工艺中，乙醇浓度范围为 0～40%。

③ 温度（T） 温度低，蛋白质的溶解度低。溶液中加入乙醇，因乙醇的水合作用会产生放热现象，而温度升高可能造成蛋白质变性，故在低温乙醇法工艺中，全程温度均要控制在 0～8℃之间。

④ 蛋白质浓度（PC） 在分离过程中，需对蛋白质溶液做适当稀释，以减少蛋白质之间的相互作用，避免多种蛋白质共同沉淀。但稀释过度，会引起蛋白质变性及增加分离容量，加大生产负荷。

⑤ 离子强度（$r/2$） 在低盐溶液中，盐浓度的很小改变即可引起蛋白质溶解度的极大变化，盐类与蛋白质的互相影响随离子强度而变化。低温乙醇法工艺中离子强度变化范围在 0.01～0.16 之间。

在五变系统中，影响蛋白质分离的最重要因素是 pH 值和乙醇浓度。有些分离阶段，如免疫球蛋白分离中，离子强度的变化是关键。

低温乙醇法的优点是：a. 操作相对简单，产量高，适宜工业化规模生产；b. 能基本保持分离所得蛋白质的天然性质；c. 低温乙醇分离过程能抑菌、去病毒，较有效地保障制品的安全性；d. 可分离多种血浆蛋白成分，有利于血浆资源的综合利用；e. 乙醇作为生产主要原材料，价格低廉，易获得。

但低温乙醇法生产血液制品需要相当规模的厂房，并需具备较大面积的低温操作车间及连续冷冻离心机等，投资规模比较大。

（3）免疫球蛋白的脱醇、浓缩

完成精制的人血免疫球蛋白含有乙醇，必须去除，否则免疫球蛋白会由于乙醇的存在而变性。去除乙醇的方法有多种，如透析、冻干及超滤等。这几种脱醇方法中，透析耗时、耗水，不利于控制微生物的生长，易污染，但是成本最低，操作简单；冻干则需要大型冻干机、大面积的洁净厂房，增加了工艺步骤，出现了相变过程（免疫球蛋白由液体状态冻结后成为固体，然后在真空下将水分和乙醇升华后进一步成为含水量很低的固体，在进行后续工序的处理时再将免疫球蛋白溶解变成液体），而且很耗时、耗能；超滤需要低温环境（2～8℃即可），脱醇、浓缩工作可以一次完成，但是设备投资比较大。综合考虑各种因素后，血液制品企业目前普遍采用超滤技术来完成人血免疫球蛋白的乙醇去除工作。超滤是在一定压力下的分子级别的过滤，在压力作用下，小分子物质透过超滤膜，而大分子物质被超滤膜截留。乙醇的分子量为 46.07，而人血免疫球蛋白的分子量达到 66000，因此选择合适截留分子量的超滤膜就可以有效地进行人血免疫球蛋白溶液中乙醇的去除工作。超滤膜的形式有多种，如中空纤维膜、平板膜及卷式膜等。超滤时超滤膜表面所需要的压力由输送泵来产生，小型超滤器可使用蠕动泵，大型超滤器则使用凸轮泵。

人血免疫球蛋白脱醇时一般采用截留分子量为 10000 或 12000 的超滤膜。精制后的人血免疫球蛋白溶液中乙醇的体积分数一般为 10%～12%，在良好的混合情况下，采用透析过滤的方式，补加 6～7 倍体积（待脱醇人血免疫球蛋白溶液的体积）的注射用水，就可以将人血免疫球蛋白溶液中乙醇的含量降至 0.3% 以下。完成了脱醇过程后，关闭补水通路，继续超滤就可以将人血免疫球蛋白溶液浓缩到需要的浓度。

为了保护超滤膜，延长其使用寿命，通常要对待脱醇人血免疫球蛋白溶液进行澄清。使用盒式超滤膜进行超滤时，要求待脱醇溶液中不得含有直径在微米级以上的颗粒。实际上在人血免疫球蛋白脱醇时，为后面的除菌过滤考虑，可以采用孔径更小的滤材（例如 1μm）来过滤待脱醇的人血免疫球蛋白溶液。

（4）免疫球蛋白的病毒灭活

从献血员的筛选、原料血浆的采集到分离过程的控制，及临床使用时的种种实际情况对免疫球蛋白提出更高的安全要求，病毒安全性是其中一个很重要的项目。免疫球蛋白的病毒灭活工艺是巴氏灭活法，具体做法是：向免疫球蛋白溶液中加入辛酸钠和乙酰色氨酸（也可以只用辛酸钠）作为保护剂，充分混合后，加热到 60℃，在 60℃±5℃ 的温度范围内保温 10h。

（5）除菌过滤、灌封

人血免疫球蛋白不含任何抑菌剂，而且分装入最终容器后无法再进行灭菌处理，因此免疫球蛋白必须除菌后才能灌装入最终容器。对最终容器（包括胶塞）的要求是无菌、无热原，同时要保证灌装和封口过程的无菌。制品的除菌过滤是一种精密过滤，所用滤材的绝对孔径为 0.22μm 或更小。待组装的滤器要先除热原后再组装，组装完毕的滤器要进行高压蒸汽灭菌。滤器使用前要做完整性检测，使用完毕还要再做完整性检测，以确认除菌过程中滤材未破损。为了使除菌滤膜不被很快堵塞并保证过滤的速度及总体积，通常要在除菌滤膜前增加一层或多层预过滤膜（也可以用不含石棉的预过滤板）。预过滤材料的孔径要根据被过滤的物料来确定。免疫球蛋白灌装时，从免疫球蛋白溶液开始灌入制品瓶到制品瓶被盖上胶塞的过程并不是在密闭的容器或管道中进行的，所以灌装实际上是一种开放型操作，按国家规定必须采用自动灌封机完成从灌装到压胶塞、轧外盖的过程，此过程必须在百级洁净度的环境下进行，避免人为因素造成的污染。

(6) 观察存放

尽管人血免疫球蛋白的灌封是在极其严格的条件下进行的，灌封后的免疫球蛋白还是需要在适宜的温度下存放一段时间，进行观察，目的是防止可能存在的单瓶染菌制品出厂。按照《中国药典》的要求，存放温度为 20~25℃ 时观察期不得少于 4 周，存放温度为 30~32℃ 时观察期不得少于 2 周。适宜的存放温度、足够的存放时间将会促使可能存在于制品中的微生物繁殖起来，在随后的逐瓶物理外观检查时可以十分容易地将其检出，避免了使用者所冒的风险。

2. 免疫球蛋白的质量控制要点

《中国药典》对生产的免疫球蛋白有严格要求，除各项理化指标、无菌试验、异常毒性试验和热稳定试验外，主要有蛋白质含量及总量、纯度、多聚体含量和激肽酶原激活剂（PKA）含量的测定，另需检测乙肝病毒表面抗原（HBsAg）、丙肝病毒（HCV）抗体和艾滋病病毒（HIV-1/HIV-2）抗体等，对生产过程亦必须实行严格的质量控制。

二、项目实施

任务一　Cohn 法制备人体免疫球蛋白

（一）Cohn 法制备人体免疫球蛋白简介

人体免疫球蛋白属于血液制品，为无色或淡黄色澄清液体，可带乳光，可用以下两种方法鉴别：鉴别法一，是用免疫双扩散法测定，仅与抗人血清产生沉淀线，与抗马、抗牛血清不应产生沉淀线。鉴别法二，是用免疫电泳法测定，主要沉淀线应为免疫球蛋白。其药理作用为被动免疫疗法，它是把免疫球蛋白内含有的大量抗体输给受者，使之从低或无免疫状态很快达到暂时免疫保护状态。由于抗体与抗原相互作用起到直接中和毒素与杀死细菌和病毒的作用，因此免疫球蛋白制品对预防细菌、病毒性感染有一定的作用。

取健康献血员的新鲜血浆或保存期不超过 2 年的冰冻血浆，每批最少应由 1000 名以上健康献血员的血浆混合。用低温乙醇蛋白分离法分段沉淀提取免疫球蛋白组分，经超滤或冷冻干燥脱醇、浓缩和灭活病毒处理等工序制得，其免疫球蛋白纯度应不低于 90%。然后配制成蛋白浓度为 10% 的溶液，加适量稳定剂，除菌滤过，无菌灌装即制成人体免疫球蛋白。

（二）人体免疫球蛋白制备

1. 所需设备和材料（见表 8-2）

表 8-2 制备人体免疫球蛋白所需设备和材料

设备或材料	数量	设备或材料	数量
8%乙醇磷酸缓冲液,用 pH7.2 的 0.1mol/L 磷酸盐缓冲液配制,−4℃预冷	500ml(共用)	25%乙醇磷酸缓冲液,用 pH6.9 的 0.1mol/L 磷酸盐缓冲液配制,−4℃预冷	500ml(共用)
20%乙醇磷酸缓冲液,用 pH7.2 的 0.1mol/L 磷酸盐缓冲液配制,−4℃预冷	500ml(共用)	17%乙醇磷酸缓冲液,用 pH5.2 的 0.1mol/L 磷酸盐缓冲液配制,−4℃预冷	500ml(共用)
10%乙醇磷酸缓冲液,用 pH4.5 的 0.1mol/L 磷酸盐缓冲液配制,−4℃预冷	500ml(共用)	5%乙醇磷酸缓冲液,用 pH5.2 的 0.1mol/L 磷酸盐缓冲液配制,−5℃预冷	500ml(共用)
过滤器	5 个(每组)	人血浆	1 袋(每组)

2. 实验过程

(1) 验收血浆

要求所用血浆符合以下条件:

① 核对、检查原料血浆化验报告,与原料浆明细表逐箱逐袋核对。

② 观察血浆颜色,有无溶血、破损,标识、化验记录需完整。

③ ALT≤25U(赖氏法),HBsAg、HCV 抗体、HIV-1/HIV-2 抗体及梅毒检测阴性。

(2) 溶浆

冰冻血浆经过外袋清洗、消毒处理后,就可以去掉外袋。去掉外袋的冰冻血浆通常放在温水(水温一般控制在 40℃以下)中,在搅拌状态下冰冻血浆就会逐渐融化。

(3) 低温乙醇分离组分

① 向血浆中加入等体积的 8%乙醇磷酸缓冲液,静置,充分沉淀;3000r/min 离心 10min,收集上清液 S1。

② 向上清液 S1 中加入等体积的 25%乙醇磷酸缓冲液,静置,充分沉淀;3000r/min 离心 10min,收集上清液 S2。

③ 向上清液 S2 中加入等体积的 40%乙醇磷酸缓冲液,静置,充分沉淀;3000r/min 离心 10min,收集沉淀 P3。

④ 向收集的沉淀 P3 中加入适量体积的 5%乙醇磷酸缓冲液,充分搅匀,静置,充分沉淀;3000r/min 离心 10min,收集上清液 S4。

上清液 S4 含有 IgG。

(4) 过滤

① 用截留分子量为 30000～100000 的超滤膜,对 S4 超滤,除去乙醇,浓缩 IgG。

② 用 0.2μm 滤膜过滤除菌。

(5) 加入稳定剂

加入甘氨酸或麦芽糖作为稳定剂。

(6) 分装

3. 人体免疫球蛋白鉴定

（1）免疫鉴别

取本品，照《中国药典》进行鉴别。

① 用免疫双扩散法测定，仅与抗人的血清产生沉淀线，与抗马、抗牛血清不应产生沉淀线。

② 用免疫电泳法测定，主要沉淀线应为免疫球蛋白 G。

（2）含量测定

照《中国药典》规定的方法检查如下项目。

① pH 值　应为 3.8～4.4。

② 含糖量　如为麦芽糖，应为 9.0%～11.0%；如为山梨醇或葡萄糖，应为 4.0%～6.0%。

③ 纯度　应不低于 98.0%。

④ 免疫球蛋白 G 单体及二聚体之和　应不低于 98.0%。

⑤ 免疫球蛋白 G　应不低于标示量的 90%。

⑥ 抗补体活性　不得过 50%。

⑦ 激肽释放酶原激活剂　每 1ml 不得过 35 国际单位。

⑧ 抗 A 抗 B 血凝素　不得过 1∶64。

⑨ 热稳定性　取本品，在 57℃±0.5℃水浴中保温 4h 后，不应出现凝胶化或絮状物。

⑩ HCV 抗体　用国家检定合格的试剂盒检查，应为阴性。

⑪ HIV-1/HIV-2 抗体　用国家检定合格的试剂盒检查，应为阴性。

⑫ 异常毒性　取本品，依法检查，应符合规定。

⑬ 热原　取本品，按家兔体重每 1kg 注射 0.5g 免疫球蛋白，依法检查，应符合规定。

⑭ 无菌　取本品，依法检查，应符合规定。

（3）效价测定

取本品，照《中国药典》放射免疫法测定乙肝表面抗体，每 1g 免疫球蛋白 G 含乙肝表面抗体不少于 6.0 国际单位。另取本品，照《中国药典》被动血凝法测定白喉抗体效价，每 1g 免疫球蛋白 G 含白喉抗体不少于 2.0 个血凝单位。

任务二　牛血清免疫球蛋白的制备

1. 所需设备和材料（见表 8-3）

2. 实验过程

（1）采集血液

① 将刚采取的 10ml 血液注入预先准备符合要求的抗凝剂容器中，轻轻摇动，使抗凝剂完全溶解并分布在血液中。

② 将已抗凝的牛血于 3000r/min 离心 10min，沉降血细胞，取上清液即为血清。

（2）免疫球蛋白粗品制备

① 加入硫酸铵溶液　取 1ml 血清，加入 0.5ml 0.01mol/L 的 pH 7.0PBS 缓冲液，逐滴加入 0.5ml 30%饱和硫酸铵，混合均匀，于 4℃静置 10min，充分沉淀。

② 于 5000r/min 冷冻离心 10min，取上清液，约 2ml，逐滴加入 2ml 50%饱和硫酸铵，混合均匀，于 4℃静置 10min，充分沉淀。

表 8-3　制备牛血清免疫球蛋白所需设备和材料

设备或材料	数量	设备或材料	数量
新鲜牛血	250ml(共用)	硫酸铵	1瓶(共用)
磷酸氢二钠	1瓶(共用)	氯化钠	1瓶(共用)
氯化钡	1瓶(共用)	碘化钾	1瓶(共用)
碘	1瓶(共用)	汞	1瓶(共用)
氢氧化钠	1瓶(共用)	磺酰水杨酸	1瓶(共用)
氨水	1瓶(共用)	Tris	1瓶(共用)
SDS	1瓶(共用)	过硫酸铵	1瓶(共用)
甘氨酸	1瓶(共用)	巯基乙醇	1瓶(共用)
甘油	1瓶(共用)	溴酚蓝	1瓶(共用)
考马斯亮蓝 R50	1瓶(共用)	甲醇	1瓶(共用)
冰醋酸	1瓶(共用)	琼脂	1瓶(共用)
盐酸	1瓶(共用)	pH7.0 的 0.01mol/L PBS 缓冲液	250ml(共用)
色谱介质(Sephadex G-200)	1瓶(共用)	丙烯酰胺(Acr)	1瓶(共用)
双甲基丙烯酰胺(Bis)	1瓶(共用)	四甲基乙二胺溴化乙锭(TEMED)	1瓶(共用)
溴化乙锭	1瓶(共用)	pH 计	3 台(共用)
透析袋(截留分子量为 8000~12000)	3 个(每组)	磁力搅拌器	1 个(每组)
微型台式真空泵	1 台(共用)	恒温水浴锅	3 台(每组)
紫外分光光度计	1 台(共用)	电泳仪	1 个(每组)
自动液相色谱分析仪	1 套(每组)	油渣超声波清洗器	1 台(共用)
离心机	3 个(共用)	高速冷冻离心机	1 袋(每组)

③ 于 5000r/min 冷冻离心 10min，取沉淀，用尽可能少的 PBS（约 1ml）充分溶解，逐滴加入 0.5ml 50％饱和硫酸铵，混合均匀，于 4℃静置 10min，充分沉淀。

④ 以 0.0175mol/L、pH 6.7 的 PBS 缓冲溶液溶解，于 4℃冰箱保存。

（3）除盐

① 采用常规透析除盐方法，将免疫球蛋白的 PBS 溶液装入透析袋内，蒸馏水流水透析，每 4h 换水一次，一共换三次。

② 然后移入 0.0175mol/L、pH 6.7 的 PBS 溶液中搅拌透析至透析液中无离子存在。

（4）精制（免疫球蛋白的 Sephadex G-200 柱色谱）

① Sephadex G-200 常规预处理后装柱，柱规格 1.6cm × 50cm，装填高度 44cm，用 0.0175mol/L、pH 6.7 的 PBS 溶液平衡 24h。

② 上样量 10mg，洗脱速度为 0.15ml/min，每管收集 5ml，跟踪检测。

③ 收集洗脱峰，浓缩备用。

（5）鉴定

① 蛋白质含量的测定　将 PEG 浓缩后的待测蛋白质溶液稀释 10 倍，使其光密度在 0.2～2.0，在波长 280nm 和 260nm 处以 0.0175mol/L、pH 6.7 的磷酸盐缓冲溶液作空白对照，分别测得待测样品的光密度值（OD_{280} 和 OD_{260}）。应用 280nm 和 260nm 的吸收差法经验公式直接计算出蛋白质浓度。计算公式为：

$$蛋白质浓度＝(1.45OD_{280}－0.74OD_{260})×稀释倍数$$

② 样品回收率的测定　以同一血清样品作为试验材料，采用标准添加法对样品回收率进行测定。试验取 5ml 血清为样品，同一方法平行重复 3 次，分别测定加标前和加标后的蛋白质浓度，取 3 次测定的平均值，得出免疫球蛋白标准样品的回收率。

③ 血清 IgG 分子量及纯度测定　采用 SDS-PAGE 测定。

三、项目拓展

（一）蛋白质纯化方法

蛋白质纯化方法属于生物化学技术，本章仅做简单介绍。

1. 超速离心法

此法分离和纯化抗原的原理是利用各颗粒在梯度液中沉降速度的不同，使具有不同沉降速度的颗粒处于不同密度梯度层内，达到彼此分离的目的。常用的密度梯度介质有蔗糖、甘油、CsCl 等。

用超速离心或梯度密度离心分离和纯化抗原时，除个别成分外，极难将某一抗原成分分离出来，故只用于少数大分子抗原的分离，如 IgM、甲状腺球蛋白等，以及一些密度较轻的抗原物质，如载脂蛋白 A、B 等。多数的中、小分子量蛋白质采用此种方法很难纯化。

2. 选择性沉淀法

其原理是根据各蛋白质理化特性的差异，采用各种沉淀剂或改变某些条件促使蛋白质抗原成分沉淀，从而达到纯化的目的。最常用的方法是盐析沉淀法。

盐析法的原理为：蛋白质在水溶液中的溶解度取决于蛋白质分子表面离子周围的水分子数目，亦即主要是由蛋白质分子外周亲水基团与水形成水化膜的程度以及蛋白质分子带有电荷的情况决定的。蛋白质溶液中加入中性盐后，由于中性盐与水分子的亲和力大于蛋白质，致使蛋白质分子周围的水化层减弱乃至消失。同时，中性盐加入蛋白质溶液后由于离子强度发生改变，蛋白质表面的电荷大量被中和，更加导致蛋白质溶解度降低，使蛋白质分子之间聚集而沉淀。由于各种蛋白质在不同盐浓度中的溶解度不同，不同饱和度的盐溶液沉淀的蛋白质不同，从而使之从其他蛋白质中分离出来。最常用的盐溶液是 33％～50％饱和度的硫酸铵。盐析法简单方便，可用于蛋白质抗原的粗提、丙种球蛋白的提取、蛋白质的浓缩等。盐析法提纯的抗原纯度不高，只适用于抗原的初步纯化。

3. 凝胶色谱法

凝胶色谱是利用分子筛作用对蛋白质进行分离。凝胶是具有三维空间多孔网状结构的物质，经过适当的溶液平衡后，装入色谱柱。一种含有各种分子的样品溶液缓慢地流经凝胶色谱柱时，大分子物质不易进入凝胶颗粒的微孔，只能分布于颗粒之间，因此在洗脱时向下移动的速度较快，最先被洗脱；小分子物质除了可在凝胶颗粒间隙中扩散外，还可以进入凝胶颗粒的微孔中，洗脱时向下移动的速度较慢，随后被洗脱。因此，蛋白质分子按分子大小被分离。

4. 离子交换色谱

离子交换色谱的原理是利用一些带离子基团的纤维素或凝胶，吸附交换带相反电荷的蛋白质抗原。由于各种蛋白质的等电点和所带的电荷量不同，与纤维素（或凝胶）结合的能力有差别。当梯度洗脱时，逐步增加流动相的离子强度，使加入的离子与蛋白质竞争纤维素上的电荷位置，从而使吸附的蛋白质与离子交换剂解离。

在离子交换色谱技术中常用的离子交换剂有以下几种：①具有离子交换基团的纤维素，如羧甲基（CM）纤维素、DEAE-纤维素；②具有离子交换基团的交联葡聚糖、琼脂糖和聚丙烯酰胺；③凝胶合成的高度交联树脂。

5. 亲和色谱

亲和色谱是利用生物大分子的生物特异性，即生物大分子间所具有的专一亲和力而设计的色谱技术。例如抗原和抗体、酶和酶抑制剂（或配体）、酶蛋白和辅酶、激素和受体、IgG 和葡萄球菌蛋白 A（SPA）等物质间具有一种特殊的亲和力。

在提纯 IgG 时，可将 SPA 吸附在一个惰性的固相基质（如 Sepharose 2B、4B、6B 等）上，并制备成色谱柱。当样品流经色谱柱时，待分离的 IgG 可与 SPA 发生特异性结合，其余成分不能与之结合。将色谱柱充分洗脱后，改变洗脱液的离子强度或 pH 值，IgG 与固相基质上的 SPA 解离，收集洗脱液便可得到纯化的 IgG。

亲和色谱法纯化蛋白质抗原的主要优点是纯度高、简单快捷，但成本较高。

（二）透析袋的处理方法

① 根据使用需要将透析袋剪成适当长度的小段（10~20cm）。

② 在大容积烧杯中配制 0.02kg/L 的 $NaHCO_3$ 溶液和 1mmol/L 的 EDTA 溶液，调节 pH 为 8.0，煮沸 10min。

③ 用蒸馏水彻底清洗透析袋（戴一次性手套）。

④ 于 1mmol/L 的 EDTA（pH8.0）溶液中将之煮沸 10min。也可用蒸馏水煮沸 10min，然后漂洗。

⑤ 冷却后存放于 4℃冰箱中，必须确保透析袋始终浸没在溶液中，从此时起取用透析袋必须戴手套。

要点解读

➤ 知识体系构建（图 8-2）

图 8-2　人体免疫球蛋白制备知识体系图

➤ 血液制品：由健康人的血浆或特异免疫人血浆分离、提纯或由重组 DNA 技术制成的血浆蛋白组分或血细胞组分制品，如人血蛋白、人免疫球蛋白、人凝血因子（天然或重组的）、红细胞浓缩物等，用于诊断、治疗或被动免疫预防。

➤ 血浆的采集工作既要为生产安全有效的血液制品而采集高质量的原料血浆，又要保证供浆员的健康不受损害。由专门设置的单采血浆站进行，对供血浆者进行检查，根据体检和化验结果来确定供血浆者。

➤ 蛋白质的分离方法：利用各种不同的蛋白质在理化性质上的差别及其特有的生物学活性，可采用单一方法或各种分离方法的组合使用，来达到分离、纯化某一蛋白质的目的。

目前用于蛋白质分离、纯化的方法大致可分为以下几类：①根据蛋白质溶解度不同，即按蛋白质亲水和疏水性的差异，进行分离的方法，包括盐析法、有机溶剂法、疏水色谱法、等电点沉淀法等。②根据蛋白质分子大小、形状和密度差异进行分离的方法。③根据蛋白质所带电性的不同进行分离，如离子交换色谱法、制备电泳等。④根据蛋白质立体结构中的特定位点与某种特定配体的特异亲和力进行分离。

➤ 低温乙醇法分离血浆蛋白的原理：基于其能显著降低蛋白质水溶液的介电常数，亦即增加蛋白质自身及它们之间的静电场力的相互作用。乙醇具有较低的介电常数。对蛋白质而言，环境介电常数越小则其溶解度就越低。低温乙醇法分离蛋白质就是利用了这个特性。在低温乙醇法中，影响蛋白质沉淀反应的因素主要有五个，称为五变系统，包括 pH、乙醇浓度、温度、蛋白质浓度、离子强度。

➤ 专业词汇英汉对照表

血液制品	blood products	人工被动免疫	artificial passive immunity
免疫球蛋白	immuno globulin，Ig	血浆	blood plasma

项目思考

1. 试描述人体免疫球蛋白的生产工艺过程和质量控制要点。
2. 何为低温乙醇法？其方法主要控制参数是什么？
3. 试设计人体免疫球蛋白生产车间的工艺布局图。
4. 人体血液制品有哪些种？请分析。
5. 人体免疫球蛋白制备过程中还有哪些其他产品可以同时生产？
6. 人体免疫球蛋白的制备工艺有哪些种？它们各有什么优缺点？

项目九　金标免疫诊断试剂盒的制备

项目介绍

1. 项目背景

×××诊断试剂盒企业研发部门和一线操作人员需要开发和生产胶体金诊断试剂盒，用于医院临床诊断。生产企业和医院检验科相应岗位的工作人员需要掌握如下技能：配制工作所需试剂、准备工作所需仪器、制备胶体金溶液、制备金标抗体蛋白、按照标准操作规程开展诊断工作。

2. 项目任务描述

任务一　胶体金的制备

任务二　胶体金标记蛋白的制备

任务三　胶体金诊断试剂盒的制备

学习指南

【学习目标】

1. 能够用相应材料制作胶体金诊断试剂盒。

2. 能掌握金标记免疫分析技术的定义、分类、原理和应用。

3. 能够制备各种规格的胶体金颗粒。

【学习方法】

1. 通过网络课程开展预习和复习。

2. 任务实施前，学生通过教师示范和视频观看来了解实验步骤及具体的实验方法。

3. 任务实施中，应注意准确配制各种试剂，在规定的温湿度环境下，按照生产操作规程生产诊断试剂盒。

4. 任务完成后，学生通过撰写实验报告来总结实验结果。

一、项目准备

（一）知识准备

1. 金标记免疫分析简介

随着免疫分析技术日益广泛地应用于诊断工业，免疫分析开始向两个方向集结：一个方向为全自动化的免疫分析；另一方向为以硝酸纤维素膜（NC）为载体的快速免疫分析。前者需要价格昂贵的全自动仪器及与仪器严格配套的各种试剂盒，目前只能在医疗及检测中心应用，虽也能较快速地给出结果，但仍需一定的时间，不适合远离医疗及检测中心的地区，更不能用于"患者床旁检验"和满足普查的需要。

后者是以硝酸纤维素膜为载体的快速诊断方法，主要分为以下两类：斑点免疫渗滤分析和斑点免疫色谱分析，如果标志物为金则为胶体金免疫分析技术。

金标记免疫分析技术也称免疫胶体金技术，是于1971年建立的一种信号显示技术。此技术最初用于免疫电镜检查，由胶体金颗粒标记抗原或抗体，与组织或细胞中相应的抗体或抗原相结合，在电子显微镜检查时可进行特异的示踪。此后，此技术与银染技术相结合建立了免疫金银染色法，使抗原抗体特异反应信号可在光学显微镜下观察到。近十多年来，利用硝酸纤维素膜等为固相载体，以胶体金标记的抗原或抗体与特异配体的反应在膜上进行，建立了快速的金标记免疫渗滤技术和金标记免疫色谱技术，并在传染病、心血管疾病、风湿病、自身免疫病的免疫学检测中广泛应用。

2. 金标记免疫分析基本概念

(1) 金标记免疫分析技术

以胶体金作为标记物的免疫检测技术。

(2) 胶体金

① 定义　胶体金也称金溶胶，是由金盐还原成金后形成的金颗粒（0～100nm）悬液。

② 结构　由一个基础金核（原子金）及包围在外的离子层构成，离子层为负离子（$AuCl_2^-$），外层为 H^+ 则分散在溶液中。呈球形（小颗粒）或椭圆形（大颗粒）。

胶体金颗粒具有高电子密度的特性，故在金标蛋白的抗原抗体结合处，显微镜下可见黑褐色颗粒。当标记物在相应的标记处大量聚集时，可在载体膜上呈现红色或粉红色斑点，从而用于抗原或抗体物质的半定量或定性检验。

（所得胶体金 λ_{max} 为535nm，$A_{535nm}=1.12$）

(3) 分类

金标记免疫分析试验可分为斑点金免疫渗滤试验和斑点金免疫色谱试验。

(二) 技能准备

1. 斑点金免疫渗滤试验

(1) 基本原理

以硝酸纤维素膜为载体，利用微孔滤膜的可滤过性，使抗原抗体反应和洗涤在渗滤装置上进行，渗滤液通过微孔滤膜时，抗原或抗体与膜上的抗体或抗原相接触，如果两者相对应则结合成为抗原抗体复合物。该复合物在免疫金的标记下呈红色斑点，即阳性结果。

(2) 技术类型

有双抗体夹心法和间接法。

① 双抗体夹心法　用已知抗体固定于微孔滤膜中央，滴加待测标本，若标本中待测的抗原被膜上抗体结合，其余无关蛋白等则滤出膜片。随后加入的胶体金标记的抗体也在渗滤中与已结合在膜上的抗原相结合，形成包被抗体-标本中相应抗原-胶体金标记抗体（是胶体金聚集），因胶体金呈红色，所以在膜中央显示红色斑点是阳性反应。

② 间接法　用已知抗原固定在微孔滤膜上（包被抗原），滴加待测标本、胶体金标记抗抗体（二抗），若标本中有相应的抗体，则形成包被抗原-抗体-胶体金标记抗抗体（二抗）的复合物，能在膜中央呈红色斑点是阳性反应。该法由于血清标本中非目的 IgG 的干扰，易导致假阳性结果，所以临床较少使用。

(3) 技术要点

① 试剂盒的组成

a. 渗滤装置由塑料小盒、吸水垫料和滴加了已知抗原（或抗体）的硝酸纤维素膜片三部分组成。

b. 胶体金标志物。

c. 洗涤液。

d. 抗原参照品。

e. 阳性对照品。

② 操作要点

a. 将滴金反应板平放于试验台面上，于小孔内滴加待测抗原标本 1～2 滴，待完全渗入。

b. 于小孔内滴加胶体金标记抗体试剂 1～2 滴，待完全渗入。

c. 于小孔内滴加洗涤液 2～3 滴，待完全渗入。

d. 在膜中央有清晰的淡红色或红色斑点显示者，判为阳性反应；反之则为阴性反应。

③ 质量控制　采用在硝酸纤维素膜上滴加质控点的方法。质控小圆点多位于反应斑点的正下方。

2. 斑点金免疫色谱试验

（1）基本原理

滴加在膜一端的标本溶液受载体膜的毛细血管作用向另一端移动，如色谱一般。在移动过程中被分析物与固定在载体膜上某一区域的抗体（抗原）结合而被固相化，无关物则越过该区域被分离，然后通过胶体金的显色条带来判定试验结果。

（2）技术类型

有双抗体夹心法和竞争法。

① 双抗体夹心法　G 处包被金标抗体（免疫金），T 处包被特异性抗体，C 处包被抗金标抗体（二抗），B 处为吸水纸。测试时 A 端滴加待测标本，通过色谱作用，待测标本向 B 端移动，流经 C 处时将金标抗体复溶并有一部分金标抗体（二抗）与 C 处抗体（一抗）结合，呈现红色线条。若待测标本中含相应抗原，即形成金标抗体-抗原复合物，移至 T 区时形成金标抗体-抗原-抗体复合物，金标抗体被固定下来，在 T 区显示红色线条。仅在 C 区出现红色线条试验结果为阴性，如 C 区无红色线条出现，表示试验无效。如图 9-1 所示。

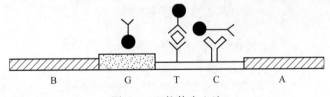

图 9-1　双抗体夹心法

② 竞争法　G 处为金标抗体，T 处包被标准抗原，C 处包被抗金标抗体（二抗）。测试时待测标本加于 A 端，若被检标本含有相应抗原，流经 C 处时结合金标抗体，当混合物移至 T 处时，因无足够游离的金标抗体与膜上标准抗原结合，T 处无棕红色线条出现，试验结果为阳性；游离金标抗体或金标抗体复合物流经 C 处，与该处的抗金标抗体结合出现棕红色对照线条（即质控带）；若标本中不含待测抗原，金标抗体则与 T 处膜上的标准抗原结合，在 T 处出现棕红色的线条，试验结果为阴性。如图 9-2 所示。

（3）临床应用及评价

① 操作简便、快捷以及操作人员不需技术培训，无需特殊仪器设备，试剂稳定、便于保存等，特别符合"临床检验"项目要求。

② 灵敏度不及酶标法和酶发光免疫测定法。

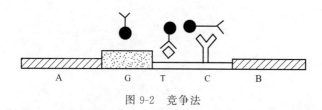

图 9-2 竞争法

③ 不能准确定量，只能作为定性或半定量试验，目前主要应用于正常体液中不存在的物质（如病原生物抗原、抗体以及毒品类药物等）和正常含量极低而在特殊情况下异常升高的物质（如 HCG 等）的检测。

3. 胶体金的制备

胶体金的具体制备流程如下：

$$HAuCl_4 \xrightarrow[\text{搅拌}]{\text{滴加还原剂}} 胶体金颗粒$$

0.01% $HAuCl_4$ 100ml ↓ 加热至沸，不断搅拌

定量还原剂
（常用0.7ml 1%柠檬酸三钠水溶液）↓ 2～3min内变成紫红色

继续煮沸15min ↓ 冷却至室温

加蒸馏水恢复至原体积

4. 金标记物的制备

金标记物制备的具体流程如下：

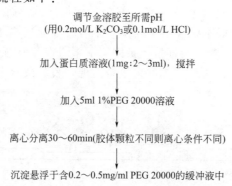

调节金溶胶至所需pH
（用0.2mol/L K_2CO_3或0.1mol/L HCl）

↓

加入蛋白质溶液(1mg：2～3ml)，搅拌

↓

加入5ml 1%PEG 20000溶液

↓

离心分离30～60min(胶体颗粒不同则离心条件不同)

↓

沉淀悬浮于含0.2～0.5mg/ml PEG 20000的缓冲液中

二、项目实施

任务一 胶体金的制备

1. 胶体金制备简介

胶体金的制备一般采用还原法，常用的还原剂有柠檬酸钠、鞣酸、抗坏血酸、白磷、硼氢化钠等。根据不同的还原剂可以制备大小不同的胶体金颗粒。常用来制备胶体金颗粒的方法有四种：柠檬酸三钠还原法、鞣酸-柠檬酸钠还原法、柠檬酸三钠还原法制备金溶胶、柠檬酸三钠-鞣酸混合还原剂和白磷还原法。

2. 柠檬酸三钠还原法制备胶体金

（1）所需设备和材料（见表9-1）

表 9-1　柠檬酸三钠还原法制备胶体金所需设备和材料

设备或材料	数量	设备或材料	数量
$HAuCl_4$	1瓶(共用)	柠檬酸三钠	1瓶(共用)
电炉	2个(每组)	烧杯(500ml)	2个(每组)
玻璃棒	2根(每组)	K_2CO_3	1瓶(共用)

（2）10nm 胶体金颗粒的制备

取 0.01％ $HAuCl_4$ 水溶液 100ml，加入 1％柠檬酸三钠水溶液 3ml，加热煮沸 30min，冷却至 4℃，溶液呈红色。

（3）15nm 胶体金颗粒的制备

取 0.01％ $HAuCl_4$ 水溶液 100ml，加入 1％柠檬酸三钠水溶液 2ml，加热煮沸 15～30min，直至颜色变红。冷却后加入 0.1mol/L K_2CO_3 0.5ml，混匀即可。

（4）15nm、18～20nm、30nm 或 50nm 胶体金颗粒的制备

取 0.01％ $HAuCl_4$ 水溶液 100ml，加热煮沸。根据需要迅速加入 1％柠檬酸三钠水溶液 4ml、2.5ml、1ml 或 0.75ml，继续煮沸约 5min，出现橙红色。这样制成的胶体金颗粒直径则分别为 15nm、18～20nm、30nm 和 50nm。

3. 鞣酸-柠檬酸钠还原法制备胶体金

（1）所需设备和材料（见表9-2）

表 9-2　鞣酸-柠檬酸钠还原法制备胶体金所需设备和材料

设备或材料	数量	设备或材料	数量
$HAuCl_4$	1瓶(共用)	柠檬酸三钠	1瓶(共用)
鞣酸	1瓶(共用)	磁力搅拌器	1台(每组)
电炉	2个(每组)	烧杯(500ml)	2个
玻璃棒	2根(每组)	K_2CO_3	1瓶(共用)

（2）配置溶液

A 液：1％ $HAuCl_4$ 水溶液 1ml 加入 79ml 双蒸水中混匀。

B 液：1％柠檬酸三钠 4ml，1％鞣酸 0.7ml，0.1mol/L K_2CO_3 溶液 0.2ml，混合，加入双蒸水至 20ml。

（3）制备过程

将 A 液、B 液分别加热至 60℃，在电磁搅拌下迅速将 B 液加入 A 液中，溶液变蓝，继续加热搅拌至溶液变成亮红色。此法制得的金颗粒的直径为 5nm。如需要制备其他直径的金颗粒，则按表 9-3 所列的数值调整鞣酸及 K_2CO_3 的用量。

表 9-3　鞣酸-柠檬酸钠还原法试剂配制表

金粒直径 /nm	A 液/ml		B 液/ml			
	1％$HAuCl_4$	双蒸水	1％柠檬酸三钠	0.1mol/L K_2CO_3	1％鞣酸	双蒸水
5	1	79	4	0.20	0.70	15.10
10	1	79	4	0.025	0.10	15.875
15	1	79	4	0.0025	0.01	15.9875

4. 柠檬酸三钠还原法制备胶体金

（1）所需设备和材料（见表9-4）

表9-4 柠檬酸三钠还原法制备胶体金所需设备和材料

设备或材料	数量	设备或材料	数量
$HAuCl_4$	1瓶（共用）	柠檬酸三钠	1瓶（共用）
可见分光光度计	1台（每组）	磁力搅拌器	1台（每组）
电炉	2个（每组）	烧杯（500ml）	2个

（2）制备过程

取 0.01% $HAuCl_4$ 水溶液 100ml 加热至沸，搅动下准确加入 1% 柠檬酸三钠水溶液 0.7ml，金黄色的 $HAuCl_4$ 水溶液在 2min 内变为紫红色。继续煮沸 15min，冷却后以蒸馏水恢复到原体积。如此制备的金溶胶其可见光区最高吸收峰在 535nm 处，$A_{1cm}^{535}=1.12$。金溶胶的光散射性与溶胶颗粒的大小密切相关，一旦颗粒大小发生变化，光散射也随之发生变异，产生肉眼可见的显著的颜色变化，这就是金溶胶用于免疫沉淀或称免疫凝集试验的基础。

金溶胶颗粒的直径和制备时加入的柠檬酸三钠量是密切相关的，保持其他条件恒定，仅改变加入的柠檬酸三钠量，可制得不同颜色的金溶胶，也就是不同粒径的金溶胶，见表9-5。

表9-5 100ml $HAuCl_4$ 中柠檬酸三钠的加入量对金溶胶粒径的影响

1%柠檬酸三钠/ml	0.30	0.45	0.70	1.00	1.50	2.00
金溶胶颜色	蓝灰	紫灰	紫红	红	橙红	橙
吸收峰/nm	220	240	535	525	522	518
粒径/nm	147	97.5	71.5	41	24.5	15

5. 柠檬酸三钠-鞣酸混合还原剂法制备胶体金

（1）所需设备和材料（见表9-6）

表9-6 柠檬酸三钠-鞣酸混合还原剂法制备胶体金所需设备和材料

设备或材料	数量	设备或材料	数量
$HAuCl_4$	1瓶（共用）	柠檬酸三钠	1瓶（共用）
鞣酸	1瓶（共用）	磁力搅拌器	1台（每组）
电炉	2个（每组）	烧杯（500ml）	2个
玻璃棒	2根（每组）	K_2CO_3	1瓶（共用）

（2）制备过程

用此混合还原剂可以得到比较满意的金溶胶。操作方法如下：取 4ml 1% 柠檬酸三钠，加入 0~5ml 1% 鞣酸、0~5ml 25mmol/L K_2CO_3（体积与鞣酸加入量相等），以双蒸水补至溶液最终体积为 20ml。加热至 60℃，取 1ml 1% $HAuCl_4$，加于 79ml 双蒸水中，水浴加热至 60℃。然后迅速将上述柠檬酸-鞣酸溶液加入，于此温度下保持一定时间，待溶液颜色变成深红色（需 0.5~1h）后，将溶液加热至沸腾，保持沸腾 5min 即可。改变鞣酸的加入量，制得的胶体颗粒大小不同。

6. 白磷还原法制备胶体金

(1) 所需设备和材料（见表 9-7）

表 9-7 白磷还原法制备胶体金所需设备和材料

设备或材料	数量	设备或材料	数量
HAuCl$_4$	1 瓶(共用)	磁力搅拌器	1 台(每组)
电炉	2 个(每组)	烧杯(500ml)	2 个
白磷	1 瓶(每组)	K$_2$CO$_3$	1 瓶(共用)
乙醚	1 瓶(共用)		

(2) 制备过程

在 120ml 双蒸水中加入 1.5ml 1% HAuCl$_4$ 和 1.4ml 0.1mol/L K$_2$CO$_3$，然后加入 1ml 五分之一饱和度的白磷乙醚溶液，混匀后室温放置 15min，在回流下煮沸直至红褐色转变为红色。此法制得的胶体金直径约 6nm，并有很好的均匀度，但白磷和乙醚均易燃、易爆，一般实验室不宜采用。

要得到大小更均匀的胶体金颗粒，可采用甘油或蔗糖密度梯度离心，经分级后制得胶体金颗粒直径的变异系数（CV）可小于 15%。

任务二 胶体金标记蛋白的制备

1. 胶体金标记蛋白的制备简介

胶体金对蛋白质的吸附主要取决于 pH 值，在接近蛋白质的等电点或偏碱的条件下，二者容易形成牢固的结合物。如果胶体金的 pH 值低于蛋白质的等电点时，则会聚集而失去结合能力。除此以外，胶体金颗粒的大小、离子强度、蛋白质的分子量等都影响胶体金与蛋白质的结合。

2. 标记过程

(1) 所需设备和材料（见表 9-8）

表 9-8 胶体金标记蛋白所需设备和材料

设备或材料	数量	设备或材料	数量
待标记蛋白	1 支(共用)	NaCl	1 瓶(共用)
透析袋	2 个(每组)	冷冻离心机	1 台(共用)
盐酸	1 瓶(每组)	烧杯(500ml)	2 个
0.005mol/L pH9.0 硼酸盐缓冲液	500ml(共用)	K$_2$CO$_3$	1 瓶(共用)
1%聚乙二醇(分子量 20kDa)	100ml(共用)	5%胎牛血清(BSA)	100ml(共用)

(2) 标记过程

① 待标记蛋白溶液的制备 将待标记蛋白预先在 0.005mol/L pH7.0 NaCl 溶液中于 4℃透析过夜，以除去多余的盐离子，然后以 100000g 于 4℃离心 1h，去除聚合物。

② 待标胶体金溶液的准备 以 0.1mol/L K$_2$CO$_3$ 或 0.1mol/L HCl 调胶体金溶液的 pH 值。标记 IgG 时，调 pH 至 9.0；标记 McAb 时，调 pH 至 8.2；标记亲和色谱抗体时，调

pH 至 7.6；标记 SPA 时，调 pH 至 5.9～6.2；标记 ConA 时，调 pH 至 8.0；标记亲和素时，调 pH 至 9～10。由于胶体金溶液可能损坏 pH 计的电板，因此，在调节 pH 时，采用精密 pH 试纸测定为宜。

③ 胶体金与标记蛋白用量之比的确定

a. 根据待标记蛋白的要求，将胶体金调好 pH 之后，分装 10 管，每管 1ml。

b. 将标记蛋白（以 IgG 为例）以 0.005mol/L pH9.0 硼酸盐缓冲液做系列稀释为 5～50μg/ml。分别取 1ml，加入上列胶体金溶液中，混匀。对照管只加 1ml 稀释液。

c. 5min 后，在上述各管中加入 0.1ml 10％NaCl 溶液，混匀后静置 2h，观察结果。

d. 结果观察：对照管（未加蛋白质）和加入蛋白质的量不足以稳定胶体金的各管，均呈现出由红变蓝的聚沉现象；而加入蛋白质量达到或超过最低稳定量的各管仍保持红色不变。以稳定 1ml 胶体金溶液红色不变的最低蛋白质用量，即为该标记蛋白质的最低用量。在实际工作中，可适当增加 10％～20％。

④ 胶体金与蛋白质（IgG）的结合　将胶体金和 IgG 溶液分别以 0.1mol/L K_2CO_3 调 pH 至 9.0，电磁搅拌 IgG 溶液，加入胶体金溶液，继续搅拌 10min，加入一定量的稳定剂以防止抗体蛋白与胶体金聚合发生沉淀。常用稳定剂是 5％胎牛血清（BSA）和 1％聚乙二醇（分子量 20kDa）。加入的量为 5％BSA 使溶液终浓度为 1％，1％聚乙二醇加至总溶液的 1/10。

任务三　胶体金诊断试剂盒的制备

1. 所需设备和材料（见表 9-9）

表 9-9　制备胶体金诊断试剂盒所需设备和材料

设备或材料	数量	设备或材料	数量
制备好的胶体金颗粒	250ml(共用)	制备好的金标抗体	5ml(共用)
PVC 盒	2 个(每组)	吸水垫料	1 卷(共用)
硝酸纤维素膜	6 片(每组)	画线笔	1 支(每组)

2. 组盒过程

① 在 PVC 下盒底铺吸水垫料。

② 在吸水垫料上铺 NC 膜条（硝酸纤维素膜）。

③ 在 NC 膜条上划线，并铺样品垫和胶体金垫，如图 9-3 所示。

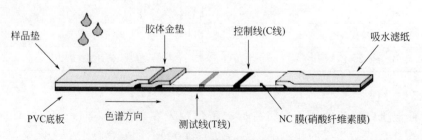

图 9-3　金标记诊断试剂盒构成图

④ 盖上盒盖。

三、项目拓展

（一）诊断试剂

1. 诊断试剂定义

诊断试剂是检测各种疾病或机体功能的试剂的总称，主要用于检测相关抗原、抗体、机体免疫状态和机体代谢功能。

2. 诊断试剂分类

根据其应用范围和本身的性质，主要将诊断试剂分为以下四类。

（1）临床化学诊断试剂

用于测定人体体液或排泄物中的某些化学成分。如测定血糖、血脂、尿蛋白和是否妊娠等。

（2）免疫学诊断试剂

用于测定体液免疫和细胞免疫功能。如测定人免疫球蛋白含量、补体含量等。

（3）分子诊断试剂

用于与疾病相关的结构蛋白质、酶、抗原抗体和各种免疫活性分子，以及编码这些分子的基因的检测。临床主要采用核酸扩增技术 PCR 产品和基因芯片产品，广泛用于肝炎、性病、肺感染性疾病、优生优育、遗传病基因、肿瘤等的检测。

（4）其他诊断试剂

如测定肿瘤标志物、ABO 血型系统等。

根据诊断试剂应用环境分为体外诊断试剂和体内诊断试剂。

（二）酶联免疫吸附诊断试剂盒生产工艺

（1）材料准备

① 微孔板的稳定性检查。

② 酶的稳定性测定。

③ 抗原及抗体的纯度、效价测定。

（2）生产管理要点

① 应具有阳性血清处理、分装的隔离实验室。

② 专用原材料

a. 包被抗原或抗体。抗原或抗体的纯度、带型、效价及稳定性达到一定标准并具有固定的来源。

b. 辣根过氧化物酶，R_z 不低于 3.0。有固定的供货商。

c. 微孔板。微孔板的 CV（%）应不高于 10%。

（3）抗体使用前必须用适宜的方法进行纯化。

（4）酶标记后的抗体应加入适当保护剂于低温保存。

（5）选择最佳浓度进行抗原或抗体的包被，选择最佳浓度进行酶标抗体的使用。

（三）PCR 诊断试剂生产工艺

（1）质控要点

① 酶的活性测定。

② 引导序列的确定。

③ PCR 载体的选择。

④ PCR 加样区、PCR 扩增区、PCR 监测区必须严格分开。

⑤ 选择特异、敏感、简单快速的 PCR 产物检测方法。

（2）生产管理要点

① 应具有阳性血清处理、分装的隔离实验室。

② PCR 试剂的生产区与检测区应严格分开。

③ 专用原材料：PCR 引物的设计要合理、合适，引物的合成要有固定的地方和设备，纯度能达到一定的标准，DNA 聚合酶的活性及稳定性能达到一定的要求，并有固定的来源。

④ PCR 产物检测方法要尽可能可靠、快速、方便。

⑤ PCR 试剂盒的检定人员应进行专门的培训。

要点解读

➤ 知识体系构建（图 9-4）。

图 9-4　金标免疫诊断试剂盒的制备知识体系图

➤ 诊断试剂是检测相关抗原、抗体或机体免疫状态的实验诊断制剂以及化学方法检测机体代谢功能正常与否的化学试剂的统称。简单地说，凡用于检测各种疾病或机体功能的试剂称为诊断试剂。

➤ 诊断试剂的品种繁多，根据应用范围和本身的性质，大体上可分为以下几大类：临床化学试剂、免疫学诊断试剂、细菌学诊断试剂、病毒学诊断试剂、肿瘤诊断试剂和其他常用诊断试剂，如妊娠试剂和抗 ABO 血型系统诊断试剂等。

➤ 按照《中国药典》，每个试剂制造单位都必须遵照执行相关检查：灵敏度、特异性、精密性、准确性、稳定性、安全性和简易性等。

➤ 免疫学检测作为临床诊断的辅助手段，用于测定体液免疫和细胞免疫的某些指标（各种抗体成分、免疫球蛋白、补体成分的定量、淋巴细胞及其亚类的数量和功能等）。根据免疫学反应原理研制的用于测定人体细胞免疫和体液免疫功能的试剂即称为免疫学诊断试剂。主要包括人免疫球蛋白测定试剂、补体测定试剂和二抗试剂。

➤ 专业词汇英汉对照表

胶体金	colloidal gold	色谱	chromatography
金免疫标记技术	immunogold labeling technique	渗滤	percolate

项目思考

1. 设计金标色谱诊断试剂盒的车间工艺布局。

2. 比较几种胶体金制备技术的优缺点。

3. 描述几种胶体金制备的工艺。

4. 描述金颗粒标记蛋白工艺。

5. 胶体金免疫分析与酶联免疫分析相比，优缺点表现在哪些方面？

6. 金免疫标记技术的分类和原理都是什么？

7. 金免疫标记技术有哪些应用？

附录　相关药品管理法律法规

一、冻干静注人免疫球蛋白（pH4）

拼音名：Donggan Jingzhu Ren Mianyiqiudanbai（pH4）

英文名：Human Immunoglobulin（pH4）for Intravenous Injection，Freeze-dried

书页号：中国药典 2015 年版三部（下同）——270

本品系由健康人血浆，经低温乙醇蛋白分离法或经批准的其他分离法分离纯化，去除抗补体活性并经病毒去除和灭活处理、冻干制成。含适宜稳定剂，不含防腐剂和抗生素。

1　基本要求

生产和检定用设施、原材料及辅料、水、器具、动物等应符合"凡例"的有关要求。生产过程中不得加入防腐剂或抗生素。

2　制造

2.1　原料血浆

2.1.1　血浆的采集和质量应符合"血液制品生产用人血浆"的规定。

2.1.2　每批投产血浆应由 1000 名以上供血浆者的血浆混合而成。

2.1.3　组分Ⅱ、组分Ⅱ＋Ⅲ沉淀或组分Ⅰ＋Ⅱ＋Ⅲ沉淀应冻存于－30℃以下，并规定其有效期。

2.2　原液

2.2.1　采用低温乙醇蛋白分离法或经批准的其他分离法制备。所采用的生产工艺应能使制品中 IgG 亚类齐全，其值与正常人血清 IgG 亚类分布相近；应能保留 IgG 的 Fc 段生物学活性（通则 3514）。

2.2.2　经纯化、超滤、除菌过滤后即为静注人免疫球蛋白原液。

2.2.3　原液检定

按 3.1 项进行。

2.3　半成品

2.3.1　配制

按成品规格配制，使成品中蛋白质含量不低于 50g/L，并加入适量麦芽糖或其他经批准的适宜稳定剂。

2.3.2　半成品检定

按 3.2 项进行。

2.4　成品

2.4.1　分批

应符合"生物制品分批规程"规定。

2.4.2　分装及冻干

应符合"生物制品分装和冻干规程"及通则 0102 有关规定。分装后应及时冻结，冻干过程制品温度不得超过35℃，真空封口。

2.4.3 规格

应为经批准的规格。

2.4.4 包装

应符合"生物制品包装规程"及通则0102有关规定。

2.5 病毒去除和灭活

生产过程中应采用经批准的方法去除和灭活病毒。如用灭活剂（如有机溶剂、去污剂）灭活病毒，则应规定对人安全的灭活剂残留量限值。

3 检定

3.1 原液检定

3.1.1 蛋白质含量

依法测定（通则0731第三法）。

3.1.2 纯度

应不低于蛋白质总量的95.0%（通则0541第二法）。

3.1.3 pH值

用生理氯化钠溶液将供试品蛋白质含量稀释成10g/L，依法测定（通则0631），pH值应为3.8～4.4。

3.1.4 残余乙醇含量

可采用康卫扩散皿法（通则3201），应不高于0.025%。

3.1.5 抗补体活性

应不高于50%（通则3410）。

3.1.6 热原检查

依法检查（通则1142），注射剂量按家兔体重每1kg注射0.5g蛋白质，应符合规定。

以上检定项目亦可在半成品检定时进行。

3.2 半成品检定

无菌检查

依法检查（通则1101），应符合规定。如半成品立即分装，可在除菌过滤后留样做无菌检查。

3.3 成品检定

除真空度、复溶时间、水分测定、装量差异检查外，应按标示量加入灭菌注射用水，复溶后进行其余各项检定。

3.3.1 鉴别试验

3.3.1.1 免疫双扩散法

依法测定（通则3403），仅与抗人血清或血浆产生沉淀线，与抗马、抗牛、抗猪、抗羊血清或血浆不产生沉淀线。

3.3.1.2 免疫电泳法

依法测定（通则3404），与正常人血清或血浆比较，主要沉淀线应为IgG。

3.3.2 物理检查

3.3.2.1 外观

应为白色或灰白色的疏松体，无融化迹象。复溶后应为无色或淡黄色澄明液体，可带轻微乳光，不应出现浑浊。

3.3.2.2 真空度

用高频火花真空测定器测定，瓶内应出现蓝紫色辉光。

3.3.2.3 复溶时间

按标示量加入 20~25℃灭菌注射用水，轻轻摇动，应于 15 分钟内完全溶解。

3.2.2.4 可见异物

依法检查（通则 0904），应符合规定。

3.3.2.5 不溶性微粒检查

依法检查（通则 0903 第一法），应符合规定。

3.3.2.6 渗透压摩尔浓度

应不低于 240mOsmol/kg（通则 0632）。

3.3.2.7 装量差异

依法检查（通则 0102），应符合规定。

3.3.3 化学检定

3.3.3.1 水分

应不高于 3.0%（通则 0832）。

3.3.3.2 pH 值

用生理氯化钠溶液将供试品蛋白质含量稀释成 10g/L，依法测定（通则 0631），pH 值应为 3.8~4.4。

3.3.3.3 蛋白质含量

应不低于 50g/L（通则 0731 第一法）。按标示装量计算，每瓶蛋白质总量应不低于标示量。

3.3.3.4 纯度

应不低于蛋白质总量的 95.0%（通则 0541 第二法）。

3.3.3.5 糖及糖醇含量

如制品中加麦芽糖或蔗糖，应为 90~110g/L；如加山梨醇或葡萄糖，则应为 40~60g/L（通则 3120）。

3.3.3.6 分子大小分布

IgG 单体与二聚体含量之和应不低于 95.0%（通则 3122）。

3.3.4 抗体效价

3.3.4.1 抗-HBs

采用经验证的酶联免疫或放射免疫方法进行检测，每 1g 蛋白质应不低于 6.0IU。

3.3.4.2 白喉抗体

每 1g 蛋白质应不低于 3.0HAU（通则 3513）。

3.3.5 激肽释放酶原激活剂

应不高于 35IU/ml（通则 3409）。

3.3.6 抗补体活性

应不高于 50%（通则 3410）。

3.3.7 抗 A、抗 B 血凝素

应不高于 1：64（通则 3425）。

3.3.8 无菌检查

依法检查（通则 1101），应符合规定。

3.3.9 异常毒性检查

依法检查（通则 1141），应符合规定。

3.3.10 热原检查

依法检查（通则 1142），注射剂量按家兔体重每 1kg 注射 0.5g 蛋白质，应符合规定。

3.3.11 根据病毒灭活方法，应增加相应的检定项目。

4 稀释剂

稀释剂为灭菌注射用水，稀释剂的生产应符合批准的要求。

灭菌注射用水应符合本版药典（二部）的相关规定。

5 保存、运输及有效期

于 2～8℃避光保存和运输。自生产之日起，按批准的有效期执行。

6 使用说明

应符合"生物制品包装规程"规定和批准的内容。

二、A 群脑膜炎球菌多糖疫苗

拼音名：A Qun Naomoyanqiujun Duotang Yimiao

英文名：Group A Meningococcal Polysaccharide Vaccine

书页号：2015 年版三部——68

本品系用 A 群脑膜炎奈瑟球菌培养液，经提取获得的荚膜多糖抗原，纯化后加入适宜稳定剂后冻干制成。用于预防 A 群脑膜炎奈瑟球菌引起的流行性脑脊髓膜炎。

1 基本要求

生产和检定用设施、原材料及辅料、水、器具、动物等应符合"凡例"的有关要求。

2 制造

2.1 菌种

生产用菌种应符合"生物制品生产检定用菌毒种管理规程"的有关规定。

2.1.1 名称及来源

生产用菌种为 A 群脑膜炎奈瑟球菌 CMCC 29201（A4）菌株。

2.1.2 种子批的建立

应符合"生物制品生产检定用菌毒种管理规程"的有关规定。

2.1.3 种子批的传代

主种子批启开后至工作种子批，传代应不超过 5 代；工作种子批启开后至接种发酵罐培养，传代应不超过 5 代。

2.1.4 种子批的检定

2.1.4.1 培养特性

菌种接种于含 10％羊血普通琼脂培养基，A 群脑膜炎奈瑟球菌在 25℃不生长。于 35～37℃二氧化碳环境中培养 16～20 小时，长出光滑、湿润、灰白色的菌落，菌苔易取下，在生理氯化钠溶液中呈现均匀混悬液。

2.1.4.2 染色镜检

应为革兰阴性双球菌、单球菌。

2.1.4.3 生化反应

发酵葡萄糖、麦芽糖，产酸、不产气；不发酵乳糖、甘露醇、果糖及蔗糖（通则 3605）。

2.1.4.4　血清学试验

取经 35～37℃培养 16～20 小时的菌苔；混悬于含 0.5％甲醛的生理氯化钠溶液中，或 56℃加热 30 分钟杀菌以后，使每 1ml 含菌 $1.0×10^9$～$2.0×10^9$；与同群参考血清做定量凝集反应，置 35～37℃过夜，次日再置室温 2 小时观察结果，以肉眼可见清晰凝集现象（＋）之血清最高稀释度为凝集效价，必须达到血清原效价之半。

2.1.5　种子批的保存

种子批应冻干保存于 8℃以下。

2.2　原液

2.2.1　生产用种子

启开工作种子批菌种，经适当传代、检定培养特性及染色镜检合格后接种于培养基上，制备数量适宜的生产用种子。

2.2.2　生产用培养基

采用改良半综合培养基或经批准的其他适宜培养基。培养基不应含有与十六烷基三甲基溴化铵能形成沉淀的成分。含羊血的培养基仅用于菌种复苏。

2.2.3　培养

采用培养罐液体培养。在培养过程中取样进行纯菌检查，涂片做革兰染色镜检，如发现污染杂菌，应废弃。

2.2.4　收获及杀菌

于对数生长期的后期或静止期的前期收获，取样进行菌液浓度测定及纯菌检查，合格后在收获的培养液中加入甲醛溶液杀菌。杀菌条件以确保杀菌完全又不损伤其多糖抗原为宜。

2.2.5　纯化

2.2.5.1　去核酸

将已杀菌的培养液离心后收集上清液，加入十六烷基三甲基溴化铵，充分混匀，形成沉淀；离心后的沉淀物加入适量氯化钙溶液，使多糖与十六烷基三甲基溴化铵解离；加入乙醇至最终浓度为 25％，2～8℃静置 1～3 小时或过夜，离心收集澄清的上清液。

2.2.5.2　沉淀多糖

于上述上清液中加入冷乙醇至最终浓度为 75％～80％，充分振摇。离心收集沉淀，沉淀物用无水乙醇及丙酮分别洗涤，沉淀物即为多糖粗制品。应保存在 −20℃以下，待纯化。

2.2.5.3　多糖纯化

将多糖粗制品溶解于 1/10 饱和中性醋酸钠溶液中，稀释至适宜浓度，按适当比例用冷苯酚提取数次，离心收集上清液，并用 0.1mol/L 氯化钙溶液或其他适宜溶液透析或超滤，加入乙醇至终浓度为 75％～80％；离心收集的沉淀物用无水乙醇及丙酮分别洗涤，干燥后用灭菌注射用水溶解，除菌过滤后即为多糖原液。提取过程应尽量在 15℃以下进行。

2.2.6　原液检定

按 3.1 项进行。

2.2.7　保存及有效期

于 −20℃以下保存。自收获杀菌之日起，疫苗总有效期应不超过 60 个月。

2.3　半成品

2.3.1　配制

用无菌、无热原乳糖和灭菌注射用水稀释原液。每 1 次人用剂量含多糖应不低于 $30\mu g$，乳糖 2.5～3.0mg。

2.3.2　半成品检定

按 3.2 项进行。

2.4　成品

2.4.1　分批

应符合"生物制品分批规程"规定。

2.4.2　分装及冻干

应符合"生物制品分装和冻干规程"规定。冻干过程中制品温度应不高于 30℃，真空或充氮封口。

2.4.3　规格

按标示量复溶后每瓶 5ml（10 次人用剂量），含多糖 300μg；按标示量复溶后每瓶 2.5ml（5 次人用剂量），含多糖 150μg。每 1 次人用剂量含多糖应不低于 30μg。

2.4.4　包装

应符合"生物制品包装规程"规定。

3　检定

3.1　原液检定

3.1.1　鉴别试验

采用免疫双扩散法（通则 3403），本品与 A 群脑膜炎奈瑟球菌抗体应形成明显沉淀线。

3.1.2　化学检定

3.1.2.1　固体总量

依法测定（通则 3101）。

3.1.2.2　蛋白质含量

应小于 10mg/g（通则 0731 第二法）。

3.1.2.3　核酸含量

应小于 10mg/g，核酸在波长 260nm 处的吸收系数（$E_{1cm}^{1\%}$）为 200（通则 0401）。

3.1.2.4　O-乙酰基含量

应不低于 2mmol/g（通则 3117）。

3.1.2.5　磷含量

应不低于 80mg/g（通则 3103）。

3.1.2.6　多糖分子大小测定

多糖分子的 K_D 值应不高于 0.40，K_D 值小于 0.5 的洗脱液多糖回收率应大于 65%（通则 3419）。

3.1.2.7　苯酚残留量

应不高于 0.1g/L（通则 3113）。

3.1.3　无菌检查

依法检查（通则 1101），应符合规定。

3.1.4　细菌内毒素检查

依法检查（通则 1143），应不高于 25EU/μg；也可采用热原检查法（通则 1142）检查，注射剂量按家兔体重每 1kg 注射 0.05μg 多糖，应符合规定。

3.2　半成品检定

无菌检查

依法检查（通则 1101），应符合规定。

3.3 成品检定

除装量差异检查、水分测定、多糖含量测定、多糖分子大小测定和异常毒性检查外，按制品标示量加入灭菌PBS复溶后进行其余各项检定。

3.3.1 鉴别试验

按3.1.1项进行。

3.3.2 物理检查

3.3.2.1 外观

应为白色疏松体，按标示量加入PBS应迅速复溶为澄明液体，无异物。

3.3.2.2 装量差异

依法检查（通则0102），应符合规定。

3.3.2.3 渗透压摩尔浓度

依法测定（通则0632），应符合批准的要求。

3.3.3 化学检定

3.3.3.1 水分

应不高于3.0%（通则0832）。

3.3.3.2 多糖含量

每1次人用剂量多糖含量应不低于30μg。根据以下比例（多糖含量：磷含量为1000：75），先测定磷含量应不低于2.25μg（通则3103），再计算出多糖含量。

3.3.3.3 多糖分子大小测定

每5批疫苗至少抽1批检查多糖分子大小。K_D值应不高于0.40，K_D值小于0.5的洗脱液多糖回收率应大于65%（通则3419）。

3.3.4 无菌检查

依法检查（通则1101），应符合规定。

3.3.5 异常毒性检查

依法检查（通则1141），应符合规定。注射剂量为每只小鼠0.5ml，含1次人用剂量的制品；每只豚鼠5ml，含10次人用剂量的制品。

3.3.6 热原检查

依法检查（通则1142），注射剂量按家兔体重每1kg注射0.05μg多糖，应符合规定。

3.3.7 细菌内毒素检查

依法检查（通则1143），每1次人用剂量应不高于1250EU。

4 稀释剂

稀释剂为无菌、无热原PBS。稀释剂的生产应符合批准的要求。

4.1 外观

应为无色澄明液体。

4.2 可见异物检查

依法检查（通则0904），应符合规定。

4.3 pH值

应为6.8～7.2（通则0631）。

4.4 无菌检查

依法检查（通则1101），应符合规定。

4.5 细菌内毒素检查

依法检查（通则 1143），应不高于 0.25EU/ml。

5　保存、运输及有效期

于 2～8℃避光保存和运输。自生产之日起，有效期为 24 个月。

6　使用说明

应符合"生物制品包装规程"规定和批准的内容。

三、皮内注射用卡介苗

拼音名：Pinei Zhusheyong Kajiemiao

英文名：BCG Vaccine for Intradermal Injection

书页号：2015 版第三部——115

本品系用卡介菌经培养后，收集菌体，加入稳定剂冻干制成。用于预防结核病。

1　基本要求

生产和检定用设施、原材料及辅料、水、器具、动物等应符合"凡例"的有关要求。

卡介苗生产车间必须与其他生物制品生产车间及实验室分开。所需设备及器具均须单独设置并专用。卡介苗制造、包装及保存过程均须避光。

从事卡介苗制造的工作人员及经常进入卡介苗制造室的人员，必须身体健康，经 X 射线检查无结核病，且每年经 X 射线检查 1～2 次，可疑者应暂离卡介苗的制造。

2　制造

2.1　菌种

生产用菌种应符合"生物制品生产检定用菌毒种管理规程"规定。

2.1.1　名称及来源

采用卡介菌 D_2PB302 菌株。严禁使用通过动物传代的菌种制造卡介苗。

2.1.2　种子批的建立

应符合"生物制品生产检定用菌毒种管理规程"规定。

2.1.3　种子批的传代

工作种子批启开至菌体收集传代应不超过 12 代。

2.1.4　种子批的检定

2.1.4.1　鉴别试验

（1）培养特性

卡介菌在苏通培养基上生长良好，培养温度在 37～39℃之间。抗酸染色应为阳性。在苏通马铃薯培养基上培养的卡介菌应是干皱成团略呈浅黄色。在牛胆汁马铃薯培养基上为浅灰色黏膏状菌苔。在鸡蛋培养基上有突起的皱型和扩散型两类菌落，且带浅黄色。在苏通培养基上卡介菌应浮于表面，为多皱、微带黄色的菌膜。

（2）多重 PCR 法

采用多重 PCR 法检测卡介菌基因组特异的缺失区 RD1，应无 RD1 序列存在，供试品 PCR 扩增产物大小应与参考品一致。

多重 PCR 鉴别试验：采用 ET1（5′-AAGCGGTTGCCGCCGACCGACC-3′）、ET2（5′-CTGGCTATATTCCTGGGCCCGG-3′）、ET3（5′-GAGGCGATCTGGCGGTTTGGGG-3′）三条引物，分别以灭菌超纯水稀释至终浓度为 $10\mu mol/L$。DNA 分子量标记物为 50bpDNA ladder。

取供试品 1 支，加入灭菌水 1ml 复溶，将内容物移入 1.5ml EP 管中，12000r/min，离心 5 分钟，弃上清，留 40～50μl 液体重悬供试品沉淀物，沸水浴 10 分钟，8000r/min 离心 5 分钟，取上清作为多重 PCR 检测模板。

取供试品 PCR 检测模板 5μl，加至 45μl 反应试剂中［10 倍 PCR 缓冲液（pH8.3 100mmol/L Tris-HCl，500mmol/L KCl，15mmol/L MgCl$_2$）5μl、dNTP Mixture 2μl、5U/μl *Taq* DNA 聚合酶 0.3μl、引物 ET1 2μl、引物 ET2 4μl、引物 ET3 2μl、灭菌超纯水 29.7μl］，共 50μl 反应体系。检测参考品同法操作。每个供试品平行做 2 管。

反应体系于 94℃预变性 10 分钟，然后 94℃变性 1 分钟、64℃退火 1 分钟、72℃延伸 30 秒，循环 30 次后，72℃再延伸 7 分钟。取 PCR 产物 10μl 加 6 倍 loading buffer［配方为：①吸取 2ml EDTA（500mmol/L pH8.0）加入约 40ml 双蒸水；②称量加入 250mg 溴酚蓝；③量取加入 50ml 丙三醇；④定容至 100ml，4℃保存］2μl 混匀后上样于 3%的琼脂糖凝胶泳道，50bp DNA ladder 直接上样 6μl。于 100mA 电泳 50 分钟。采用凝胶成像仪，以 50bp DNA ladder 为分子量标记，观察供试品与参考品 PCR 扩增片段分子量大小。

2.1.4.2 纯菌检查

按通则 1101 的方法进行，生长物做涂片镜检，不得有杂菌。

2.1.4.3 毒力试验

用结核菌素纯蛋白衍生物皮肤试验（皮内注射 0.2ml，含 10IU）阴性、体重 300～400g 的同性豚鼠 4 只，各腹腔注射 1ml 菌液（5mg/ml），每周称体重，观察 5 周动物体重不应减轻；同时解剖检查，大网膜上可出现脓疱，肠系膜淋巴结及脾可能肿大，肝及其他脏器应无肉眼可见的病变。

2.1.4.4 无有毒分枝杆菌试验

用结核菌素纯蛋白衍生物皮肤试验（皮内注射 0.2ml，含 10IU）阴性、体重 300～400g 的同性豚鼠 6 只，于股内侧皮下各注射 1ml 菌液（10mg/ml），注射前称体重，注射后每周观察 1 次注射部位及局部淋巴结的变化，每 2 周称体重 1 次，豚鼠体重不应降低。6 周时解剖 3 只豚鼠，满 3 个月时解剖另 3 只，检查各脏器应无肉眼可见的结核病变。若有可疑病灶时，应做涂片和组织切片检查，并将部分病灶磨碎，加少量生理氯化钠溶液混匀后，由皮下注射 2 只豚鼠，若证实系结核病变，该菌种即应废弃。当试验未满 3 个月时，豚鼠死亡则应解剖检查，若有可疑病灶，即按上述方法进行，若证实系结核病变，该菌种即应废弃。若证实属非特异性死亡，且豚鼠死亡 1 只以上时应复试。

2.1.4.5 免疫力试验

用体重 300～400g 豚鼠 8 只，分成两组各 4 只，免疫组经皮下注射 0.2ml（1/10 人用剂量）用种子批菌种制备的疫苗，对照组注射 0.2ml 生理氯化钠溶液。豚鼠免疫后 4～5 周，经皮下攻击 10^3～10^4 强毒人型结核分枝杆菌，攻击后 5～6 周解剖动物，免疫组与对照组动物的病变指数及脾脏毒菌分离数的对数值经统计学处理，应有显著差异。

2.1.5 种子批的保存

种子批应冻干保存于 8℃以下。

2.2 原液

2.2.1 生产用种子

启开工作种子批菌种，在苏通马铃薯培养基、胆汁马铃薯培养基或液体苏通培养基上每传 1 次为 1 代。在马铃薯培养基培养的菌种置冰箱保存，不得超过 2 个月。

2.2.2 生产用培养基

生产用培养基为苏通马铃薯培养基、胆汁马铃薯培养基或液体苏通培养基。

2.2.3 接种与培养

挑取生长良好的菌膜，移种于改良苏通综合培养基或经批准的其他培养基的表面，置37～39℃静止培养。

2.2.4 收获和合并

培养结束后，应逐瓶检查，若有污染、湿膜、浑浊等情况应废弃。收集菌膜压干，移入盛有不锈钢珠瓶内，钢珠与菌体的比例应根据研磨机转速控制在一适宜的范围，并尽可能在低温下研磨。加入适量无致敏原稳定剂稀释，制成原液。

2.2.5 原液检定

按3.1项进行。

2.3 半成品

2.3.1 配制

用稳定剂将原液稀释成1.0mg/ml或0.5mg/ml，即为半成品。

2.3.2 半成品检定

按3.2项进行。

2.4 成品

2.4.1 分批

应符合"生物制品分批规程"规定。

2.4.2 分装与冻干

应符合"生物制品分装和冻干规程"规定。分装过程中应使疫苗液混合均匀。疫苗分装后应立即冻干，冻干后应立即封口。

2.4.3 规格

按标示量复溶后每瓶1ml（10次人用剂量），含卡介菌0.5mg；按标示量复溶后每瓶0.5ml（5次人用剂量），含卡介菌0.25mg。每1mg卡介菌含活菌数应不低于1.0×10^6 CFU。

2.4.4 包装

应符合"生物制品包装规程"规定。

3 检定

3.1 原液检定

3.1.1 纯菌检查

按通则1101的方法进行，生长物做涂片镜检，不得有杂菌。

3.1.2 浓度测定

用国家药品检定机构分发的卡介苗参考比浊标准，以分光光度法测定原液浓度。

3.2 半成品检定

3.2.1 纯菌检查

按3.1.1项进行。

3.2.2 浓度测定

按3.1.2项进行。应不超过配制浓度的110%。

3.2.3 沉降率测定

将供试品置室温下静置2小时，采用分光光度法测定供试品放置前后的吸光度值（A_{580}），计算沉降率，应≤20%。

3.2.4 活菌数测定

应不低于 $1.0 \times 10^7 \mathrm{CFU/mg}$。

3.2.5 活力测定

采用 XTT 法测定，将供试品和参考品稀释至 $0.5 \mathrm{mg/ml}$，取 $100 \mu \mathrm{l}$ 分别加到培养孔中，于 $37 \sim 39 ℃$ 避光培养 24 小时，检测吸光度（A_{450}），供试品吸光度应大于参考品吸光度。

3.3 成品检定

除装量差异、水分测定、活菌数测定和热稳定性试验外，按标示量加入灭菌注射用水，复溶后进行其余各项检定。

3.3.1 鉴别试验

3.3.1.1 抗酸染色法

抗酸染色涂片检查，细菌形态与特性应符合卡介菌特征。

3.3.1.2 多重 PCR 法

按 2.1.4.1 项进行，采用多重 PCR 法检测卡介菌基因组特异的缺失区 RD1，应无 RD1 序列存在，供试品 PCR 扩增产物大小应与检测参考品一致。

3.3.2 物理检查

3.3.2.1 外观

应为白色疏松体或粉末状，按标示量加入注射用水，应在 3 分钟内复溶至均匀悬液。

3.3.2.2 装量差异

依法检查（通则 0102），应符合规定。

3.3.2.3 渗透压摩尔浓度

依法测定（通则 0632），应符合批准的要求。

3.3.3 水分

应不高于 3.0%（通则 0832）。

3.3.4 纯菌检查

按 3.1.1 项进行。

3.3.5 效力测定

用结核菌素纯蛋白衍生物皮肤试验（皮内注射 $0.2 \mathrm{ml}$，含 10IU）阴性、体重 $300 \sim 400 \mathrm{g}$ 的同性豚鼠 4 只，每只皮下注射 $0.5 \mathrm{mg}$ 供试品，注射 5 周后皮内注射 TB-PPD 10IU/ $0.2 \mathrm{ml}$，并于 24 小时后观察结果，局部硬结反应直径应不小于 5mm。

3.3.6 活菌数测定

每亚批疫苗均应做活菌数测定。抽取 5 支疫苗稀释并混合后进行测定，培养 4 周后含活菌数应不低于 $1.0 \times 10^6 \mathrm{CFU/mg}$。本试验可与热稳定性试验同时进行。

3.3.7 无有毒分枝杆菌试验

选用结核菌素纯蛋白衍生物皮肤试验（皮内注射 $0.2 \mathrm{ml}$，含 10IU）阴性、体重 $300 \sim 400 \mathrm{g}$ 的同性豚鼠 6 只，每只皮下注射相当于 50 次人用剂量的供试品，每 2 周称体重一次，观察 6 周，动物体重不应减轻；同时解剖检查每只动物，若肝、脾、肺等脏器无结核病变，即为合格。若动物死亡或有可疑病灶时，应按 2.1.4.3 项进行。

3.3.8 热稳定性试验

取每亚批疫苗于 $37 ℃$ 放置 28 天测定活菌数，并与 $2 \sim 8 ℃$ 保存的同批疫苗进行比较，计算活菌率；放置 $37 ℃$ 的本品活菌数应不低于置 $2 \sim 8 ℃$ 本品的 25%，且不低于 2.5×10^5 CFU/mg。

4 稀释剂

稀释剂为灭菌注射用水,稀释剂的生产应符合批准的要求,灭菌注射用水应符合本版药典(二部)的相关规定。

5 保存、运输及有效期

于2~8℃避光保存和运输。自生产之日起,按批准的有效期执行。

6 使用说明

应符合"生物制品包装规程"规定和批准的内容。

四、冻干人用狂犬病疫苗（Vero 细胞）

拼音名：Donggan Renyong Kuangquanbing Yimiao（Vero Xibao）

英文名：Rabies Vaccine（Vero Cell）for Human Use，Freeze-dried

书页号：2015 年版三部——146

本品系用狂犬病病毒固定毒接种于 Vero 细胞，经培养、收获、浓缩、灭活病毒、纯化后，加入适宜稳定剂冻干制成。用于预防狂犬病。

1 基本要求

生产和检定用设施、原材料及辅料、水、器具、动物等应符合"凡例"的有关要求。

2 制造

2.1 生产用细胞

生产用细胞为 Vero 细胞。

2.1.1 细胞管理及检定

应符合"生物制品生产检定用动物细胞基质制备及检定规程"规定。各级细胞库细胞代次应不超过批准的限定代次。

取自同批工作细胞库的 1 支或多支细胞，经复苏扩增后的细胞仅用于一批疫苗的生产。

2.1.2 细胞制备

取工作细胞库中的 1 支或多支细胞，细胞复苏、扩增至接种病毒的细胞为一批。将复苏后的单层细胞用胰蛋白酶或其他适宜的消化液进行消化，分散成均匀的细胞，加入适宜的培养液混合均匀，置 37℃培养成均匀单层细胞。

2.2 毒种

2.2.1 名称及来源

生产用毒种为狂犬病病毒固定毒 CTN-1V 株、aGV 株或经批准的其他 Vero 细胞适应的狂犬病病毒固定毒株。

2.2.2 种子批的建立

应符合"生物制品生产检定用菌毒种管理规程"规定。各种子批代次应不超过批准的限定代次。狂犬病病毒固定毒 CTN-1V 株在 Vero 细胞上传代，至工作种子批传代次数应不超过 35 代；aGV 株在 Vero 细胞上传代，至工作种子批传代次数应不超过 15 代。

2.2.3 种子批毒种的检定

主种子批应进行以下全面检定，工作种子批应至少进行 2.2.3.1~2.2.3.4 项检定。

2.2.3.1 鉴别试验

采用小鼠脑内中和试验鉴定毒种的特异性。将毒种做 10 倍系列稀释，取适宜稀释度病毒液分别与狂犬病病毒特异性免疫血清（试验组）和阴性血清（对照组）等量混合，试验组与对照组的每个稀释度分别接种 11~13g 小鼠 6 只，每只脑内接种 0.03ml，逐日观察，3 天内死亡者不计（动物死亡数量应不得超过试验动物总数的 20%），观察 14 天。中和指数应不低于 500。

2.2.3.2 病毒滴定

将毒种做 10 倍系列稀释，每个稀释度脑内接种体重为 11～13g 小鼠至少 6 只，每只脑内接种 0.03ml，逐日观察，3 天内死亡者不计（动物死亡数量应不得超过试验动物总数的 20%），观察 14 天。病毒滴度应不低于 $7.5\ lg\ LD_{50}/ml$。

2.2.3.3 无菌检查

依法检查（通则 1101），应符合规定。

2.2.3.4 支原体检查

依法检查（通则 3301），应符合规定。

2.2.3.5 外源病毒因子检查

依法检查（通则 3302），应符合规定。

2.2.3.6 免疫原性检查

用主种子批毒种制备疫苗，腹腔注射体重为 12～14g 小鼠，每只 0.5ml，免疫 2 次，间隔 7 天，为试验组。未经免疫的同批小鼠为对照组。初免后的第 14 天，试验组和对照组分别用 10 倍系列稀释的 CVS 病毒脑腔攻击，每只注射 0.03ml，每个稀释度注射 10 只小鼠，逐日观察，3 天内死亡者不计（动物死亡数量应不得超过试验动物总数的 20%），观察 14 天。保护指数应不低于 100。

2.2.4 毒种保存

毒种应于 −60℃ 以下保存。

2.3 原液

2.3.1 细胞制备

接 2.1.2 项进行。

2.3.2 培养液

培养液为含适量灭能新生牛血清的 MEM、199 或其他适宜培养液。新生牛血清的质量应符合规定（通则 3604）。

2.3.3 对照细胞外源病毒因子检查

依法检查（通则 3302），应符合规定。

2.3.4 病毒接种和培养

细胞培养成致密单层后，将毒种按 0.01～0.1MOI 接种细胞（同一工作种子批毒种应按同一 MOI 接种），置适宜温度下培养一定时间后，弃去培养液，用灭菌 PBS 或其他适宜洗液冲洗去除牛血清，加入适量维持液，置 33～35℃ 继续培养。

2.3.5 病毒收获

经培养适宜时间，收获病毒液。根据细胞生长情况，可换以维持液继续培养，进行多次病毒收获。检定合格的同一细胞批生产的同一次病毒收获液可合并为单次病毒收获液。

2.3.6 单次病毒收获液检定

按 3.1 项进行。

2.3.7 单次病毒收获液保存

于 2～8℃ 保存不超过 30 天。

2.3.8 单次病毒收获液合并、浓缩

检定合格的同一细胞批生产的单次病毒收获液可进行合并。合并后的病毒液，经超滤或其他适宜方法浓缩至规定的蛋白质含量范围。

2.3.9　病毒灭活

于浓缩后的病毒收获液中按 1：4000 的比例加入 β-丙内酯，置适宜温度、在一定时间内灭活病毒，并于适宜的温度放置一定的时间，以确保 β-丙内酯完全水解。病毒灭活到期后，每个病毒灭活容器应立即取样，分别进行病毒灭活验证试验。

2.3.10　纯化

灭活后的病毒液采用柱色谱法或其他适宜的方法进行纯化，纯化后加入适量人血白蛋白或其他适宜的稳定剂，即为原液。

2.3.11　原液检定

按 3.2 项进行。

2.4　半成品

2.4.1　配制

将原液按规定的同一蛋白质含量或抗原含量进行配制，且总蛋白质含量应不高于 $80\mu g/$ 剂，加入适宜的稳定剂即为半成品。

2.4.2　半成品检定

按 3.3 项进行。

2.5　成品

2.5.1　分批

应符合"生物制品分批规程"规定。

2.5.2　分装及冻干

应符合"生物制品分装和冻干规程"规定。

2.5.3　规格

按标示量复溶后每瓶 0.5ml 或 1.0ml。每 1 次人用剂量为 0.5ml 或 1.0ml，狂犬病疫苗效价应不低于 2.5IU。

2.5.4　包装

应符合"生物制品包装规程"规定。

3　检定

3.1　单次病毒收获液检定

3.1.1　病毒滴定

按 2.2.3.2 项进行，病毒滴度应不低于 $6.0\lg LD_{50}/ml$。

3.1.2　无菌检查

依法检查（通则 1101），应符合规定。

3.1.3　支原体检查

依法检查（通则 3301），应符合规定。

3.2　原液检定

3.2.1　无菌检查

依法检查（通则 1101），应符合规定。

3.2.2　病毒灭活验证试验

取灭活后病毒液 25ml 接种于 Vero 细胞，每 $3cm^2$ 单层细胞接种 1ml 病毒液，37℃吸附 60 分钟后加入细胞培养液，培养液与病毒液量比例不超过 1：3；每 7 天传 1 代，培养 21 天后收获培养液，混合后取样，脑内接种体重为 11～13g 小鼠 20 只，每只 0.03ml，3 天内死亡者不计（动物死亡数量应不得超过试验动物总数的 20%），观察 14 天，应全部健存。

3.2.3　蛋白质含量

取纯化后未加入人血白蛋白的病毒液，依法测定（通则 0731 第二法），应不高于 80μg/剂。

3.2.4　抗原含量

可采用酶联免疫法，应符合批准的要求。

3.3　半成品检定

无菌检查

依法检查（通则 1101），应符合规定。

3.4　成品检定

除水分测定外，按标示量加入所附灭菌注射用水，复溶后进行以下各项检定。

3.4.1　鉴别试验

采用酶联免疫法检查，应证明含有狂犬病病毒抗原。

3.4.2　外观

应为白色疏松体，复溶后应为澄明液体，无异物。

3.4.3　渗透压摩尔浓度

依法测定（通则 0632），应符合批准的要求。

3.4.4　化学检定

3.4.4.1　pH 值

应为 7.2~8.0（通则 0631）。

3.4.4.2　水分

应不高于 3.0%（通则 0832）。

3.4.5　效价测定

应不低于 2.5IU/剂（通则 3503）。

3.4.6　热稳定性试验

疫苗出厂前应进行热稳定性试验。于 37℃放置 28 天后，按 3.4.5 项进行效价测定，应合格。

3.4.7　牛血清白蛋白残留量

应不高于 50ng/剂（通则 3411）。

3.4.8　抗生素残留量

生产过程中加入抗生素的应进行该项检查。采用酶联免疫法，应不高于 50ng/剂。

3.4.9　Vero 细胞 DNA 残留量

应不高于 100pg/剂（通则 3407 第一法）。

3.4.10　Vero 细胞蛋白质残留量

采用酶联免疫法，应不高于 4μg/剂。

3.4.11　无菌检查

依法检查（通则 1101），应符合规定。

3.4.12　异常毒性检查

依法检查（通则 1141），应符合规定。

3.4.13　细菌内毒素检查

应不高于 25EU/剂（通则 1143 凝胶限度试验）。

4　疫苗稀释剂

疫苗稀释剂为灭菌注射用水，稀释剂的生产应符合批准的要求。灭菌注射用水应符合本版药典（二部）的相关规定。

5　保存、运输及有效期

于2~8℃避光保存和运输。自生产之日起，按批准的有效期执行。

6　使用说明

应符合"生物制品包装规程"规定和批准的内容。

五、重组乙型肝炎疫苗（酿酒酵母）

拼音名：Chongzu Yixing Ganyan Yimiao（Niangjiu Jiaomu）

英文名：Recombinant Hepatitis B Vaccine（*Saccharomyces cerevisiae*）

书号页：2015年版三部——157

本品系由重组酿酒酵母表达的乙型肝炎（简称乙肝）病毒表面抗原（HBsAg）经纯化，加入铝佐剂制成。用于预防乙型肝炎。

1　基本要求

生产和检定用设施、原材料及辅料、水、器具、动物等应符合"凡例"的有关要求。

2　制造

2.1　生产用菌种

2.1.1　名称及来源

生产用菌种为美国默克公司以DNA重组技术构建的表达HBsAg的重组酿酒酵母原始菌种，菌种号为2150-2-3（pHBS56-GAP347/33）。

2.1.2　种子批的建立

应符合"生物制品生产检定用菌毒种管理规程"规定。

由美国默克公司提供的菌种经扩增1代为主种子批，主种子批扩增1代为工作种子批。

2.1.3　种子批菌种的检定

主种子批及工作种子批应进行以下全面检定。

2.1.3.1　培养物纯度

培养物接种于哥伦比亚血琼脂平板和酶化大豆蛋白琼脂平板，分别于20~25℃和30~35℃培养5~7天，应无细菌和其他真菌被检出。

2.1.3.2　HBsAg基因序列测定

HBsAg基因序列应与原始菌种2150-2-3保持一致。

2.1.3.3　质粒保有率

采用平板复制法检测。将菌种接种到复合培养基上培养，得到的单个克隆菌落转移到限制性培养基上培养，计算质粒保有率，应不低于95%。

$$PR(\%) = \frac{A}{A+L} \times 100$$

式中　PR 为质粒保有率，%；

　　　A 为在含腺嘌呤的基本培养基上生长的菌落数，CFU/皿；

　　　$A+L$ 为在含腺嘌呤和亮氨酸的基本培养基上生长的菌落数，CFU/皿。

2.1.3.4　活菌率

采用血细胞计数板，分别计算每 1ml 培养物中总菌数和活菌数，活菌率应不低于 50％。

$$活菌率(\%)=\frac{活菌数}{总菌数}\times100$$

2.1.3.5 抗原表达率

取种子批菌种扩增培养，采用适宜的方法将培养后的细胞破碎，测定破碎液的蛋白质含量（通则 0731 第二法），并采用酶联免疫法或其他适宜方法测定 HBsAg 含量。抗原表达率应不低于 0.5％。

$$抗原表达率(\%)=\frac{抗原含量}{蛋白质含量}\times100$$

2.1.4 菌种保存

主种子批和工作种子批菌种应于液氮中保存，工作种子批菌种于－70℃保存应不超过 6 个月。

2.2 原液

2.2.1 发酵

取工作种子批菌种，于适宜温度和时间经锥形瓶、种子罐和生产罐进行三级发酵，收获的酵母菌应冷冻保存。

2.2.2 培养物检定

2.2.2.1 培养物纯度

按 2.1.3.1 项进行。

2.2.2.2 质粒保有率

按 2.1.3.3 项进行，应不低于 90％。

2.2.3 培养物保存

于－60℃以下保存不超过 6 个月。

2.2.4 纯化

用细胞破碎器破碎酿酒酵母，除去细胞碎片，以硅胶吸附法粗提 HBsAg，疏水色谱法纯化 HBsAg，用硫氰酸盐处理，经稀释和除菌过滤后即为原液。

2.2.5 原液检定

按 3.1 项进行。

2.2.6 原液保存

于 2～8℃保存不超过 3 个月。

2.3 半成品

2.3.1 甲醛处理

原液中按终浓度为 100μg/ml 加入甲醛，于 37℃保温适宜时间。

2.3.2 铝吸附

每 1μg 蛋白质和铝剂按一定比例置 2～8℃吸附适宜的时间，用无菌生理氯化钠溶液洗涤，去上清液后再恢复至原体积，即为铝吸附产物。

2.3.3 配制

蛋白质浓度为 20.0～27.0μg/ml 的铝吸附产物可与铝佐剂等量混合后，即为半成品。

2.3.4 半成品检定

按 3.2 项进行。

2.4 成品

2.4.1　分批

应符合"生物制品分批规程"规定。

2.4.2　分装

应符合"生物制品分装和冻干规程"规定。

2.4.3　规格

每瓶 0.5ml 或 1.0ml。每 1 次人用剂量 0.5ml，含 HBsAg 10μg；或每 1 次人用剂量 1.0ml，含 HBsAg 20μg。

2.4.4　包装

应符合"生物制品包装规程"规定。

3　检定

3.1　原液检定

3.1.1　无菌检查

依法检查（通则 1101），应符合规定。

3.1.2　蛋白质含量

应为 20.0～27.0μg/ml（通则 0731 第二法）。

3.1.3　特异蛋白带

采用还原型 SDS-聚丙烯酰胺凝胶电泳法（通则 0541 第五法），分离胶胶浓度为 15％，上样量为 1.0μg，银染法染色。应有分子质量为 20～25kD 蛋白带，可有 HBsAg 多聚体蛋白带。

3.1.4　N 端氨基酸序列测定（每年至少测定 1 次）

用氨基酸序列分析仪测定，N 端氨基酸序列应为：Met-Glu-Asn-Ile-Thr-Ser-Gly-Phe-Leu-Gly-Pro-Leu-Leu-Val-Leu。

3.1.5　纯度

采用免疫印迹法测定（通则 3401），所测供试品中酵母杂蛋白应符合批准的要求；采用高效液相色谱法（通则 0512），亲水硅胶高效体积排阻色谱柱；排阻极限 1000kD；孔径 45nm，粒度 13μm，流动相为含 0.05％叠氮钠和 0.1％SDS 的磷酸盐缓冲液（pH7.0）；上样量 100μl；检测波长 280nm。按面积归一法计算 P60 蛋白质含量，杂蛋白应不高于 1.0％。

3.1.6　细菌内毒素检查

应小于 10EU/ml（通则 1143 凝胶限度试验）。

3.1.7　宿主细胞 DNA 残留量

应不高于 10ng/剂（通则 3407）。

3.2　半成品检定

3.2.1　吸附完全性

将供试品于 6500g 离心 5 分钟取上清液，依法测定（通则 3501）参考品、供试品及其上清液中 HBsAg 含量。以参考品 HBsAg 含量的对数对其相应吸光度对数作直线回归，相关系数应不低于 0.99，将供试品及其上清液的吸光度值代入直线回归方程，计算其 HBsAg 含量，再按下式计算吸附率，应不低于 95％。

$$P(\%)=\left(1-\frac{c_s}{c_t}\right)\times100$$

式中　P 为吸附率，％；

　　　c_s 为供试品上清液的 HBsAg 含量，μg/ml；

　　　c_t 为供试品的 HBsAg 含量，μg/ml。

3.2.2 化学检定

3.2.2.1 硫氰酸盐含量

将供试品于 6500g 离心 5 分钟，取上清液。分别取含量为 $1.0\mu g/ml$、$2.5\mu g/ml$、$5.0\mu g/mL$、$10.0\mu g/ml$ 的硫氰酸盐标准溶液、供试品上清液、生理氯化钠溶液各 5.0ml 于试管中，每一供试品取 2 份，在每管中依次加入硼酸盐缓冲液（pH9.2）0.5ml，2.25％氯胺 T-0.9％氯化钠溶液 0.5ml，50％吡啶溶液（用生理氯化钠溶液配制）1.0ml，每加一种溶液后立即混匀，加完上述溶液后静置 10 分钟，以生理氯化钠溶液为空白对照，在波长 415nm 处测定各管吸光度。以标准溶液中硫氰酸盐的含量对其吸光度均值作直线回归，计算相关系数，应不低于 0.99，将供试品上清液的吸光度均值代入直线回归方程，计算硫氰酸盐含量，应小于 $1.0\mu g/ml$。

3.2.2.2 Triton X-100 含量

将供试品于 6500g 离心 5 分钟，取上清液。分别取含量为 $5\mu g/ml$、$10\mu g/ml$、$20\mu g/ml$、$30\mu g/ml$、$40\mu g/ml$ 的 Triton X-100 标准溶液、供试品上清液、生理氯化钠溶液各 2.0ml 于试管中，每一供试品取 2 份，每管分别加入 5％（ml/ml）苯酚溶液 1.0ml，迅速振荡，室温放置 15 分钟。以生理氯化钠溶液为空白对照，在波长 340nm 处测定各管吸光度。以标准溶液中 Triton X-100 的含量对其吸光度均值作直线回归，计算相关系数，应不低于 0.99，将供试品上清液的吸光度均值代入直线回归方程，计算 Triton X-100 含量，应小于 $15.0\mu g/ml$。

3.2.2.3 pH 值

应为 5.5～7.2（通则 0631）。

3.2.2.4 游离甲醛含量

应不高于 $20\mu g/ml$（通则 3207 第二法）。

3.2.2.5 铝含量

应为 0.35～0.62mg/ml（通则 3106）。

3.2.2.6 渗透压摩尔浓度

应为 280mOsmol/kg±65mOsmol/kg（通则 0632）。

3.2.3 无菌检查

依法检查（通则 1101），应符合规定。

3.2.4 细菌内毒素检查

应小于 5EU/ml（通则 1143 凝胶限度试验）。

3.3 成品检定

3.3.1 鉴别试验

采用酶联免疫法检查，应证明含有 HBsAg。

3.3.2 外观

应为乳白色混悬液体，可因沉淀而分层，易摇散，不应有摇不散的块状物。

3.3.3 装量

依法检查（通则 0102），应不低于标示量。

3.3.4 渗透压摩尔浓度

依法测定（通则 0632），应符合批准的要求。

3.3.5 化学检定

3.3.5.1 pH 值

应为 5.5～7.2（通则 0631）。

3.3.5.2　铝含量

应为 0.35～0.62mg/ml（通则 3106）。

3.3.6　体外相对效力测定

应不低于 0.5（通则 3501）。

3.3.7　无菌检查

依法检查（通则 1101），应符合规定。

3.3.8　异常毒性检查

依法检查（通则 1141），应符合规定。

3.3.9　细菌内毒素检查

应小于 5EU/ml（通则 1143 凝胶限度试验）。

4　保存、运输及有效期

于 2～8℃避光保存和运输。自生产之日起，有效期为 36 个月。

5　使用说明

应符合"生物制品包装规程"规定和批准的内容。

六、流感全病毒灭活疫苗

拼音名：Liugan Quanbingdu Miehuoyimiao

英文名：Influenza Vaccine（Whole Virion），Inactivated

书页号：2015 年版三部——190

本品系用世界卫生组织（WHO）推荐的并经国务院药品监督管理部门批准的甲型和乙型流行性感冒（简称流感）病毒株分别接种鸡胚，经培养、收获病毒液、灭活病毒、浓缩和纯化后制成。用于预防本株病毒引起的流行性感冒。

1　基本要求

生产和检定用设施、原材料及辅料、水、器具、动物等应符合"凡例"的有关要求。

2　制造

2.1　生产用鸡胚

毒种传代和制备用鸡胚应来源于 SPF 鸡群；疫苗生产用鸡胚应来源于封闭式房舍内饲养的健康鸡群，并选用 9～11 日龄无畸形、血管清晰、活动的鸡胚。

2.2　毒种

2.2.1　名称及来源

生产用毒种为 WHO 推荐并提供的甲型和乙型流感病毒株。

2.2.2　种子批的建立

应符合"生物制品生产检定用菌毒种管理规程"规定。以 WHO 推荐并提供的流感毒株代次为基础，传代建立主种子批和工作种子批，至成品疫苗病毒总传代不得超过 5 代。

2.2.3　种子批毒种的检定

主种子批应进行以下全面检定，工作种子批应至少进行 2.2.3.1～2.2.3.5 项检定。

2.2.3.1　鉴别试验

血凝素型别鉴定：应用相应（亚）型流感病毒特异性免疫血清进行血凝抑制试验或单向免疫扩散试验，结果应证明其抗原性与推荐的病毒株相一致。

2.2.3.2 病毒滴度

采用鸡胚半数感染剂量法（EID_{50}）检查，病毒滴度应不低于 6.5lg EID_{50}/ml。

2.2.3.3 血凝滴度

采用血凝法检测，血凝效价应不低于 1∶160。

2.2.3.4 无菌检查

依法检查（通则 1101），应符合规定。

2.2.3.5 支原体检查

依法检查（通则 3301），应符合规定。

2.2.3.6 外源性禽白血病病毒检测

用相应（亚）型的流感病毒特异性免疫血清中和毒种后，接种 SPF 鸡胚细胞，经培养，用酶联免疫法检测培养物，结果应为阴性。

2.2.3.7 外源性禽腺病毒检测

用相应（亚）型流感病毒特异性免疫血清中和毒种后，接种 SPF 鸡胚肝细胞，经培养，分别用适宜的血清学方法检测其培养物中的 Ⅰ 型和 Ⅲ 型禽腺病毒，结果均应为阴性。

2.2.4 毒种保存

冻干毒种应于－20℃以下保存；液体毒种应于－60℃以下保存。

2.3 单价原液

2.3.1 病毒接种和培养

于鸡胚尿囊腔接种经适当稀释的工作种子批毒种后（各型流感毒株应分别按同一病毒滴度进行接种），置 33～35℃培养 48～72 小时。一次未使用完的工作种子批毒种，不得再回冻继续使用。

2.3.2 病毒收获

筛选活鸡胚，置 2～8℃冷胚一定时间后，收获尿囊液于容器内。逐容器取样进行尿囊收获液检定。

2.3.3 尿囊收获液检定

2.3.3.1 微生物限度检查

按微生物计数法检测，菌数应小于 10^5 CFU/ml，沙门菌检测应为阴性（通则 1105、通则 1106 与通则 1107）。

2.3.3.2 血凝滴度

按 2.2.3.3 项进行，应不低于 1∶160。

2.3.4 尿囊收获液合并

每个收获容器检定合格的含单型流感病毒的尿囊液可合并为单价病毒合并液。

2.3.5 病毒灭活

在规定的蛋白质含量范围内进行病毒灭活。单价病毒合并液中加入终浓度不高于 200μg/ml 的甲醛，置适宜的温度下进行病毒灭活。病毒灭活到期后，每个病毒灭活容器应立即取样，分别进行病毒灭活验证试验，并进行细菌内毒素含量测定（也可在纯化后加入适宜浓度的甲醛溶液进行病毒灭活）。

2.3.6 浓缩和纯化

2.3.6.1 超滤浓缩

单价病毒合并液经离心或其他适宜的方法澄清后，采用超滤法将病毒液浓缩至适宜蛋白质含量范围。超滤浓缩后病毒液应取样进行细菌内毒素含量测定。

2.3.6.2 纯化

超滤浓缩后的病毒液可采用柱色谱法或蔗糖密度梯度离心法进行纯化，采用蔗糖密度梯度离心法进行纯化的应用超滤法去除蔗糖。超滤后的病毒液取样进行细菌内毒素含量测定和微生物限度检查，微生物限度检查菌数应小于 10CFU/ml。

2.3.7 除菌过滤

纯化后的病毒液经除菌过滤，可加入适宜浓度的硫柳汞作为防腐剂，即为单价原液。

2.3.8 单价原液检定

按 3.1 项进行。

2.3.9 单价原液保存

应于 2～8℃保存。

2.4 半成品

2.4.1 配制

根据各单价原液血凝素含量，将各型流感病毒按同一血凝素含量进行半成品配制（血凝素配制量可在 15～18μg/剂范围内，每年各型别流感病毒株应按同一血凝素含量进行配制），可补加适宜浓度的硫柳汞作为防腐剂，即为半成品。

2.4.2 半成品检定

按 3.2 项进行。

2.5 成品

2.5.1 分批

应符合"生物制品分批规程"规定。

2.5.2 分装

应符合"生物制品分装和冻干规程"规定。

2.5.3 规格

每瓶 0.5ml 或 1.0ml。每 1 次人用剂量为 0.5ml 或 1.0ml，含各型流感病毒株血凝素应为 15μg。

2.5.4 包装

应符合"生物制品包装规程"规定。

3 检定

3.1 单价原液检定

3.1.1 鉴别试验

用相应（亚）型流感病毒特异性免疫血清进行血凝抑制试验或单向免疫扩散试验（方法见 3.1.3 项），结果证明抗原性与推荐病毒株相一致。

3.1.2 病毒灭活验证试验

将病毒灭活后的尿囊液样品做 10 倍系列稀释，取原倍、10^{-1} 及 10^{-2} 倍稀释的病毒液分组接种鸡胚尿囊腔，每组接种 10 枚 9～11 日龄鸡胚，每胚接种 0.2ml，置 33～35℃培养 72 小时。24 小时内死亡的不计数，每组鸡胚须至少存活 80%。自存活的鸡胚中每胚取 0.5ml 尿囊液，按组混合后，再盲传一代，每组各接种 10 枚胚，每胚接种 0.2ml，经 33～35℃培养 72 小时后，取尿囊液进行血凝试验，结果应不出现血凝反应。

3.1.3 血凝素含量

采用单向免疫扩散试验测定血凝素含量。

将抗原参考品和供试品分别加至含有抗体参考品的 1.5% 琼脂糖凝胶板上，孔径为

3mm，每孔 10μl，20～25℃放置至少 18 小时。用 PBS 浸泡 1 小时后，干燥、染色、脱色。准确测量抗原参考品和供试品形成的沉淀环直径，以抗原参考品形成的沉淀环的直径对其相应抗原浓度作直线回归，求得直线回归方程，代入供试品的沉淀环直径，即可得到供试品的血凝素含量，应不低于 90μg/（株·ml）。

3.1.4　无菌检查

依法检查（通则 1101），应符合规定。

3.1.5　蛋白质含量

应不高于血凝素含量的 4.5 倍（通则 0731 第二法）。

3.2　半成品检定

3.2.1　游离甲醛含量

应不高于 50μg/剂（通则 3207 第一法）。

3.2.2　硫柳汞含量

应不高于 50μg/剂（通则 3115）。

3.2.3　血凝素含量

按 3.1.3 项进行，每剂中各型流感病毒株血凝素含量应为配制量的 80％～120％。

3.2.4　无菌检查

依法检查（通则 1101），应符合规定。

3.3　成品检定

3.3.1　鉴别试验

用相应（亚）型流感病毒特异性免疫血清进行单向免疫扩散试验，结果应证明抗原性与推荐病毒株相一致。

3.3.2　外观

应为微乳白色液体，无异物。

3.3.3　装量

依法检查（通则 0102），应不低于标示量。

3.3.4　渗透压摩尔浓度

依法测定（通则 0632），应符合批准的要求。

3.3.5　化学检定

3.3.5.1　pH 值

应为 6.8～8.0（通则 0631）。

3.3.5.2　硫柳汞含量

应不高于 50μg/剂（通则 3115）。

3.3.5.3　蛋白质含量

应不高于 200μg/剂（通则 0731 第二法），并不得超过疫苗中血凝素含量的 4.5 倍。

3.3.6　血凝素含量

按 3.1.3 项进行，每剂中各型流感病毒株血凝素含量应为配制量的 80％～120％。

3.3.7　卵清蛋白含量

采用酶联免疫法检测，卵清蛋白含量应不高于 250ng/剂。

3.3.8　抗生素残留量

生产过程中加入抗生素的应进行该项检查。采用酶联免疫法，应不高于 50ng/剂。

3.3.9　无菌检查

依法检查（通则1101），应符合规定。

3.3.10 异常毒性检查

依法检查（通则1141），应符合规定。

3.3.11 细菌内毒素检查

应不高于10EU/剂（通则1143凝胶限度试验）。

4 保存、运输及有效期

于2～8℃避光保存和运输。自生产之日起，有效期为12个月。

5 使用说明

应符合"生物制品包装规程"规定和批准的内容。

七、脊髓灰质炎减毒活疫苗糖丸（人二倍体细胞）

拼音名：Jisuihuizhiyan Jiandu Huoyimiao Tangwan（Ren Erbeiti Xibao）

英文名：Poliomyelitis Vaccine in Dragee Candy（Human Diploid Cell），Live

书页号：2015年版三部——200

本品系用脊髓灰质炎病毒Ⅰ、Ⅱ、Ⅲ型减毒株分别接种于人二倍体细胞，经培养、收获后制成糖丸。用于预防脊髓灰质炎。

1 基本要求

生产和检定用设施、原材料及辅料、水、器具、动物等应符合"凡例"的有关要求。

2 制造

2.1 生产用细胞

生产用细胞为人二倍体细胞（2BS株或经批准的其他人二倍体细胞）。

2.1.1 细胞管理及检定

应符合"生物制品生产检定用动物细胞基质制备及检定规程"规定。

取自同批工作细胞库的1支或多支细胞，经复苏、扩增后的细胞仅用于一批疫苗的生产。

2BS株主细胞库细胞代次应不超过第23代，工作细胞库细胞代次应不超过第27代，生产用细胞代次应不超过第44代。

2.1.2 细胞制备

取工作细胞库中的1支或多支细胞，经复苏、胰蛋白酶消化、37℃静置或旋转培养制备的一定数量并用于接种病毒的细胞为一个细胞批。

2.2 毒种

2.2.1 名称及来源

生产用毒种为脊髓灰质炎病毒Ⅰ、Ⅱ、Ⅲ型减毒株；可用Ⅰ、Ⅱ、Ⅲ型Sabin株，Ⅰ、Ⅱ、Ⅲ型Sabin纯化株，中Ⅲ$_2$株或经批准的其他毒株。各型Sabin毒株和Pfizer株来源于世界卫生组织（WHO）。

2.2.2 种子批的建立

应符合"生物制品生产检定用菌毒种管理规程"规定。

2.2.2.1 原始种子

Sabin株原始毒种Ⅰ、Ⅱ、Ⅲ型及中Ⅲ$_2$株均由毒种研制者制备和保存。

2.2.2.2 主种子批

主种子批Sabin株Ⅰ、Ⅱ型的传代水平应不超过SO+2，Sabin株Ⅲ型应不超过SO+1；

其中Ⅲ₂株由原始毒种在胎猴肾细胞或人二倍体细胞上传1～2代制成的成分均一的一批病毒悬液称为主种子批，传代水平应不超过中Ⅲ₂2代；Ⅲ型 Pfizer 株主种子批为 RSO1。

2.2.2.3　工作种子批

取主种子批毒种在人二倍体细胞上传1～2代制备的组成均一的一批病毒悬液称为工作种子批。原始种子至工作种子批 SabinⅠ、Ⅱ型传代不得超过3代（SO＋3），SabinⅢ型及其他纯化株包括 Pfizer 株传代不得超过2代；从原始种子至工作种子批中Ⅲ₂株传代次数不得超过3代。

2.2.3　种子批毒种的检定

除另有规定外，主种子批及工作种子批应进行以下全面检定。

2.2.3.1　鉴别试验

取适量Ⅰ型、Ⅱ型或Ⅲ型单价脊髓灰质炎病毒特异性免疫血清与适量病毒供试品混合，置37℃水浴2小时，接种 Hep-2 细胞或其他敏感细胞，置35～36℃培养，7天判定结果，病毒型别应准确无误。同时设血清和细胞对照，均应为阴性。病毒对照应为阳性。

2.2.3.2　病毒滴定

采用微量细胞病变法。将毒种做10倍系列稀释，每稀释度病毒液接种 Hep-2 细胞或其他敏感细胞，置35～36℃培养，7天判定结果。病毒滴度应不低于 $6.5 \lg CCID_{50}/ml$。应同时进行病毒参考品滴定。

2.2.3.3　无菌检查

依法检查（通则1101），应符合规定。

2.2.3.4　分枝杆菌检查

照无菌检查法（通则1101）进行。

以草分枝杆菌（CMCC 95024）作为阳性对照菌。取阳性对照菌接种于罗氏固体培养基，于37℃培养3～5天收集培养物，以0.9％NaCl溶液制成菌悬液，采用细菌浊度法确定菌含量，该菌液浊度与中国细菌浊度标准一致时活菌量约为 $2 \times 10^7 CFU/ml$。稀释菌悬液，取不高于100CFU 的菌液作为阳性对照。

供试品小于1ml时采用直接接种法，将供试品全部接种于适宜固体培养基（如罗氏培养基或 Middlebrook 7H10 培养基），每种培养基做3个重复。并同时设置阳性对照。将接种后的培养基置于37℃培养56天，阳性对照应有菌生长，接种供试品的培养基未见分枝杆菌生长，则判为合格。

供试品大于1ml时采用薄膜过滤法集菌后接种培养基。将供试品以0.22μm 滤膜过滤后，取滤膜接种于适宜固体培养基，同时设阳性对照。所用培养基、培养时间及结果判定同上。

2.2.3.5　支原体检查

依法检查（通则3301），应符合规定。

2.2.3.6　外源病毒因子检查

依法检查（通则3302），应符合规定。

2.2.3.7　家兔检查

取体重为1.5～2.5kg的家兔至少5只，每只注射10ml，其中1.0ml皮内多处注射，其余皮下注射，观察3周，到期存活动物数应不低于80％，无 B 病毒和其他病毒感染判为合格。家兔在24小时以后死亡，疑有 B 病毒感染者应尸检，须留神经组织和脏器标本待查，用脑组织做10％悬液，用同样方法接种5只家兔进行检查，观察到期后动物应全部健存。

2.2.3.8　免疫原性检查

用工作种子批毒种制成疫苗，按常规接种易感儿童（免前抗体效价＜1∶4）至少30名，分别于免疫前及免疫后4周采血，测定中和抗体，免疫后抗体阳转率应不低于95％。

2.2.3.9 猴体神经毒力试验

依法检查（通则3305），应符合规定。

2.2.3.10 rct特征试验

将单价病毒液分别于36.0℃±0.1℃及40.0℃±0.1℃进行病毒滴定，试验设 t-对照（生产毒种或已知对人安全的疫苗）。如果病毒液和 t-对照在36.0℃±0.1℃的病毒滴度与40.0℃±0.1℃的滴度差不低于5.0 lg，则rct特征试验合格。

2.2.3.11 SV40核酸序列检查

依法检查（通则3304），应为阴性。

2.2.4 毒种保存

液体毒种需加入终浓度为1mol/L的氯化镁溶液，于－60℃以下保存。

2.3 单价原液

2.3.1 细胞制备

按2.1.2项进行。

2.3.2 培养液

培养液为含适量灭能新生牛血清和乳蛋白水解物的MEM液或其他适宜培养液。新生牛血清的质量应符合要求（通则3604）。维持液为不含新生牛血清的MEM液或其他适宜维持液。

2.3.3 对照细胞外源病毒因子检查

依法检查（通则3302），应符合规定。

2.3.4 病毒接种和培养

将毒种按0.05～0.3MOI接种细胞（同一工作种子批毒种应按同一MOI接种）。种毒后置33℃±0.5℃培养48～96小时至细胞出现完全病变后收获。

2.3.5 病毒收获

病毒液经澄清过滤，收集于大瓶中，为单一病毒收获液。

2.3.6 单一病毒收获液检定

按3.1项进行。

2.3.7 单一病毒收获液保存

于2～8℃保存不超过30天，－20℃保存不超过6个月。

2.3.8 单一病毒收获液合并或浓缩

同一细胞批制备的单一病毒收获液检定合格可适当浓缩进行合并，经澄清过滤即为单价原液。

2.3.9 单价原液检定

按3.2项进行。

2.3.10 单价原液保存

于－20℃保存不超过6个月。

2.4 半成品

2.4.1 配制

单价原液加入终浓度为1mol/L的氯化镁，即为单价疫苗半成品。取适量Ⅰ、Ⅱ、Ⅲ型单价疫苗半成品，按一定比例进行配制，即为三价疫苗半成品。

2.4.2 半成品检定

按 3.3 项进行。

2.5 成品

2.5.1 疫苗糖丸制备

三价疫苗半成品及赋形剂按一定比例混合后制成糖丸。赋形剂成分包括还原糖浆、糖浆、脂肪性混合糖粉和糖粉。滚制糖丸时，操作室内温度应在 18℃ 以下。

2.5.2 分批

应符合"生物制品分批规程"规定。同一次混合的三价疫苗半成品制备的糖丸为一批，非同容器滚制的糖丸分为不同亚批。

2.5.3 分装

应符合"生物制品分装和冻干规程"规定。

2.5.4 规格

每粒 1g。每 1 次人用剂量 1 粒，含脊髓灰质炎活病毒总量应不低于 5.95 lg $CCID_{50}$，其中 I 型应不低于 5.8 lg $CCID_{50}$、II 型应不低于 4.8 lg $CCID_{50}$、III 型应不低于 5.3 lg $CCID_{50}$。

2.5.5 包装

应符合"生物制品包装规程"规定。

3 检定

3.1 单一病毒收获液检定

3.1.1 病毒滴定

按 2.2.3.2 项进行。病毒滴度应不低于 6.5 lg $CCID_{50}$/ml。

3.1.2 无菌检查

依法检查（通则 1101），应符合规定。

3.1.3 支原体检查

依法检查（通则 3301），应符合规定。

3.2 单价原液检定

3.2.1 鉴别试验

按 2.2.3.1 项进行。

3.2.2 病毒滴定

按 2.2.3.2 项进行。病毒滴度应不低于 6.5 lg $CCID_{50}$/ml。

3.2.3 猴体神经毒力试验

依法检查（通则 3305），应符合规定。

3.2.4 无菌检查

依法检查（通则 1101），应符合规定。

3.2.5 支原体检查

依法检查（通则 3301），应符合规定。

3.3 半成品检定

3.3.1 病毒滴定

按 2.2.3.2 项进行。三价疫苗病毒滴度应不低于 7.15 lg $CCID_{50}$/ml，其中 I 型应不低于 7.0 lg $CCID_{50}$/ml、II 型应不低于 6.0 lg $CCID_{50}$/ml、III 型应不低于 6.5 lg $CCID_{50}$/ml。

3.3.2 无菌检查

依法检查（通则 1101），应符合规定。

3.4　成品检定

每个糖丸滚制容器取 200～300 粒。

3.4.1　鉴别试验

取适量Ⅰ、Ⅱ、Ⅲ型三价混合脊髓灰质炎病毒特异性免疫血清与适量供试品混合，置 37℃水浴 2 小时，接种 Hep-2 细胞或其他敏感细胞，置 35～36℃培养，7 天判定结果，应无病变出现。同时设血清和细胞对照，均应为阴性。病毒对照应为阳性。

3.4.2　外观

应为白色固体糖丸。

3.4.3　丸重差异

取糖丸 20 粒测定，每 1 粒重量为 $1g \pm 0.15g$。

3.4.4　病毒滴定

每 3～4 亚批合并为 1 个检定批，取 100 粒糖丸，加 Earle's 液至 1000ml，即为 1：10 稀释度，采用细胞病变法进行病毒滴定。

三价疫苗糖丸以混合法测定病毒含量，同时应以中和法检测各型病毒含量。采用中和法需预先精确测定异型抗体的交叉抑制值，以校正滴定结果。按 2.2.3.2 项测定病毒滴度，每剂三价疫苗糖丸病毒总量应不低于 $5.95\ \lg CCLD_{50}$，其中Ⅰ型应不低于 $5.8\ \lg CCID_{50}$；Ⅱ型应不低于 $4.8\ \lg CCID_{50}$；Ⅲ型应不低于 $5.3\ \lg CCID_{50}$。

3.4.5　热稳定性试验

疫苗出厂前应进行热稳定性试验，应与病毒滴定同时进行。37℃放置 48 小时后，按 2.2.3.2 项进行病毒滴定，病毒滴度应不低于 $5.0\ \lg CCID_{50}$，病毒滴度下降应不高于 $1.0\ \lg$。

3.4.6　病毒分布均匀度

每批抽查糖丸 10 粒以上，测定疫苗糖丸的病毒分布均匀度。逐粒滴定病毒含量，各粒之间的病毒含量差不得超过 $0.5\ \lg$。

3.4.7　微生物限度检查

同一天滚制的糖丸为 1 个供试品，每个糖丸滚制容器中取样不得少于 10 粒，按微生物计数法检测，每粒菌数不得超过 300 个（通则 1105、通则 1106 与通则 1107）。

3.4.8　致病菌检查

不得含有乙型溶血性链球菌、肠道致病菌以及大肠杆菌。

3.4.8.1　乙型溶血性链球菌检查

取经 10 倍稀释供试品 0.5ml，接种肉汤培养基 1 支，置 37℃培养 24 小时，再用划线法移种血平皿 1 个，37℃培养 24 小时，应无乙型溶血性链球菌生长（如原材料、辅料已做过此项检查并合格，成品可不再做）。

3.4.8.2　肠道致病菌检查

取经 10 倍稀释的供试品 1.0ml，接种 GN 或肉汤增菌培养基 1 管，置 37℃培养，于 20～24 小时内用划线法转种鉴别培养基平皿 1 个，37℃培养 24 小时，如有革兰阴性杆菌，应进一步鉴定是否为肠道致病菌。

3.4.8.3　大肠杆菌检查

取经 10 倍稀释的供试品，接种普通克斯列或麦康凯肉汤培养基 3 管，每管 2ml，置 37℃培养 48 小时，不应有产酸、产气现象。如有产酸、产气现象，应进一步鉴别是否为大肠杆菌。

4　保存、运输及有效期

自生产之日起，于−20℃以下保存，有效期为 24 个月；于 2～8℃保存，有效期为 5 个月。生产日期为糖丸制造日期。运输应在冷藏条件下进行。标签上只能规定一种保存温度和有效期。

5 使用说明

应符合"生物制品包装规程"规定和批准的内容。

八、冻干肉毒抗毒素

拼音名：Donggan Roudu Kangdusu

英文名：Botulinum Antitoxins，Freeze-dried

书页号：2015 年版三部——222

本品系由肉毒梭菌 A、B、C、D、E、F 六型毒素或类毒素分别免疫马所得的血浆，经胃酶消化后纯化制成的冻干抗毒素球蛋白制剂。用于预防和治疗 A、B、C、D、E、F 型肉毒中毒。

1 基本要求

生产和检定用设施、原材料及辅料、水、器具、动物等应符合"凡例"的有关要求。

2 制造

2.1 抗原与佐剂

应符合"免疫血清生产用马匹检疫和免疫规程"的规定。

2.2 免疫动物及血浆

2.2.1 免疫动物

免疫用马匹必须符合"免疫血清生产用马匹检疫和免疫规程"的规定。

2.2.2 采血与分离血浆

按"免疫血清生产用马匹检疫和免疫规程"的规定进行。用动物法或其他适宜的方法测定免疫血清效价，符合下列规定时，即可采血。分离之血浆可加入适宜防腐剂，并应做无菌检查（通则 1101）。

各种免疫血清效价应不低于以下标准：

A 型　1500IU/ml

B 型　800IU/ml

C 型　300IU/ml

D 型　800IU/ml

E 型　800IU/ml

F 型　300IU/ml

2.3 胃酶

用生理氯化钠溶液将胃酶配制成 1mg/ml 溶液，进行类 A 血型物质含量测定（通则 3415），应不高于 1.0μg/ml。

2.4 原液

2.4.1 原料血浆

原料血浆的肉毒抗毒素效价（通则 3510）应不低于以下标准：

A 型　1000IU/ml

B 型　600IU/ml

C 型　200IU/ml

D 型　600IU/ml

E 型　600IU/ml

F 型　200IU/ml

血浆在保存期间，如发现有明显的溶血、染菌及其他异常现象，不得用于制备。

2.4.2　制备

2.4.2.1　消化

将免疫血浆稀释后，加入适量胃酶，如果必要还可加入适量甲苯，调整适宜 pH 值后，在适宜温度下消化一定时间。

2.4.2.2　纯化

采用加温、硫酸铵盐析、明矾吸附等步骤进行纯化。

2.4.2.3　浓缩、澄清及除菌过滤

浓缩可采用超滤或硫酸铵沉淀法进行。可加入适量硫柳汞或间甲酚作为防腐剂，然后澄清、除菌过滤。

纯化后的抗毒素原液应置 2～8℃避光保存至少 1 个月作为稳定期。

2.4.3　原液检定

按 3.1 项进行。

2.5　半成品

2.5.1　配制

将检定合格的原液，按成品规格以灭菌注射用水稀释，调整效价、蛋白质浓度、pH 值及氯化钠含量，除菌过滤。

2.5.2　半成品检定

按 3.2 项进行。

2.6　成品

2.6.1　分批

应符合"生物制品分批规程"规定。

2.6.2　分装及冻干

应符合"生物制品分装和冻干规程"及通则 0102 有关规定。在冻干过程中制品温度应不高于 35℃，真空或充氮封口。

2.6.3　规格

复溶后 A 型每瓶 4.0ml，含肉毒抗毒素 10000IU；B 型每瓶 2.0ml，含肉毒抗毒素 5000IU；C 型每瓶 7.0ml，含肉毒抗毒素 5000IU；D 型每瓶 2.0ml，含肉毒抗毒素 5000IU；E 型每瓶 4.0ml，含肉毒抗毒素 5000IU；F 型每瓶 7.0ml，含肉毒抗毒素 5000IU。

2.6.4　包装

应符合"生物制品包装规程"及通则 0102 有关规定。

3　检定

3.1　原液检定

3.1.1　抗体效价

依法测定（通则 3510）。

3.1.2　无菌检查

依法检查（通则 1101），应符合规定。

3.1.3 热原检查

依法检查（通则 1142），应符合规定。注射剂量按家兔体重每 1kg 注射 3.0ml。

3.2 半成品检定

无菌检查

依法检查（通则 1101），应符合规定。

3.3 成品检定

除水分测定、装量差异检查外，应按标示量加入灭菌注射用水，复溶后进行以下检定。

3.3.1 鉴别试验

每批成品至少抽取 1 瓶做以下鉴别试验。

3.3.1.1 动物中和试验或特异沉淀反应

按通则 3510 进行，供试品应能中和相应各型肉毒毒素或类毒素；或采用免疫双扩散法（通则 3403），供试品应与相应各型肉毒毒素或类毒素产生特异沉淀线。

3.3.1.2 免疫双扩散或酶联免疫吸附试验

采用免疫双扩散法（通则 3403）进行，供试品仅与抗马的血清产生沉淀线；或采用酶联免疫法（通则 3418），供试品应与马 IgG 抗体反应呈阳性。

3.3.2 物理检查

3.3.2.1 外观

应为白色或淡黄色的疏松体，按标示量加入注射用水，轻摇后应于 15 分钟内完全溶解为无色或淡黄色的澄明液体，无异物。

3.3.2.2 渗透压摩尔浓度

应符合批准的要求（通则 0632）。

3.3.2.3 装量差异

依法检查（通则 0102），应符合规定。

3.3.3 化学检定

3.3.3.1 水分

应不高于 3.0%（通则 0832）。

3.3.3.2 pH 值

应为 6.0～7.0（通则 0631）。

3.3.3.3 蛋白质含量

应不高于 170g/L（通则 0731 第一法）。

3.3.3.4 氯化钠含量

应为 7.5～9.5g/L（通则 3107）。

3.3.3.5 硫酸铵含量

应不高于 1.0g/L（通则 3104）。

3.3.3.6 防腐剂含量

如加硫柳汞，含量应不高于 0.1g/L（通则 3115）；如加间甲酚，含量应不高于 2.5g/L（通则 3114）。

3.3.3.7 甲苯残留量

生产工艺中如添加甲苯，需检测甲苯残留量，应不高于 0.089%（通则 0861）。

3.3.4 纯度

3.3.4.1 白蛋白检查

将供试品稀释至 2％ 的蛋白质浓度，进行琼脂糖凝胶电泳分析（通则 0541 第三法），应不含或仅含痕量白蛋白迁移率的蛋白质成分。

3.3.4.2　F(ab')$_2$含量

采用 SDS-聚丙烯酰胺凝胶电泳法（通则 0541 第五法）测定，上样量约 25μg，F(ab')$_2$含量应不低于 60％；IgG 含量应不高于 5％。

3.3.5　抗体效价

各型肉毒抗毒素效价及比活性应不低于以下标准（通则 3510）：

A 型　2000IU/ml；每 1g 蛋白质含 20000IU

B 型　2000IU/ml；每 1g 蛋白质含 20000IU

C 型　500IU/ml；每 1g 蛋白质含 5000IU

D 型　2000IU/ml；每 1g 蛋白质含 20000IU

E 型　1000IU/ml；每 1g 蛋白质含 10000IU

F 型　500IU/ml；每 1g 蛋白质含 5000IU

每瓶肉毒抗毒素装量应不低于标示量。

3.3.6　无菌检查

依法检查（通则 1101），应符合规定。

3.3.7　热原检查

依法检查（通则 1142），应符合规定。注射剂量按家兔体重每 1kg 注射 3.0ml。

3.3.8　异常毒性检查

依法检查（通则 1141），应符合规定。

4　稀释剂

稀释剂为灭菌注射用水，稀释剂的生产应符合批准的要求。

灭菌注射用水应符合本版药典（二部）的相关规定。

5　保存、运输及有效期

于 2～8℃ 避光保存和运输。自生产之日起，有效期为 60 个月。

6　使用说明

应符合"生物制品包装规程"规定和批准的内容。

九、抗眼镜蛇毒血清

拼音名：Kangyanjingshedu Xueqing

英文名：*Naja naja（atra）* Antivenin

书页号：2015 年版三部——236

本品系由眼镜蛇毒或脱毒眼镜蛇毒免疫马所得的血浆，经胃酶消化后纯化制成的液体抗眼镜蛇毒球蛋白制剂。用于治疗被眼镜蛇咬伤者。

1　基本要求

生产和检定用设施、原材料及辅料、水、器具、动物等应符合"凡例"的有关要求。

2　制造

2.1　抗原与佐剂

应符合"免疫血清生产用马匹检疫和免疫规程"的规定。

2.2　免疫动物及血浆

2.2.1 免疫动物

免疫用马匹必须符合"免疫血清生产用马匹检疫和免疫规程"的规定。

2.2.2 采血与分离血浆

按"免疫血清生产用马匹检疫和免疫规程"的规定进行。用动物法或其他适宜的方法测定免疫血清效价，达到 15IU/ml 时，即可采血、分离血浆，加适宜防腐剂，并应做无菌检查（通则 1101）。

2.3 胃酶

用生理氯化钠溶液将胃酶配制成 1mg/ml 溶液，进行类 A 血型物质含量测定（通则 3415），应不高于 1.0μg/ml。

2.4 原液

2.4.1 原料血浆

原料血浆的效价（通则 3511）应不低于 12IU/ml。

血浆在保存期间，如发现有明显的溶血、染菌及其他异常现象，不得用于制备。

2.4.2 制备

2.4.2.1 消化

将免疫血浆稀释后，加入适量胃酶，如果必要还可加入适量甲苯，调整适宜 pH 值后，在适宜温度下消化一定时间。

2.4.2.2 纯化

采用加温、硫酸铵盐析、明矾吸附等步骤进行纯化。

2.4.2.3 浓缩、澄清及除菌过滤

浓缩可采用超滤或硫酸铵沉淀法进行。可加入适量硫柳汞或间甲酚作为防腐剂，然后澄清、除菌过滤。

纯化后的抗血清原液置 2~8℃避光保存至少 1 个月作为稳定期。

2.4.3 原液检定

按 3.1 项进行。

2.5 半成品

2.5.1 配制

将检定合格的原液，按成品规格以灭菌注射用水稀释，调整效价、蛋白质浓度、pH 值及氯化钠含量，除菌过滤。

2.5.2 半成品检定

按 3.2 项进行。

2.6 成品

2.6.1 分批

应符合"生物制品分批规程"规定。

2.6.2 分装

应符合"生物制品分装和冻干规程"及通则 0102 有关规定。

2.6.3 规格

每瓶 10ml，含抗眼镜蛇毒血清 1000IU。

2.6.4 包装

应符合"生物制品包装规程"及通则 0102 有关规定。

3 检定

3.1　原液检定

3.1.1　抗体效价

依法测定（通则 3511）。

3.1.2　无菌检查

依法检查（通则 1101），应符合规定。

3.1.3　热原检查

依法检查（通则 1142），应符合规定。注射剂量按家兔体重每 1kg 注射 3.0ml。

3.2　半成品检定

无菌检查

依法检查（通则 1101），应符合规定。

3.3　成品检定

3.3.1　鉴别试验

每批成品至少抽取 1 瓶做以下鉴别试验。

3.3.1.1　动物中和试验或特异沉淀反应

按通则 3511 进行，供试品应能中和眼镜蛇毒；或采用免疫双扩散法（通则 3403），应与眼镜蛇毒产生特异沉淀线。

3.3.1.2　免疫双扩散或酶联免疫吸附试验

采用免疫双扩散法（通则 3403）进行，供试品仅与抗马的血清产生沉淀线；或采用酶联免疫法（通则 3418），供试品应与马 IgG 抗体反应呈阳性。

3.3.2　物理检查

3.3.2.1　外观

应为无色、淡黄色或淡橙黄色的澄明液体，无异物，久置有微量可摇散的沉淀。

3.3.2.2　渗透压摩尔浓度

应符合批准的要求（通则 0632）。

3.3.2.3　装量

依法检查（通则 0102），应不低于标示量。

3.3.3　化学检定

3.3.3.1　pH 值

应为 6.0～7.0（通则 0631）。

3.3.3.2　蛋白质含量

应不高于 170g/L（通则 0731 第一法）。

3.3.3.3　氯化钠含量

应为 7.5～9.5g/L（通则 3107）。

3.3.3.4　硫酸铵含量

应不高于 1.0g/L（通则 3104）。

3.3.3.5　防腐剂含量

如加硫柳汞，含量应不高于 0.1g/L（通则 3115）；如加间甲酚，含量应不高于 2.5g/L（通则 3114）。

3.3.3.6　甲苯残留量

生产工艺中如添加甲苯，需检测甲苯残留量，应不高于 0.089%（通则 0861）。

3.3.4　纯度

3.3.4.1 白蛋白检查

将供试品稀释至2%的蛋白质浓度，进行琼脂糖凝胶电泳分析（通则0541第三法），应不含或仅含痕量白蛋白迁移率的蛋白质成分。

3.3.4.2 F(ab')$_2$含量

采用SDS-聚丙烯酰胺凝胶电泳法（通则0541第五法）测定，上样量约25μg，F(ab')$_2$含量应不低于60%；IgG含量应不高于10%。

3.3.5 抗体效价

抗眼镜蛇毒血清效价应不低于100IU/ml（通则3511）。每瓶抗眼镜蛇毒血清装量应不低于标示量。

3.3.6 无菌检查

依法检查（通则1101），应符合规定。

3.3.7 热原检查

依法检查（通则1142），应符合规定。注射剂量按家兔体重每1kg注射3.0ml。

3.3.8 异常毒性检查

依法检查（通则1141），应符合规定。

4 保存、运输及有效期

于2~8℃避光保存和运输。自生产之日起，有效期为36个月。

5 使用说明

应符合"生物制品包装规程"规定和批准的内容。

十、抗人T细胞兔免疫球蛋白

拼音名：Kang Ren T Xibao Tu Mianyiqiudanbai
英文名：Anti-human T Lymphocyte Rabbit Immunoglobulin
书页号：2015年版三部——283

本品系由人T淋巴细胞免疫家兔后，取其血清经去除杂抗体、纯化、浓缩后，再经病毒去除和灭活处理并加入适宜稳定剂后冻干制成。不含防腐剂和抗生素。

1 基本要求

生产和检定用设施、原材料及辅料、水、器具、动物等应符合"凡例"的有关要求。

2 制造

2.1 免疫血清

2.1.1 免疫用抗原

免疫用抗原为人胸腺细胞，或符合"血液制品生产用人血浆"中供血浆者标准的健康人血液分离的人淋巴细胞。胸腺供体的HBsAg、HCV抗体、HIV-1和HIV-2抗体以及梅毒血清学检查应为阴性。分离后T淋巴细胞数应不低于总细胞数的90%，红细胞数应不高于总细胞数的5%。

2.1.2 免疫用动物

免疫用家兔至少应符合普通级实验动物的要求（通则3602与通则3603），体重为2000~2500g，检疫合格者方可使用。

2.1.3 免疫方法

按批准的免疫程序免疫。

2.1.4　采血及分离血清

加强免疫后，淋巴细胞毒试验效价达 1∶400 时即可采血。分离的血清置 −20℃ 以下保存。保存期应不超过 2 年。

2.2　原液

2.2.1　混合血清经 56℃ 水浴 30 分钟灭能，辛酸-硫酸铵盐析分离纯化或经批准的其他分离纯化法，杂抗体吸收，再用 DEAE-Sephadex A-50 色谱纯化制备。

杂抗体吸收用的人红细胞、人血小板、人胎盘组织及人血浆的来源应符合"血液制品生产用人血浆"的相关规定。

2.2.2　经纯化、超滤、除菌过滤后即为抗人 T 细胞兔免疫球蛋白原液。

2.2.3　原液检定

按 3.1 项进行。

2.3　半成品

2.3.1　配制

加入适量麦芽糖或其他适宜稳定剂。按成品规格以灭菌注射用水稀释至所需蛋白质浓度，并适当调整 pH 值及钠离子浓度。

2.3.2　半成品检定

按 3.2 项进行。

2.4　成品

2.4.1　分批

应符合"生物制品分批规程"规定。

2.4.2　分装及冻干

应符合"生物制品分装和冻干规程"及通则 0102 有关规定。分装后应及时冻结，冻干过程制品温度不得超过 35℃。

2.4.3　规格

复溶后每瓶 5ml，含蛋白质 25mg。

2.4.4　包装

应符合"生物制品包装规程"及通则 0102 有关规定。

2.5　病毒去除和灭活

生产过程中应采用经批准的方法去除和灭活病毒。如用灭活剂（如有机溶剂、去污剂）灭活病毒，则应规定对人安全的灭活剂残留量限值。

3　检定

3.1　原液检定

3.1.1　外观

应为无色或淡橙黄色澄明液体。可带乳光，无异物，无沉淀。

3.1.2　蛋白质含量

可采用双缩脲法（通则 0731 第三法）测定，应为 10～30g/L。

3.1.3　纯度

应不低于蛋白质总量的 90.0%（通则 0541 第二法）。

3.1.4　pH 值

应为 3.8～4.4（通则 0631）。

3.1.5　热原检查

依法检查（通则 1142），注射剂量按家兔体重每 1kg 注射 5mg 蛋白质，应符合规定。

3.1.6　抗 A、抗 B 血凝素

用生理氯化钠溶液将蛋白质含量稀释至 5g/L，依法测定（通则 3425），应不高于 1∶64。

3.1.7　人血小板抗体

用生理氯化钠溶液将蛋白质含量稀释至 5g/L，依法测定（通则 3427），应不高于 1∶4。

3.1.8　人血浆蛋白抗体

依法测定（通则 3403），应与人血浆无沉淀线。

3.1.9　效价

3.1.9.1　E 玫瑰花环形成抑制试验

用生理氯化钠溶液将蛋白质含量稀释至 5g/L，依法测定（通则 3515），应不低于 1∶512。

3.1.9.2　淋巴细胞毒试验

用生理氯化钠溶液将蛋白质含量稀释至 5g/L，依法测定（通则 3516），应不低于1∶512。

以上检定项目亦可在半成品检定时进行。

3.2　半成品检定

3.2.1　蛋白质含量

应为 0.8％～1.2％（通则 0731 第一法）。

3.2.2　无菌检查

依法检查（通则 1101），应符合规定。

3.3　成品检定

除复溶时间、水分测定、装量差异检查外，应按标示量加入灭菌注射用水，复溶后进行其余各项检定。

3.3.1　鉴别试验

3.3.1.1　免疫双扩散法

依法测定（通则 3403），仅与抗兔血清或血浆产生沉淀线，与抗马、抗牛血清或血浆不产生沉淀线。

3.3.1.2　免疫电泳法

依法测定（通则 3404），主要沉淀线应为兔 IgG。

3.3.2　物理检查

3.3.2.1　外观

应为白色疏松体，无融化迹象。复溶后应为无色或淡橙黄色澄明液体，可带乳光。

3.3.2.2　复溶时间

按标示量加入 20～30℃灭菌注射用水，轻轻摇动，应于 15 分钟内完全溶解。

3.3.2.3　可见异物

依法检查（通则 0904），除允许有可摇散的沉淀外，其余应符合规定。

3.3.2.4　渗透压摩尔浓度

应符合批准的要求（通则 0632）。

3.3.2.5　装量差异

依法检查（通则 0102），应符合规定。

3.3.3　化学检定

3.3.3.1　水分

应不高于 3.0％（通则 0832）。

3.3.3.2　pH 值

应为 3.8～4.4（通则 0631）。

3.3.3.3　蛋白质总量

依法测定（通则 0731 第一法），根据每 1ml 蛋白质含量（g/ml）及标示装量计算每瓶蛋白质总量，应为 20～30mg。

3.3.3.4　纯度

应不低于蛋白质总量的 90.0％（通则 0541 第二法）。

3.3.3.5　麦芽糖含量

应为 20～30g/L（通则 3120）。

3.3.3.6　分子大小分布

IgG 单体与二聚体含量之和应不低于 90.0％，多聚体含量应不高于 5.0％（通则 3122）。

3.3.3.7　硫酸铵残留量

应不高于 0.5g/L（通则 3104）。

3.3.4　效价

3.3.4.1　E 玫瑰花环形成抑制试验

应不低于 1∶512（通则 3515）。

3.3.4.2　淋巴细胞毒试验

应不低于 1∶512（通则 3516）。

3.3.5　抗 A、抗 B 血凝素

用生理氯化钠溶液按 1∶5 稀释后，依法测定（通则 3425），应不高于 1∶64。

3.3.6　人血小板抗体

应不高于 1∶4（通则 3427）。

3.3.7　人血浆蛋白抗体

依法检测（通则 3403），应与人血浆无沉淀线。

3.3.8　外源病毒污染检查

采用动物病毒敏感的细胞（如 BHK_{21}），每瓶（$25cm^2$）培养细胞中加入供试品 1ml，37℃培养 7 天为一代，连续盲传 3 代，细胞生长良好，无病毒感染引起的病变，判为合格。

3.3.9　HBsAg

用经批准的试剂盒检测，应为阴性。

3.3.10　无菌检查

依法检查（通则 1101），应符合规定。

3.3.11　异常毒性检查

依法检查（通则 1141），应符合规定。

3.3.12　热原检查

依法检查（通则 1142），注射剂量按家兔体重每 1kg 注射 5mg 蛋白质，应符合规定。

4　稀释剂

稀释剂为灭菌注射用水，稀释剂的生产应符合批准的要求。

灭菌注射用水应符合本版药典（二部）的相关规定。

5 保存、运输及有效期

于 2～8℃避光保存和运输。自生产之日起，按批准的有效期执行。

6 使用说明

应符合"生物制品包装规程"规定和批准的内容。

十一、乙型肝炎病毒表面抗原诊断试剂盒（酶联免疫法）

拼音名：Yixing Ganyan Bingdu Biaomian Kangyuan Zhenduan Shijihe（Meilianmianyifa）

英文名：Diagnostic Kit for Hepatitis B Virus Surface Antigen（ELISA）

书页号：2015 年版三部——378

本品系用乙型肝炎病毒表面抗体（抗-HBs）包被的微孔板和酶标记抗-HBs 及其他试剂制成，应用双抗体夹心酶联免疫法原理检测人血清或血浆中的乙型肝炎病毒表面抗原（HB-sAg）。

1 基本要求

生产和检定用设施、原材料及辅料、水、器具、动物等应符合"凡例"的有关要求。

2 制造

2.1 专用原材料

2.1.1 抗-HBs

可使用 HBsAg 多克隆抗体或单克隆抗体，抗体的活性、纯度应符合要求。

2.1.2 辣根过氧化物酶（或其他适宜标记的酶）

辣根过氧化物酶的 RZ 值应不低于 3.0，其他标记用酶应符合相应的要求。

2.1.3 阳性对照用血清或血浆

HBsAg 检测为阳性的人血清或血浆。

2.1.4 阴性对照用血清或血浆

HBsAg 检测为阴性的人血清或血浆。

2.1.5 微孔板

CV（%）应不高于 10%。

2.2 制备程序

2.2.1 包被抗体的纯化

采用盐析法、离子交换色谱法纯化，亦可采用其他适宜的纯化方法。抗体纯度用 SDS-聚丙烯酰胺凝胶电泳法或其他方法测定，纯化后抗体的活性、纯度应符合要求，于低温下保存。

2.2.2 酶标记抗体的制备

抗体纯化及鉴定方法同 2.2.1 项，采用常规过碘酸钠-乙二醇法或其他适宜方法进行辣根过氧化物酶或其他酶标记，酶标记抗体的活性、纯度应符合要求，加入适当保护剂后于低温下保存。

2.2.3 包被抗体浓度和酶标记抗体浓度的选定

采用方阵滴定法选择最佳包被抗体浓度和酶标记抗体的工作浓度。

2.2.4 包被抗体板的制备

采用最佳包被浓度的抗体包被微孔板孔，经封闭、干燥和密封等处理后，于 2～8℃保存。对包被板须抽样检定，应符合 3.1.1～3.1.4 项和 3.1.7 项要求。

2.2.5 阳性对照

选用 HBsAg 为阳性的人血清或血浆，经 60℃、1 小时处理后，除菌过滤，于 2～8℃ 保存；也可采用重组蛋白抗原配制。

2.2.6 阴性对照

选用 HBsAg 为阴性的 5 份以上人血清或血浆混合，经 60℃、1 小时处理后，除菌过滤，于 2～8℃ 保存。

2.2.7 反应时间的设置

检测过程中加入检测样本后反应时间应不低于 60 分钟，加入酶结合物后反应时间应不低于 30 分钟，加入显色液后显色时间应不低于 30 分钟。

2.3 半成品检定

按 3.1 项进行。

2.4 成品

2.4.1 分批

应符合"生物制品分批规程"规定。

2.4.2 分装与冻干

应符合"生物制品分装和冻干规程"规定，分装或冻干后保存于 2～8℃。

2.4.3 规格

应为经批准的规格。

2.4.4 包装

应符合"生物制品包装规程"规定。

3 检定

3.1 半成品检定

3.1.1 阴性参考品符合率

用国家参考品或经国家参考品标化的参考品进行检定，不得出现假阳性。

3.1.2 阳性参考品符合率

用国家参考品或经国家参考品标化的参考品进行检定，检测 3 份浓度值大于 $5 \times 10^4 \, IU/ml$ 的 HBsAg 阳性参考品，不得出现假阴性。

3.1.3 最低检出量

用国家参考品或经国家参考品标化的参考品进行检定，HBsAg adr、adw 及 ay 亚型的最低检出量应符合要求。

3.1.4 精密性

用国家参考品或经国家参考品标化的参考品进行检定，CV（%）应不高于 15% （$n=10$）。

3.1.5 无菌检查

依法检查（通则 1101）含有蛋白质成分的液体组分，半成品加防腐剂分装后，对留样进行无菌检查，采用直接接种法，应符合规定。

3.1.6 水分

冻干组分水分应不高于 3.0%（通则 0832）。

3.1.7 稳定性试验

试剂各组分于 37℃ 放置至少 3 天（有效期为 6 个月），应符合 3.1.1～3.1.4 项要求。

3.2 成品检定

3.2.1　物理检查

3.2.1.1　外观

液体组分应澄清透明；冻干组分应呈白色或棕色疏松体。

3.2.1.2　溶解时间

冻干组分应在3分钟内溶解。

3.2.2　阴性参考品符合率

按3.1.1项进行。

3.2.3　阳性参考品符合率

按3.1.2项进行。

3.2.4　最低检出量

按3.1.3项进行。

3.2.5　精密性

按3.1.4项进行。

3.2.6　稳定性试验

出厂前进行，方法按3.1.7项进行。

4　保存及有效期

于2～8℃避光保存。自包装之日起，按批准的有效期执行。

5　使用说明

应符合"生物制品包装规程"规定和批准的内容。

十二、人类免疫缺陷病毒抗体诊断试剂盒（酶联免疫法）

拼音名：Renlei Mianyi Quexian Bingdu Kangti Zhenduan Shijihe（Meilianmianyifa）

英文名：Diagnostic Kit for Antibody to Human Immunodeficiency Virus（ELISA）

书页号：2015年版三部——382

本品系用人类免疫缺陷病毒"1"型和"2"型（HIV-1/HIV-2）抗原包被的微孔板和HIV-1/HIV-2抗原酶标记物及其他试剂制成，应用双抗原夹心酶联免疫法原理检测人血清或血浆中的HIV-1和HIV-2抗体。

1　基本要求

生产和检定用设施、原材料及辅料、水、器具、动物等应符合"凡例"的有关要求。

2　制造

2.1　专用原材料

2.1.1　HIV抗原

选用合成肽、重组蛋白或病毒裂解的纯化抗原，包被和标记用抗原应含有HIV-1/HIV-2主要抗原组分。抗原的纯度、分子量、效价等应符合相应的标准。

2.1.2　辣根过氧化物酶（或其他适宜标记的酶）

辣根过氧化物酶的RZ值应不低于3.0，其他标记用酶应符合相应的要求。

2.1.3　阳性对照用血清或血浆

HIV-1抗体阳性对照应为HIV-1抗体阳性的人血清或血浆，HIV-2抗体阳性对照可用经相应抗原免疫后HIV-2抗体阳性的动物血清或血浆。

2.1.4　阴性对照用血清或血浆

HIV 抗体检测为阴性的人血清或血浆。

2.1.5 微孔板

CV（％）应不高于 10％。

2.2 制备程序

2.2.1 HIV 抗原的纯化

采用适宜的方法纯化抗原，抗原纯度用非还原型 SDS-聚丙烯酰胺凝胶电泳法或其他方法进行测定。纯化后抗原的分子量、活性、纯度应符合要求，于低温下保存。

2.2.2 酶标记抗原的制备

采用常规过碘酸钠-乙二醇法或其他适宜方法对纯化的 HIV 抗原进行标记。酶标记抗原的活性、纯度应符合要求，加入适当保护剂后于低温下保存。

2.2.3 包被抗原浓度和酶标记抗原浓度的选定

采用方阵滴定法或其他方法选择最佳包被抗原浓度和酶标记抗原的工作浓度。

2.2.4 包被抗原板的制备

采用最佳包被浓度的抗原包被微孔板孔，经封闭、干燥和密封处理后，于 2～8℃ 保存。对包被板须抽样检定，应符合 3.1.1～3.1.4 项和 3.1.7 项要求。

2.2.5 阳性对照

选用 HIV 抗体为阳性的人血清或血浆，或经相应抗原免疫后 HIV-2 抗体阳性的动物血清或血浆，经 60℃、1 小时处理后，除菌过滤，于 2～8℃ 保存。

2.2.6 阴性对照

选用 HIV 抗体检测为阴性的 5 份以上人血清或血浆混合，经 60℃、1 小时处理后，除菌过滤，于 2～8℃ 保存。

2.2.7 反应时间的设置

检测过程中加入检测样本后反应时间应不低于 60 分钟，加入酶结合物后反应时间应不低于 30 分钟，加入显色液后显色时间应不低于 30 分钟。

2.3 半成品检定

按 3.1 项进行。

2.4 成品

2.4.1 分批

应符合"生物制品分批规程"规定。

2.4.2 分装与冻干

应符合"生物制品分装和冻干规程"规定，分装或冻干后保存于 2～8℃。

2.4.3 规格

应为经批准的规格。

2.4.4 包装

应符合"生物制品包装规程"规定。

3 检定

3.1 半成品检定

3.1.1 阴性参考品符合率

用国家参考品或经国家参考品标化的参考品进行检定，应符合要求。

3.1.2 阳性参考品符合率

用国家参考品或经国家参考品标化的参考品进行检定，应符合要求。

3.1.3 最低检出限

用国家参考品或经国家参考品标化的参考品进行检定，应符合要求。

3.1.4 精密性

用国家参考品或经国家参考品标化的参考品进行检定，CV（％）应不高于 15％（$n=10$）。

3.1.5 无菌检查

依法检查（通则 1101）含有蛋白质成分的液体组分，半成品加防腐剂分装后，对留样进行无菌检查，采用直接接种法，应符合规定。

3.1.6 水分

冻干组分水分应不高于 3.0％（通则 0832）。

3.1.7 稳定性试验

试剂各组分于 37℃放置至少 6 天（有效期为 1 年），应符合 3.1.1～3.1.4 项要求。

3.2 成品检定

3.2.1 物理检查

3.2.1.1 外观

液体组分应澄清透明，无沉淀物或絮状物；冻干组分应呈白色或棕色疏松体。

3.2.1.2 溶解时间

冻干组分应在 3 分钟内溶解。

3.2.2 阴性参考品符合率

按 3.1.1 项进行。

3.2.3 阳性参考品符合率

按 3.1.2 项进行。

3.2.4 最低检出限

按 3.1.3 项进行。

3.2.5 精密性

按 3.1.4 项进行。

3.2.6 稳定性试验

出厂前进行，方法按 3.1.7 项进行。

4 保存及有效期

于 2～8℃避光保存。自包装之日起，按批准的有效期执行。

5 使用说明

应符合"生物制品包装规程"规定和批准的内容。

参 考 文 献

［1］ 刘辉主编．免疫学与免疫检验．北京：人民军医出版社，2006．

［2］ 朱威主编．生物制品基础及技术．北京：人民卫生出版社，2008．

［3］ 胡圣尧主编．免疫学基础．第6版．北京：科学出版社，2008．

［4］ 王承明主编．病原生物学与免疫学．北京：高等教育出版社，2004．

［5］ 陈育民主编．医学免疫学与病原生物学．北京：高等教育出版社，2006．

［6］ 纪铁鹏主编．微生物与免疫基础．北京：高等教育出版社，2007．

［7］ 白惠卿主编．医学免疫学与微生物学．北京：北京大学医学出版社，2005．

［8］ 谭锦泉主编．治疗免疫学．北京：科学出版社，2007．

［9］ 唐思洁主编．医学免疫学．第3版．成都：四川大学出版社，2006．

［10］ 范红主编．医学免疫学与病原生物学．北京：科学出版社，2007．

［11］ 林巧爱主编．医学免疫学与微生物学实验指导．杭州：浙江大学出版社，2006．

［12］ 柳忠辉主编．免疫学常用实验技术．北京：科学出版社，2002．

［13］ 国家药典委员会．中华人民共和国药典．北京：中国医药科技出版社，2015．

［14］ 黄贝贝主编．微生物学与免疫学．北京：化学工业出版社，2010．

［15］ G C霍华德，M R凯瑟著．抗体制备与使用实验指南．张权庚等主译．北京：科学出版社，2010．

［16］ 林慰慈等译．免疫学．第2版．北京：科学出版社，2012．

［17］ 钱国英主编．免疫学．杭州：浙江大学出版社，2010．

［18］ 尹海林．美国实验动物的法规化管理．四川动物，2003，22（1）：51-53．

［19］ Peter Lydyard，Alex Whelan，Michael W Fanger．免疫学．林慰慈，魏雪涛，薛彬等译．第2版．北京：科学出版社，2012．

［20］ 钱国英，陈永富主编．免疫学．杭州：浙江大学出版社，2010．